物理学実験指導書

第 7 版

名城大学理工学部 物理学教室 編

学術図書出版社

まえがき

物理学は理論と実験とから成り，どちらも欠くことのできない構成要素である．この事情を，理論と実験は車の両輪だという表し方をする人もある．

古代ギリシャでは，奴隷制社会のもとで，市民は生産労働を奴隷にさせ，学問・芸術・スポーツに力を注いで高い文明をつくり出した．しかし人々は労働を奴隷の仕事として蔑視し，実地に手を動かしてする実験によって真理をさぐることには思い至らなかった．このような時代背景の下でアリストテレスの著した「物理学」は，机上の冥想だけによって組み立てられたため，間違いだらけのものだった．

約 2000 年後，ガリレーは自然の真理をさぐる方法としての実験の重要さを強調し，実験によってアリストテレスの誤りを実証した．彼の著書，“新科学対話”には，「アリストテレスは 100 キュビットの高さから 100 ポンドの弾丸を落すと，それが地面にとどく間に同じ高さから落した 1 ポンドの弾丸は 1 キュビットだけ落ちると言っているが，実験してみると 2 つの弾丸はほとんど同時に地面にとどく．」と厳しく批判している．論理学で三段論法を創始した偉大な哲学者アリストテレスといえども，実験を軽視した机上の冥想だけでは間違った「物理学」しか作れなかったのである．

ガリレー以後の物理の発展は，あるときには実験（観測）が先行して理論が後から作られ，またあるときには理論（仮説）が先に作られてその予言が実験によって証明されるという過程を踏んできた．前者の例としては，ティコ・ブラーエによる火星運動の観測がケプラーの法則にまとめられ，ニュートンによる万有引力の法則の発見へとつながって行ったことや，光電効果がアインシュタインの光量子仮説を導いたこと，チャドウイックによる中性子の発見が原子核の構造を明らかにし，湯川の中間子論をもたらしたことなどが挙げられよう．また理論先行の例としては，マクスウェルの光の電磁波説のヘルツによる実証，アインシュタインの相対性理論の一結論である $E = mc^2$ が原子力（エネルギー）の解放をもたらしたこと，さらにガモフのビッグバン宇宙モデルの予言した 3 K の黒体放射がペンジアス・ウィルソンによって偶然発見されたことなど，挙げればきりがない．むしろ，物理の歴史のすべてが，実験先行，理論先行のどちらかで，ちょうど人間が 2 本の足で歩くように発展してきたのである．

高校や大学の教養で学ぶ物理は美しく整った理論によって組み立てられており，それが物理のすべてだと錯覚しがちであるが，実験によって理論を確かめ，あるいは新しい理論を追求する手がかりを得ることの重要さは，いくら強調してもしすぎることはない．

この意味で，大学では物理の講義・演習とともに学生実験を課するのが理工系の通例となっている．物理の学生実験は，むろん上述のような物理の発展に直接関係するような研究実験とは異なり，すでに十分確立された理論にもとづいて定められた方法によって行うものである．しかし，実験というものについての基本的な心構えや態度，方法などは研究実験や，理工学の高度な実験，現場での開発実験などとも共通するものがあり，それらを身につけるのが学生実験の大きな目的である．

物理学生実験を行う目的をあらためて列挙すると，次の諸項が考えられる．

（i）　実験に当ってのマナー（作法）を身につけること．

実験は，自然界の客観的な事実を人間が確認する過程なので，一切の先入感・思いこみを拭い去り，謙虚に，かつ誤りなく正確に行わなければならない．それにふさわしいマナーが要求される．

（ii）　理論と実験との関連を実際に確かめること．

まず，与えられたテーマにつき，実験の基礎となっている理論を十分理解把握し，実験の過程で行っていることの理論的な意味を自覚しながら遂行し，実験結果によって理論の正しさを確認する．無自覚に与えられた手順どおりたどっていくのでは実験をする意味もないし興味も湧かない．

（iii）　実験の基本的な方法や器具の取り扱いに習熟すること．

自然の客観的な事実・性質をできるだけ忠実・正確に知るために，長い伝統と改良の積み重ねによって実験の基本的な方法ができている．たとえば天秤についても，場合により振動を止めることも，振動を利用することもある．また物指にしても，目盛の読み方，副尺，マイクロメーターなど，すべて必要な精度で誤差少なく測定するために工夫されている．これらの使方法を身につける．測定器具はいずれも精密に作られているので，故障させたり傷つけたりしないようていねいに取り扱うのはむろんである．

（iv）　測定の精度・誤差を認識し，数値の処理法を習熟すること．

体積 23.8 cm^3，質量 58.32 g の物体の密度を電卓で求めると 2.4504202…$\mathrm{g/cm}^3$ という答えがでるが，信頼できる数値は 2.45 $\mathrm{g/cm}^3$ までで，それ以下の位の数字は書いても無意味だし，書くのは誤りである．また実験はできるだけ精度よく，誤差を少なく行うべきだが，必要以上の精度を得るのは非常に犠牲をともない，無駄なことである．この事情は第 III 章で詳しく述べられており，そのための数値の処理法を実際の測定に際して適用・習熟する．

（v）　共同して 1 つの実験を遂行するための協力の仕方を学ぶこと．

3 人ていどを 1 グループとして，1 つのテーマの実験を行うのであるが，それぞれが役割を分担して 1 つの実験結果を得るために協力しなければならない．そのためにはそれぞれが十分テーマについて予習し，理論を理解し，虚心に協力する．1 人が測定や計算を誤ればグループ全員の誤りとなる．わがままや独善は，他人の迷惑になる．協力して 1 つの事業をなしとげることは，上級学年での実習・卒業研究や，社会生活にとって貴重な経験となろう．

以上のような目的によって物理学生実験を行うのである．講義で聞き机上で学習した理論を，自らの手で実際に実験して確かめることは興味深いことであり，また科学や技術の基礎を理解し創造的に発展させようとする者にとって不可欠のことである．学生諸君の積極的な学習を期待する．

従来の実験指導書は永年の改善を経てきたのであるが，従来行われてきた学生実験の実態に合わなくなった面もあるので，1986 年に全面的に書き改めた．その後，時代の要請に応えるべくコンピュータ実験のテーマを適時，追加してきた．今回の改訂では，各項目を再度詳細に検討し，より適切な内容となるよう部分的な書き直しを行った．また，1 年次よりむしろ高学年時での学習が望まれると思われる項目については削除した．本指導書の各項目は，名城大学理工学部物理教室のスタッフが分担して執筆した．

2002 年 3 月

編者

目　　次

付　　録

第I章　実験上の諸注意

§1　実験を行うにあたって

物理実験を行う上で必要な諸注意と指示を以下に述べる．また，実験を行う際には，付録に記載されている「物理学実験における安全環境対策マニュアル」を熟読し，常に安全を心がけること．

1.1　教 務 関 係

① 単位の判定は，報告書・試験・出欠で総合採点して行う．不合格者は次年度に再履修すること．

② 試験は各期にそれぞれ1回行う．

③ 実験は3人または2人1組で行うので遅刻するとお互いの迷惑となるからしないこと．やむを得ぬ事情のある場合は20分以内で考慮する．それ以上の遅刻は認めない．

④ 原則として欠席した場合は単位を認めない．欠席した場合には担当者の指示に従うこと．

1.2　班分けおよび実験テーマ

① 学期初めに，受講者をA, B, C, D, Eの5グループに分ける．さらに，各グループを3人または2人一組の班に分け，班番号をA-1，A-2，…，E-1，E-2，…，班のようにする．

② 表1の予定表に沿って，合計10テーマの物理実験を行う．各グループに属する受講者が各回にどの実験テーマの実験を行うかは，最初の実験の説明のときに表を配布して指示する．

1.3　実験室および実験机の配置図

① 学生実験室は研究実検棟II 043室，042室，041室である(図1)．044室は物理実験準備室である．

② 図2(a), (b)に，各実験テーマで使用する実験机の配置図を示す．実験器具は同一テーマについて8組ずつ用意されている．図において，□のテーブル中に記された数字

表 1　物理学実験予定表

物理学実験Ⅰ							物理学実験Ⅱ						
テーマ ＼ 回数	1	2	3	4	5	6	テーマ ＼ 回数	1	2	3	4	5	6
§1 金属の電気抵抗							§6 気圧による高度差測定						
§2 荷電粒子の運動							§7 ヤング率						
§3 仕事当量							§9 熱起電力						
§4 光の屈折・回折・干渉							§11 分光計						
§5 コンピュータシミュレーションⅠ							§12 コンピュータシミュレーションⅡ						

（§8 剛性率，§10 オシロスコープは行わない．）

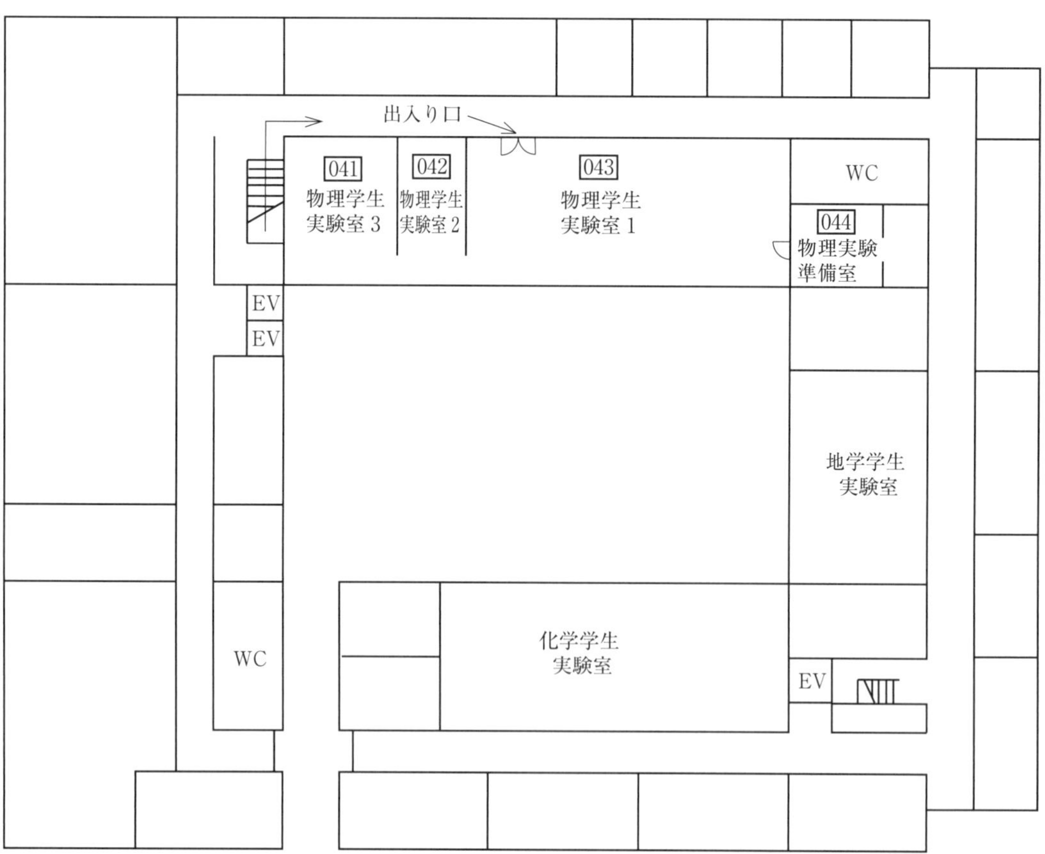

図 1　研究実験棟ⅡB1階

は各テーマにおける実験机の番号である．実験机の番号は机上のメニュー立てに記されている．受講者は，各自の班番号に対応した番号の机を使用して実験を行うこと．たとえば1班の人は［1］の机を，2班の人は［2］の机を……使用する．

1.4　受講前に用意する事柄

①　報告書（レポート）および記録帳として，枚数が40枚程度のB5版大学ノート（ルーズリーフ不可）を用意しておくこと．ノートは第1回実験開始時に登録し，以後半期を通じて同じノートを使用する．あらかじめ，表紙に学部・学科・クラス・学籍番号・班・氏名を明記しておくこと．また表紙の裏側に，図3に示すような検印用のますめ（1ますが約2cm四方）を書いておくこと．

②　三角関数および対数関数付きの電卓を全員が用意する（それぞれ独立に計算して結果が一致することを確認するためである）．グラフ用紙（A4版の1mm方眼紙）も各自が用意すること．

③　あらかじめ各実験テーマの「解説」と「実験方法」の項を熟読し，実験の前日までにレポートに，「実験題目」から「理論」までの項目を記入しておくこと（後述「1.7 レポートの書き方」を参照）．実験が始まったら，教員が各実験机をまわり，これらの項目が適確に記入

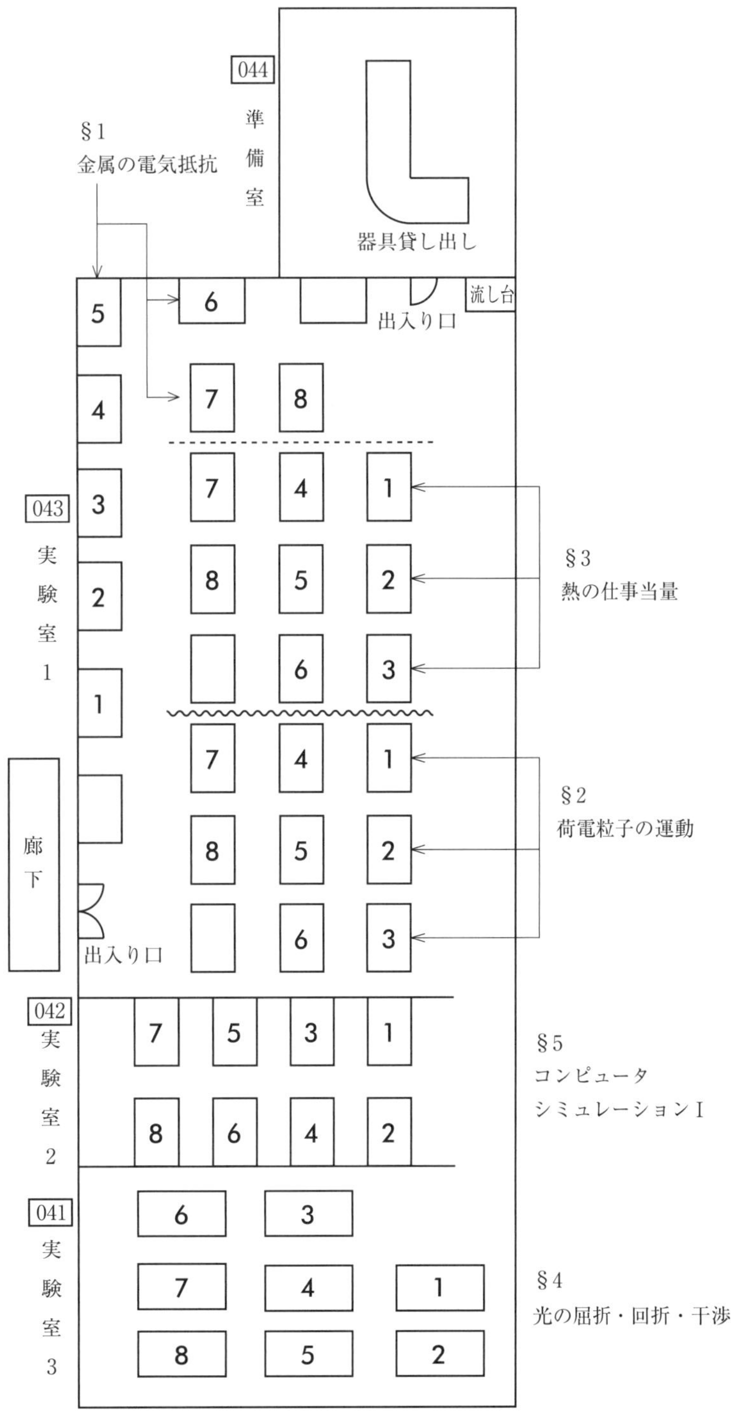

図 2 (a)　実験机の配置図

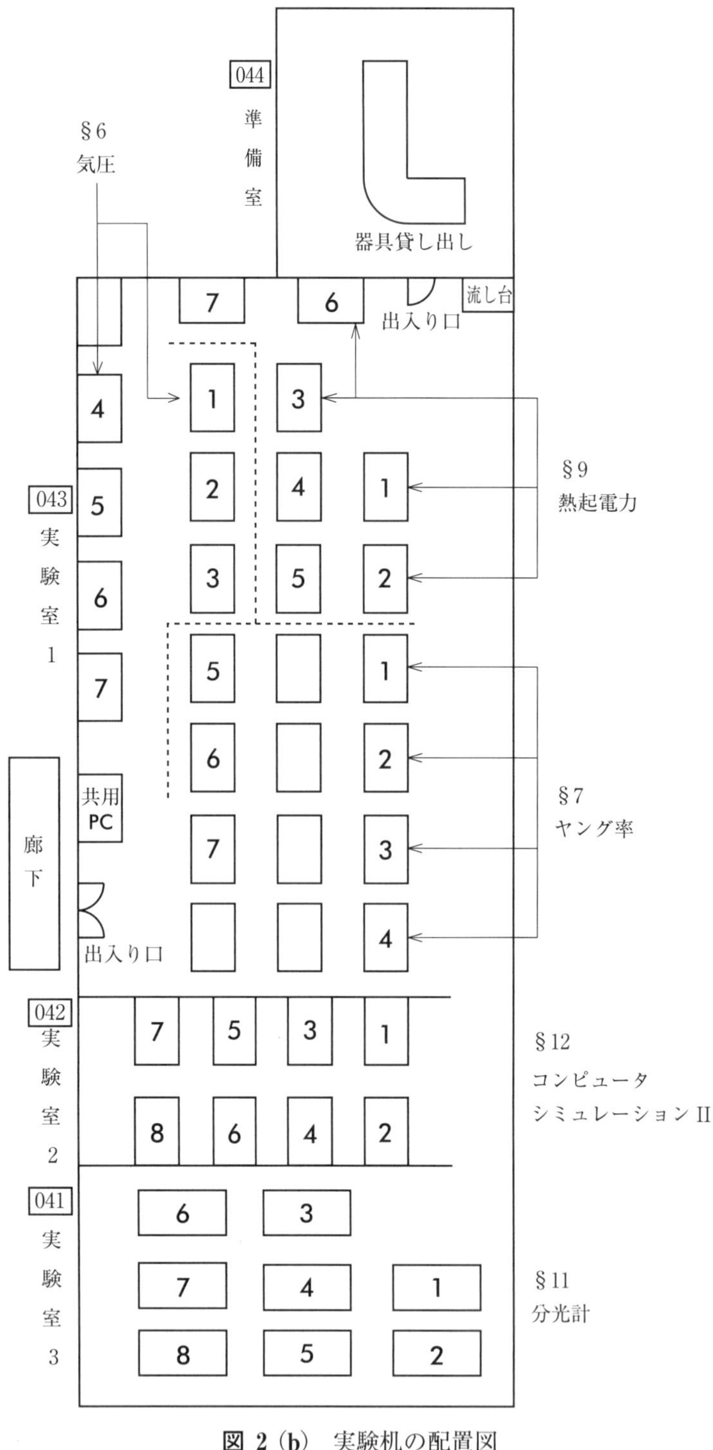

図 2 (b)　実験机の配置図

されているかどうかを検閲する．記入されている場合には，レポート用ノートの表紙の裏側に記載されているますめ(図3)の上段に検印を押す．

1.5　実験室での注意事項

①　必ず，各自の班番号に対応した実験机で実験を行うこと．実験机が間違っている場合には，実験途中でも移動を命ずることがある．

②　指定された場所に着席したら，最初に机上に置かれたメニュー立てを見よ．メニュー立てのラベルには必要な実験器具名と注意事項が書かれている．ラベルに記入してある器具名と机上の実験器具を照らし合わせた上で，器具に不足がなければ，各自，自由に実験を始めてよい．器具が不足している場合は，教員に申し出ること．ラベルに＊印のついている器具は貸し出し器具である．物理実検準備室へ出向き，借用表に班の代表者1名の学籍番号・氏名と必要な器具名を記入して，教員から直接借りる．器具の貸し出し時間は，実験開始後20分以内である．

③　実験器具が故障したり破損したりすると，後日の実験にもさしつかえるので，そのような場合は直ちに教員に申し出ること．

④　大学ノートは**左側と右側とを区別して使用する．**左側はレポート用である．右側は記録帳として用い，測定値の記録，計算等を記入する．

⑤　測定を終えたら，器具の配

置や配線はそのままにして電源のスイッチを切り，その場で主要な計算を行う．指導書の「6．測定例」にならって測定結果をノート右側に簡潔に記録する．その際，測定値の最小単位と有効数字の桁数に注意せよ．また物理量の単位は必ず記入すること．

⑥　実験を終えたら，物理実験準備室(044 室)へ出向き，測定結果を教員に検閲してもらう．その際，実験の目的・方法・計算過程等をよく理解しておき，質問に応じられるようにしておくこと．検閲が合格の場合には教員が図 3 のますめの中段に検印を押す．検印のないレポートは一切無効である．実験が不備の場合には，やり直しを命ずることもある．ますめの下段はレポート 1 回分が仕上がった時点で検印を押す．

⑦　検印を押してもらったら貸し出し器具を返却し，実験器具を整理して机の上を雑巾がけする．

⑧　実験室内での飲食，喫煙は厳禁する．

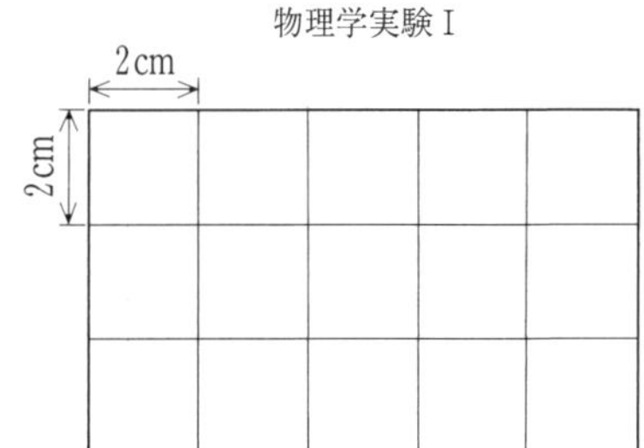

図 3　検印用のますめ

1.6　レポートについて

①　レポートは大学ノートの**左ページのみ**を用いて作成する(次の「1.7　レポートの書き方」を参照)．右側に記録した測定値や測定結果は整理して左側に清書する．

②　**グラフやシミュレーション結果は右ページ**に糊付けする．グラフ用紙 A4 版全体を用い，切り分けない．

③　レポートは帰宅したらただちに作成し始め，当日中に仕上げるように心がける．

④　レポートの提出日および提出方法は担当者が指示する．

1.7　レポートの書き方

実験レポートは，自分の行った実験の内容とその結果を他人に報告する文書である．したがって，わかりやすく簡潔な文章を丁寧な文字で書かなければならない．以下に，記述すべき項目を順を追って説明する．

実験題目：指導書に記載されている題目を記せばよい．
実験年月日：
共同実験者氏名：自分の名前，他の人の名前

1. **目的**：実験題目の主旨，その基本方針を簡潔に書く．
2. **理論**：指導書の解説をよく理解した上で，実験の背景や理論を要領よくまとめて，簡潔に記入する．その際，実験結果を計算するときに使用する式およびその説明を書き落とすことがないように十分に注意すること．「実験題目」からこの「理論」までの項目を実験前日までに予め記入しておくこと．
3. **実験装置**：目的とする物理量を測定するために必要とした測定装置およびその配置図，結線図等を書く．
4. **実験方法**：指導書の実験方法をよく理解したうえで，簡潔に記入する．測定器具の操作方法や注意事項を書く必要はない．
5. **実験結果**：実験結果を指導書の「6.　測定例」にならい，できるだけ見やすく整理して書く．その際，次の事柄に注意せよ．(i) 物理量の単位を記入する．(ii) 有効数字の桁数は適当か．(iii) グラフには表題をつけ，縦軸と横軸に測定量と単位を記入する．1枚のグラフに2つ以上の曲線や直線を記入する場合には，適当な方法でその区別をグラフ上に明記する（第 III 章§5 測定値のグラフ表示と実験式を参照）．(iv) 数値や計算は測定例と同じ形式で書くこと．計算結果だけを書くことはしない．
6. **考察**：ここで述べる事柄は，およそ次のようなものである．実験で得られた結果の値を正確な値（多くは指導書の付録に記されている）と比較できる場合は，比較検討する．その際は正確な値も書き，見やすいように書くこと．ただし，各実験の「測定例」とは比較してはいけない．実験結果は多くの場合正確な値と異なっているので，その原因について検討する．たとえば，指導書に書かれている実験方法と実際に行った実験で何か異なったことはなかったか，理論（理想的な実験を仮定している）と実際に行った実験で何か異なる点はないか，などである．余力のあるものは，実験結果の誤差や有効数字について検討し，結果の値の確からしさを検討する．実験結果と正確な値との差が，その実験で想定される誤差（読み取り誤差の他に測定器の公差なども考慮しなければならない）の範囲ならば，その実験は一定程度確からしいと評価することができる．

§ 2　測定器具取り扱い上の注意

2.1　一般的注意

①　観測者の身体に無理がなく，なるべく楽な姿勢で実験できるよう配置に注意する．

②　実験器械の取り扱いはできる限り慎重になすべきことは言うまでもないが，特に移動の際は必ず両手を使い，また急激なショックを絶対に与えないよう細心の注意を払うべきである．

③　器械は正しい取り扱いによって始めてその性能を発揮するのであるから，自分の用いる器械の性能をあらかじめ十分調べる必要がある．

2.2　金属製品

角度や尺度を目盛した部分は鉄でもしんちゅうでも，目盛を読みやすくするためにその表面が極上の仕上げで研磨してある．これらの表面に決して指先を触れてはならない．触れると後に指紋が現れて取り去ることが困難で読みとりの妨げとなる．

2.3　ねじ

ねじには測定者がまわしてよい調整用のねじと，製作時に必要な固定用のねじがある．前者には普通ギザギザにローレットが切られていて，測定の際必要に応じて回転させてよい．固定ねじは通常は手を触れてはならない．

2.4　ガラス器具

①　ガラス器具はたいてい細工したときの歪が残っていて，急激に加熱したり部分的に加熱したりすると破壊し易い．とくに部分的に水滴がついているようなときには注意を要する．

②　ガラス棒は金属棒にくらべて力学的に弱いから，温度計をコルク栓やゴム栓に挿入する際には十分注意が必要である．

2.5　基本的測定器

ノギス，マイクロメーターはいずれも長さを測る基本的な測定器であるから，それらを使用する実験を行う際には，本書の該当項(第II章§2 ノギス，§3 マイクロメーター)を参照して使用法を十分研究しておかねばならない.

2.6 目盛の読み方

① 目盛の読みとりは最小目盛の 1/10 まで目盛するのが普通であって，これに伴う誤差は練習によって小さくなる．特に目盛の単位が 10 進法によらないもの(たとえば角度など)については目測の数値は注意を要する．なお，目盛はきき目を使って片目で読むこと.

② 精密な測定器には主尺に沿って移動できるようになった副尺(vernier)がついていて，これによって主尺の目盛の端数を読みとるようになっている．副尺の目盛方は前読式，後読式などの種類があるから使用する測定器についてあらかじめ調べておく必要がある．副尺の使用法については「第II章　§1　目盛の読み方」を参照せよ.

③ 測定器の目盛と被測定物の位置が前後にくい違っているときは眼の位置によって読みとりが非常に変わってくる.

これを視差(parallax)と呼ぶが，この影響を防ぐためには被測定点と眼を結ぶ線が目盛面に対して垂直でなければならない(図1参照).

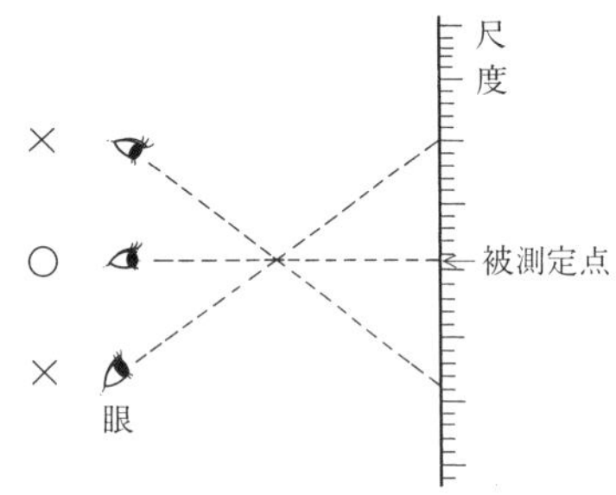

図 1　測定器の目盛と被測定点

2.7 電 気 機 器

① 電気機器には過大電流が流れると，内部の線が焼損したり絶縁不良になったりあるいは特殊合金がなまったりして使用に耐えなくなるから，使用前に付属しているネームプレートによってその使用範囲を十分考慮しなければならない.

② 電気回路の配線に当っては簡単な計算によって電流の値，発熱ワット数などを概算して，それに応じた計器，器具，導線を使用しなければならない.

③ 配線に当っては電源部の接続は最後に行う．配線が全部終ったら改めて点検し，間違いのないことを確かめてから電源部を接続する．そしてメーターに着目しながらスイッチを入れる．最初スイッチを入れる際にはスライダック，可変抵抗などは電流を最小にするように調整しておく．なお，メーターは機械的に零位調整ができるようになっている．使用するメーターの機械的零位置をあらかじめ調整しておくこと.

④ 直流電源や直流用の計器を配線する場合には，極の符号に注意する必要がある．電圧計では＋極が高電位になるよ

う接続し，電流計では電流が＋極から入り－極から出ていくよう接続する．直流電源の出力端子は，通常，赤色が＋極，黒または青色が－極（アース端子）となっている．

第II章　基礎技術および基本的な測定器具

§1　目盛の読み方

1.1　最小目盛と目盛の読み方

長さの測定はもちろん質量，時間，温度，屈折率の測定など，実験はすべて最後は尺度の読みとりに帰着する．ところが尺度には必ず最小の目盛がついている．その中間に対しては目測で推定しなくてはならない．<u>普通は最小目盛の 1/10 まで読む</u>．たとえば，図 1 のような場合 A 点の読みは 3.86 cm である．これは明らかに A 端が絶対に正確に 3.86 cm というのではなく，6 は推定値である．もっと精密な方法では 3.858 cm かもしれない．3.863 cm かも知れない．ただし，どんなに精密に測っても絶対に正確な値は得られない．ただ信用できる桁数が増すだけである．そして最後の数字はいつも目測による推定値である．

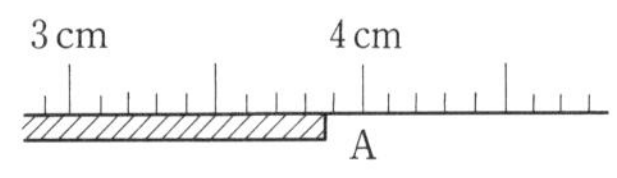

図 1　A 点の読み

1.2　副尺の読み方

尺度の最小目盛以下を目測で推定する代りに副尺を使うことがある（図 2）．これは普通の尺度にそえて使う短い補助尺度で，これに対し前者を主尺という．副尺は主尺に沿って滑らせるようにしてある．その目盛は普通主尺の $(n-1)$ 目盛を n 等分して刻んである．副尺は主尺の 1 目盛と $1/n$ 目盛だけ食い違っており，両目盛の一致点を読むことによって，主尺の最小目盛の $1/n$ まで読みとることができる．以下にこれを説明する．

主尺の 1 目盛の長さを u，副尺の 1 目盛の長さを v とすれば $(n-1)u = nv$ である．すなわち，$u-v = \dfrac{1}{n}u$ であり，v は u より $\dfrac{1}{n}u$ だけ短い（図 2）．はじめ，副尺の目盛 0 が，主尺のある目盛 x に一致していたとする．この状態から，副尺の目盛 1 が主尺の目盛 $(x+1)$ に一致するよう，副尺をわずかに右へ動かしたとすれば，副尺の目盛 0 は x から $\delta x =$

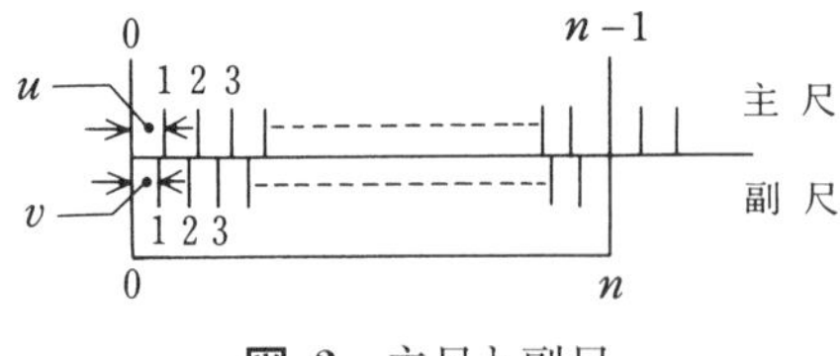

図 2　主尺と副尺

$\frac{u}{n}$ だけずれる(図 3(a)). さらに副尺を右へわずかに動かし, 副尺の目盛 p を主尺の目盛 $(x+p)$ に一致させれば, ずれ δx は $\frac{pu}{n}$ となる(図 3(b)). 図 3(b)の場合には, 基準点(主尺の目盛 0 の位置)から副尺の目盛 0 までの距離 $x+\delta x$ は $x+\frac{pu}{n}$ で与えられる. 主尺の 1 目盛に足りない端数 δx を, このように副尺から読みとることができる.

次に例を用いて副尺の読み方を具体的に説明する.

図 4(a)：副尺は主尺の 9 目盛を 10 等分してある. したがって $n=10$ である. また, 主尺の 1 目盛 u は 1 であるから $\frac{u}{n}=\frac{1}{10}$. 図では副尺の目盛線は $p=6$ の位置で主尺の目盛線と一致している. よって, $\delta x=\frac{pu}{n}=\frac{6}{10}=0.6$, $x+\delta x=3+0.6=3.6$ である.

図 4(b)：副尺は主尺の 19 目盛を 20 等分($n=20$)してある. $u=1$, $p=9$ であるから $\delta x=\frac{pu}{n}=\frac{9}{20}=0.45$. よって $x+\delta x=3+0.45=3.45$ である.

図 4(c)：副尺は主尺の 19 目盛を 20 等分($n=20$)してあり, 主尺の 1 目盛 u は $20'$ である. したがって $\frac{u}{n}=\frac{20'}{20}=1'$ である. $p=4$ であるから $\delta x=\frac{pu}{n}=4'$. よって, $x+\delta x=10°20'+4'=10°24'$ である.

図 4(d)：これは「§12　分光計」の度盛円板についている副尺である. $n=30$, $u=30'$, $p=12$ であるから $\delta x=\frac{pu}{n}=12'$. よって $x+\delta x=20°30'+12'=20°42'$ である.

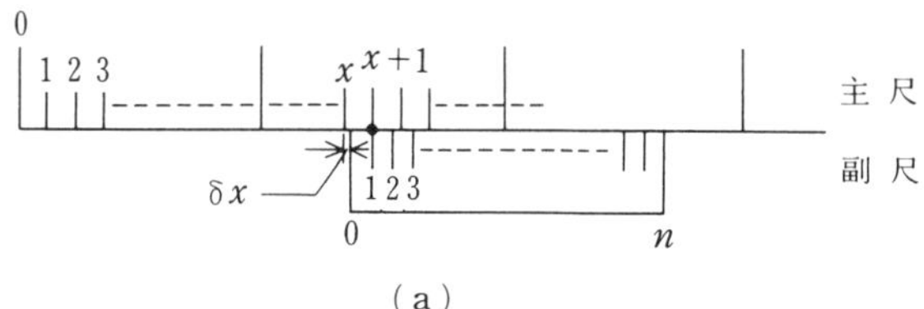

(a)

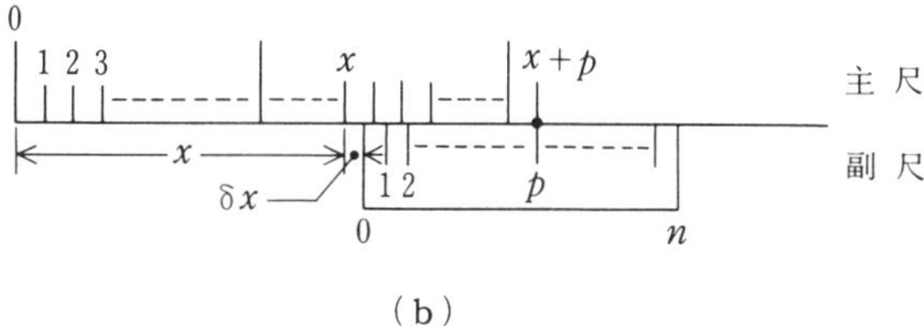

(b)

図 3　主尺と副尺

(a)
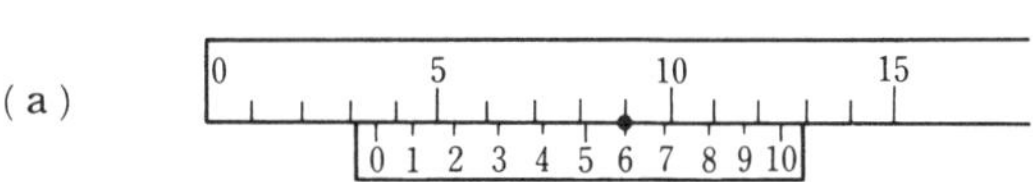

(b)
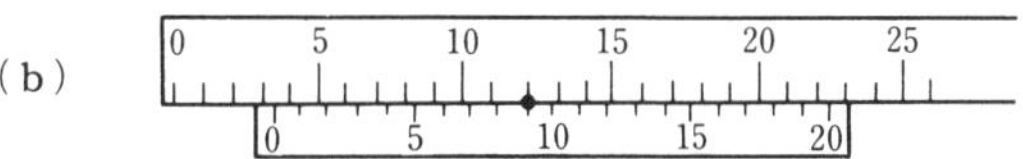

(c)
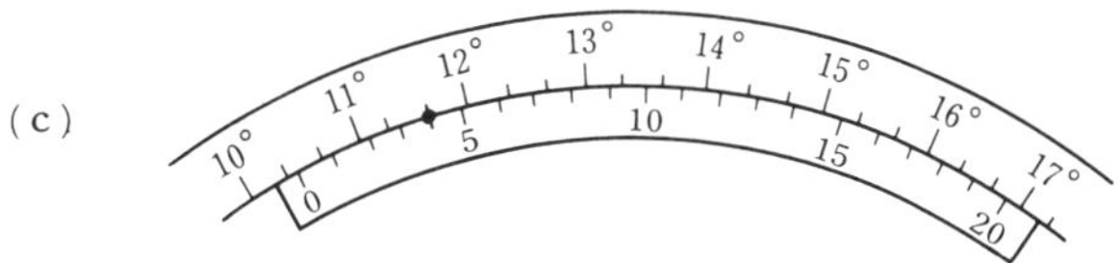

(d)
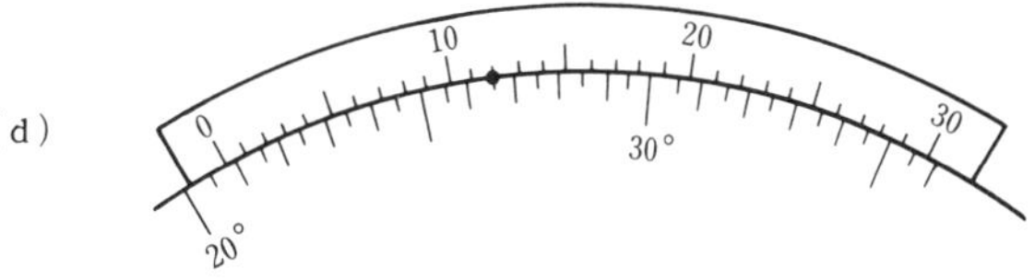

図 4　主尺と副尺

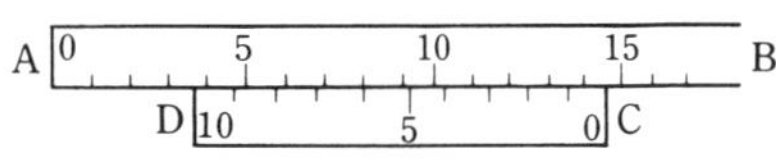

図 5　主尺と副尺

以上述べた副尺は前読式といわれるもので，他に後読式副尺というのがある．これは主尺の$(n+1)$目盛をn目盛に刻んだ副尺である．そして副尺の刻みの番号が前読式とは逆についている．このときも主尺の最小目盛の$1/n$までの精度で読みとれる．図5はその1つの例を示してある．

D端の示度は3.6である．その原理は前読式の場合と同様に考えればわかる．

主尺の線とちょうど一致する副尺の線がないときはなるべく一致に近い線を求める．また副尺の数本の隣り合った線がすべて主尺の線と一致しているように見えるときは，そのうちの中央の線を一致した線と定める．

副尺を使ってもその結果の最後の桁はやはり推定値であってその副尺で読みとれる最小値以下の誤差はつきまとうわけである．たとえば図4(b)の例で3.45という値を得たが真の値は3.475と3.425の間にあると判定したことと考えるべきである．

§2　ノ　ギ　ス

ノギスは，物体の長さ，球や円柱の直径，パイプの内径などの測定に使用される．目盛の最小単位は普通1/20 mmである．図6にノギスの写真を示す．①は厚さ，外径等を測るための測指，②はパイプの内径等を測るための測指である．③は溝の深さ等の測定に用いる細棒である．④は測指を固定する固定ネジ，⑤は主尺，⑥は副尺である．

被測定物を測指①の間に差し入れ，物体が測指①の両端を摩擦して滑る程度に軽く押しつけてその長さを測る．パイプの内径を測る場合には，測指②の両端面が，ちょうどパ

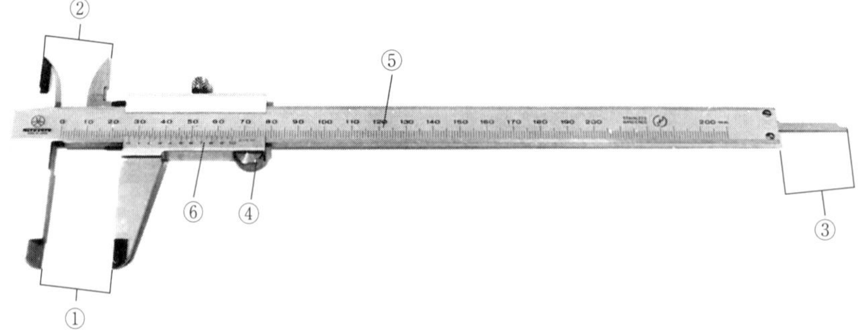

図 6　ノギス

イプの内側を摩擦して回る程度に測指を押し開いて測る．いずれの場合も，物体との接触が強過ぎると，物体を歪ませて測定値に誤差を生じさせるばかりでなく，測指を曲げてノギスに狂いを与える原因となるから注意を要する．溝の深さを測るには，図7のように，溝に③の細棒を差し入れて測ればよい．細棒の先端は片方が凹になっている．凹部の向きを図のようにして測定すれば，ゴミが溝の縁に付着している場合や，溶接等により縁の部分が盛り上がっている場合でも，それらが測定値に影響を与えることはない．

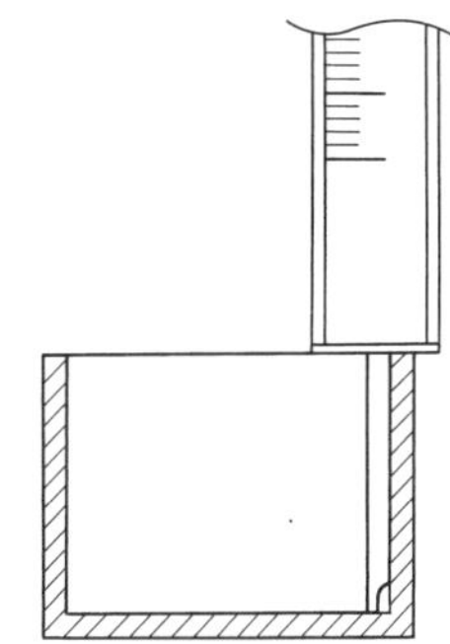

図 7　溝の深さの測定方法

ノギスの副尺は普通，主尺の19目盛を20等分($n = 20$)したものである(図8)．主尺の1目盛uは1 mmであるから，1目盛につき $\frac{u}{n} = \frac{1}{20} = 0.05$ mmのずれが生じる．最小桁の数値は0か5の値しかとることができない．図8の場合の目盛の読みは31.35 mmである．

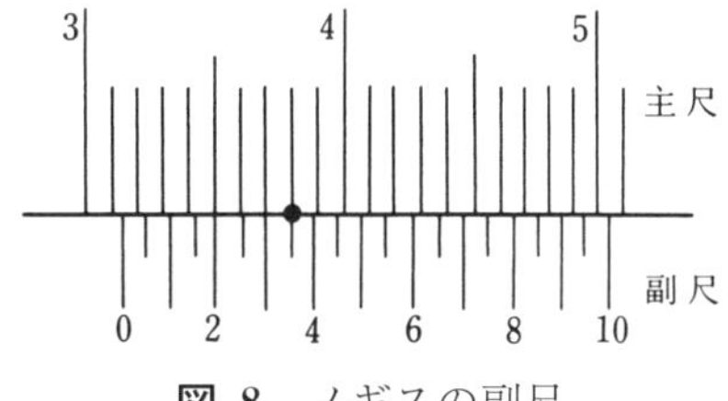

図 8　ノギスの副尺

§3　マイクロメーター

マイクロメーターは針金の直径，薄板の厚さ等の測定に使用される．目盛の最小単位は普通1/100 mmであり，ノギスより測定感度は高い．マイクロメーターの写真を図9に示す．①は，この間に被測定物をはさみ，その長さを測るための測指である．向き合った測指の両端面は平行で，接触したとき隙間なく密着するようになっている．②は測指を固定する固定ノブである．③は中央水平線の上下に目盛が刻まれているスリーブである．水平線の上の部分は0から1 mm間隔に，下の部分は0.5 mmから1 mm間隔に目盛られており，上下の目盛を合わせると0.5 mm間隔の目盛となる．④は測指の間にはさんだ被測定物に加わる圧力を一定にするためのラチェットストップである．シンブル⑤の一端の円錐面には，円周を50等分した目盛が刻まれている．

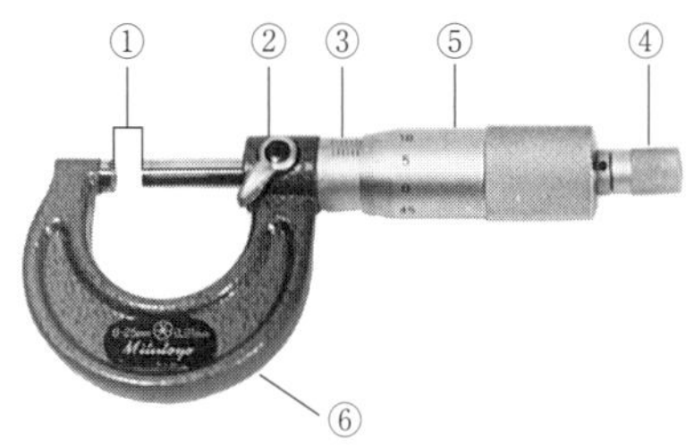

図 9　マイクロメータ

測定する際には，フレーム⑥を左手で持ち，右手でシンブル⑤を回す．被測定物を測指①の間にはさむとき，はじめは直接シンブル⑤を回して測指①の両端を物体に近づけるが，その間隙がわずかになったとき，必ずラチェットストップ④を回すようにする．これによって，被測定物に規定以上の圧力が加わるとラチェットが外れて④は空まわりをし，被測定物をゆがめたり破損したりしないようになっている．測定値の読みとりも，ラチェットストップ④が空まわ

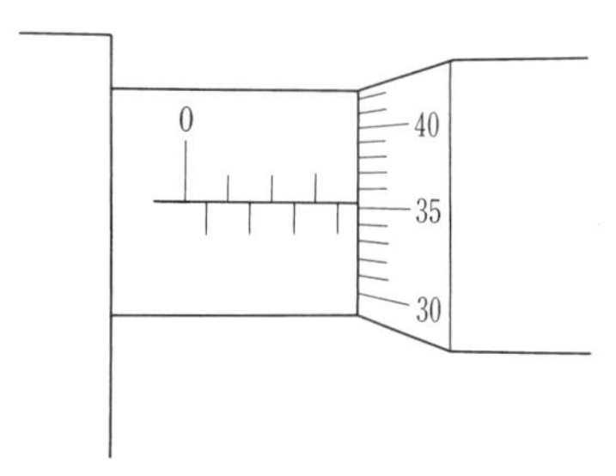

図 10　目盛の例

りしはじめてから行う．

シンブル⑤を1回転させると⑤はスリーブ③上を0.5 mmだけ移動する．すなわち，シンブル⑤の円錐面上に刻まれた1目盛は $\frac{0.5}{50}=\frac{1}{100}$ mmである．さらに，その1/10を目測すれば，1/1000 mmまでの精度で読みとることができる．零点が狂っていることがしばしばあるので，測定するときには，毎回，零点の読みを記入し，その値を見掛けの値からさし引くことを忘れてはならない．図10に目盛の読み方の1例を示す．この場合の読みは3.853 mmであるが，零点の読みが−0.001 mmであれば，被測定物の長さは3.853−(−0.001) = 3.854 mmとなる．

§4　電流計および電圧計

4.1　使用上の注意および精度

電流計や電圧計の目盛表示板には，測定量の目盛のほかに，表1に示すようないろいろの文字や記号が記されている．測定にあたっては，これらの文字や記号に注意し，使用法を誤まらないようにしなければならない．以下に表1について簡単に説明する．表1の「型」の項は，計器の測定機構に関する分類を表している．「用途」の項は，測定する電流，

表 1　目盛表示板の文字や記号

型	可動コイル形	可動鉄片形	熱電形	整流形	静電形
用途	直流用	交流用	交直両用	高周波用	三相交流用
使用位置	垂直形	水平形	傾斜形		
精度	0.2級 (±0.2%)	0.5級 (±0.5%)	1.0級 (±1.0%)	1.5級 (±1.5%)	2.5級 (±2.5%)

電圧波形を表している．通常は表の記号と文字 V (Volt)，A (Ampere)，mA (milli Ampere) 等を併記して，$\underline{\mathrm{V}}$ $\underline{\mathrm{A}}$ $\underset{\sim}{\mathrm{V}}$ $\underset{\sim}{\mathrm{A}}$ $\underline{\mathrm{mA}}$ 等のように用いるか，または文字で AMPERES A. C., VOLTS D. C., などのように記載されている．ここで A. C. は Alternating Current (交流) の略，D. C. は Direct Current (直流) の略である．「使用位置」は計器を使用する際の水平面に対する傾き角度をあらわしている．本物理実験で使用する電流計，電圧計は ⊓ 記号のある計器が多い．これを垂直において使用している場合をよく見かけるが，このような誤りは誤差の原因となるので絶対におかしてはならない．

「精度」は計器の製造過程において許容される誤差の限界を表している．通常，表 1 のように 5 段階に分かれており，class 0.5 などと記されている．0.5 級 (class 0.5) の計器とは，その計器の示す値がフルスケールの ±0.5% の誤差をもっていることを意味している．たとえば，0.5 級の電圧計で，フルスケール 150 V のレンジを用いて電圧測定した場合，150 V の ±0.5%，すなわち ±0.75 V の誤差が計器には許容されている．同じ測定レンジで 15 V の電圧を測定すれば誤差は 0.75/15 = 5%，すなわち 150 V の場合の 10 倍となる．一般に，このような計器では目盛の左側へいくほど，誤差が大きくなるので，なるべくフルスケールの数 10% 以上に指針が振れる測定レンジを選ぶようにする．

0.5 級の計器では，目盛の下に鏡が設けられている．指針とその像が重なる位置で目盛を読みとることにより視差 (parallax) を防ぐことができる (図 11 参照)．

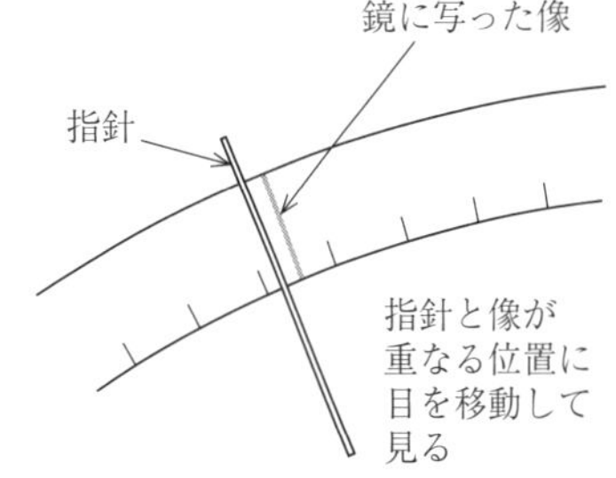

図 11　0.5 級の計器

最後に，電流計，電圧計を回路に接続する方法を述べる．「4.2　直流電流計」の項で述べるように，電流計では測定しようとする電流が計器内部を流れるので，図 12 のように，回路に直列に接続する．電圧計では，電流の極く一部を分流させ，その分流電流値を電圧に換算している．したがって，図 12 のように，測ろうとする 2 点間に並列に接続する．

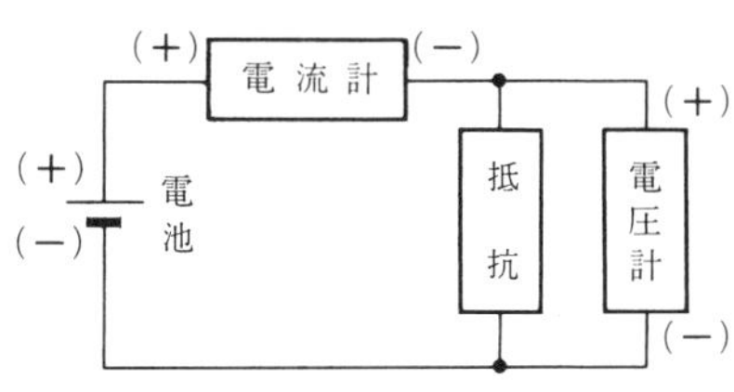

図 12　電流計，電圧計の接続方法

4.2　直流電流計

直流測定に用いられる電流計の多くは，可動コイル型計器とよばれているものである．この計器は永久磁石の作る磁場の中に可動コイルを置き，コイルに測ろうとする電流を流し，電流と永久磁石の作る磁場との間に働く回転力と，うず巻きばねの弾性による復元力とを平衡させて計測するものである．可動コイル型電流計の写真と内部構造を図 13(a)，(b)

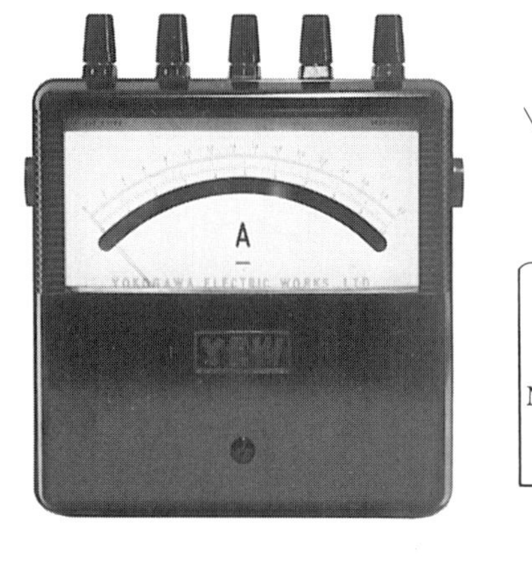

(a)

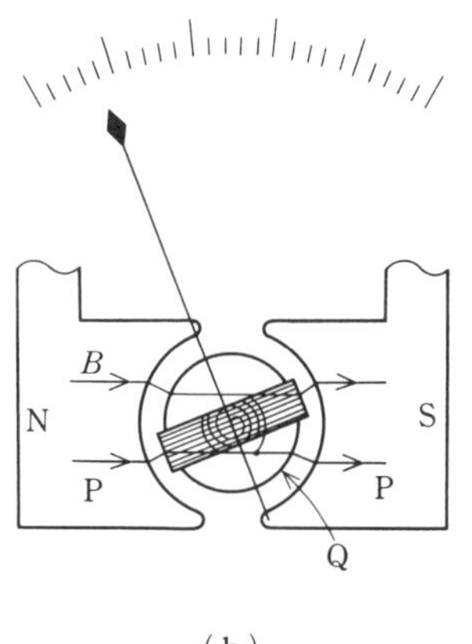

(b)

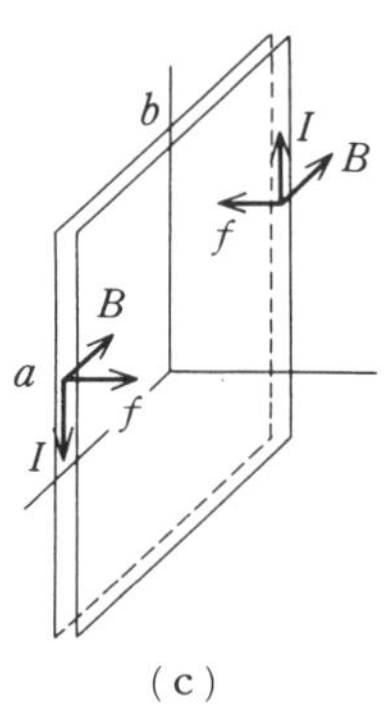

(c)

図 13　可動コイル型電流計のしくみ

に示す．可動コイルは永久磁石 P および円柱形鉄心 Q の作る一様な磁場の中心に置かれている．コイルを貫く磁場 B の様子を図 13(b) に示す．P と Q の間の空隙部分における磁力線は回転軸に関して放射状になっているので，コイルの鉛直辺（紙面の上下方向）に加わる外部磁場 B はつねにコイル面内にある．

いま，コイルの鉛直方向の長さを a，水平方向の長さを b，巻き数を n とし，このコイルに電流 I を流したとする．コイルの水平方向の辺は鉄心 Q の外にあり，そこでの外部磁場は 0 である．鉛直方向のコイル辺 a には外部磁場と垂直に電流が流れており，コイル辺 a が受ける力 f は $nIaB$ である（図 13(c)）．したがって，回転軸のまわりのモーメント τ_1 は $\tau_1 = nIabB$ である．コイルは τ_1 により回転し，ばねが巻かれる．ばねが巻かれると，コイルの回転角 θ に比例する復元力によるモーメント $\tau_2 = k\theta$（k：定数）が生ずる．コイルが静止する回転角 θ は $\tau_1 = \tau_2$，すなわち $\theta = (nabB/k)I$ で与えられるので，コイルは電流に比例した角度で静止する．この型の計器に交流を流しても可動部分が交流周波数の変動に追随できないので，交流測定に使用することはできない．

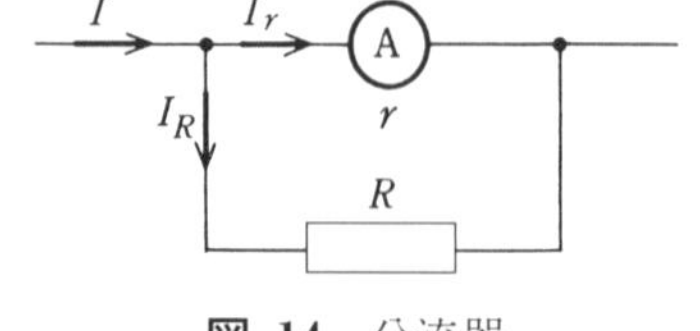

図 14　分流器

分流器：可動コイルに流しうる電流は通常数 10 mA 程度にすぎないので，これ以上の大きな電流を測るには分流器を用いる必要がある．図 14 のように，抵抗 r の可動コイル型計器の端子に抵抗 R の分流器を接続したとする．全電流を I，可動コイルを流れる電流を I_r，分流器を流れる電流を I_R

とすれば，$I = I_r + I_R$，$rI_r = RI_R$より，$\dfrac{I}{I_r} = \left(1+\dfrac{r}{R}\right)$の関係が得られる．$R$を$r$の1/9，1/99，…にすれば，$I_r$は全電流$I$の1/10，1/100，…となり，測定範囲は10，100，…倍となる．I/I_rを分流器の倍率という．

4.3　直流電圧計

通常用いられる直流電圧計は本質的には電流計と同じであり，倍率器とよばれる高抵抗R_Lを可動コイル型電流計に直列接続したものにすぎない．電圧計の写真を図15に示す．

いま，図16のように，電流Iが流れている負荷抵抗rの両端に電圧計Vを接続したとする．電圧計の内部抵抗をR_V（$R_V = R_L + r_g$，r_g：可動コイルの抵抗）とすれば，rの両端の電位差V_rは，電圧計をつなぐことによりIrから$I_r r$に変化するが，$R_V \gg r$であれば，$V_r = Ir \fallingdotseq I_r r = R_V I_V$となり，$V_r$は$I_V$すなわち可動コイル形電流計の指針の振れに比例する．目盛板に$R_V I_V$の値をVolt単位で刻めば，指針の振れから電圧を読みとることができる．電圧計の測定範囲を変えるためには倍率器R_Lの値を変えればよい．

4.4　交流電流計

一般によく用いられる交流電流計は動鉄片型とよばれるものである．この型の計器は吸引型と反発型とに大別される．図17に示すように，固定コイルC中に，可動な軟鉄片Mを置き，コイルに電流を流すと，軟鉄片Mが磁化されコイル中に吸い込まれる．この現象を利用して指針を動かすものが吸引型である．反発型では，図18に示すように，コイル

図 15　電圧計

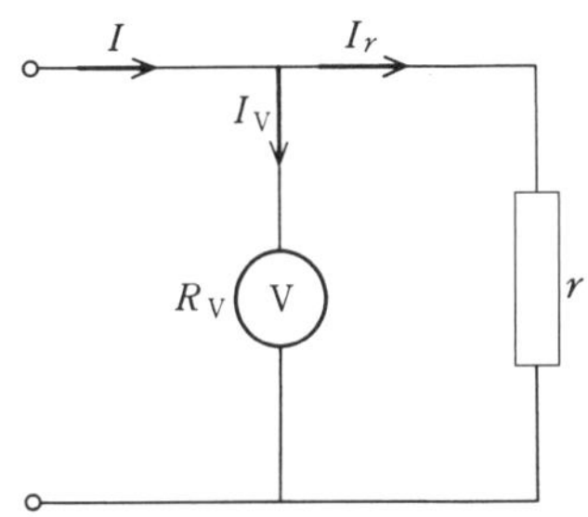

図 16　負荷抵抗rと電圧計V

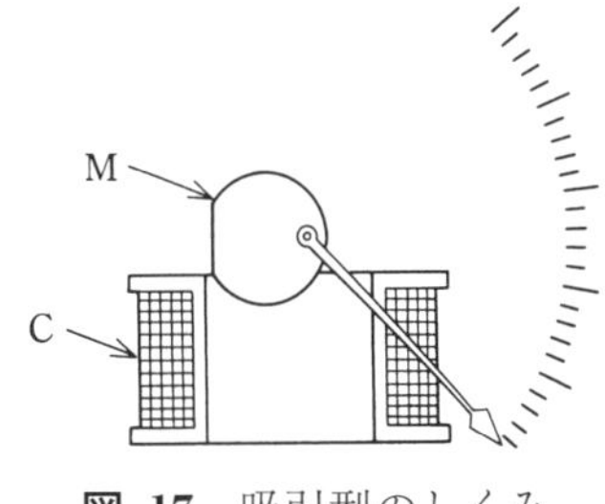

図 17　吸引型のしくみ

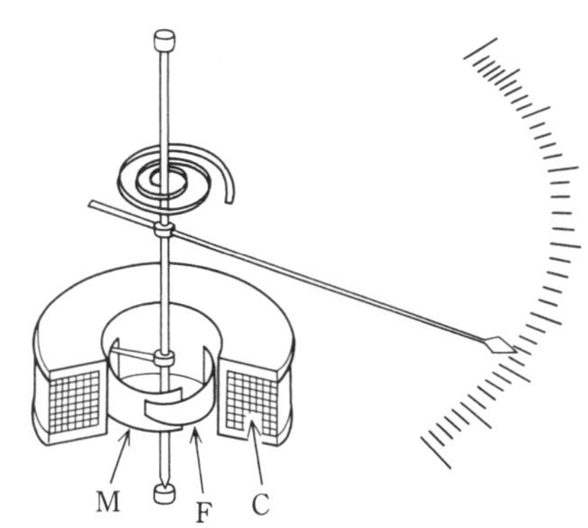

図 18　反発型のしくみ

C 中に固定鉄片 F と可動な軟鉄片 M とを置き，M が F に反発されることを利用して指針を動かす．いずれの場合も，指針を動かす回転力は交流電流の瞬時値 i の 2 乗に比例しており，これがばねの復元力とつり合っている．交流電流を $i=I_m \sin \omega t$ とすれば，瞬時値の 2 乗は $i^2 = {I_m}^2 \sin^2 \omega t = \frac{{I_m}^2}{2}(1-\cos 2\omega t)$ となる．可動部分は，慣性のため周波数 2ω の変動には追随できず，${I_m}^2/2$ すなわち実効値の 2 乗に比例する位置で静止する．適当な目盛をつければ，交流の実効値を読みとることができる．

4.5　交流電圧計

直流電圧計の場合と同様に，固定コイル C に倍率器（無誘導な高抵抗）を直列につけ加えれば，交流電圧計となる．

§5　電　源

5.1　スライダック（単巻変圧器）

本物理実験で用いるスライダックでは，1 次側（IN PUT）に 100 V の交流電圧を入力すると，2 次側（OUT PUT）から 0～130 V までの交流電圧が取り出せる．スライダックの写真を図 19 に示す．1 次側に 100 V の交流電圧を入力すると，ただちに 2 次側に電圧が現れる．このため取り扱いにあたっては，電源を入れる前と電源を切るときにダイアルのつまみを 0 目盛の位置にして 2 次側出力電圧を 0 にしておくことが必要である．スライダックの原理を図 20 に示す．1 次側および 2 次側の電圧，電流，巻数をそれぞれ V_1, I_1, n_1 および

図 19　スライダック

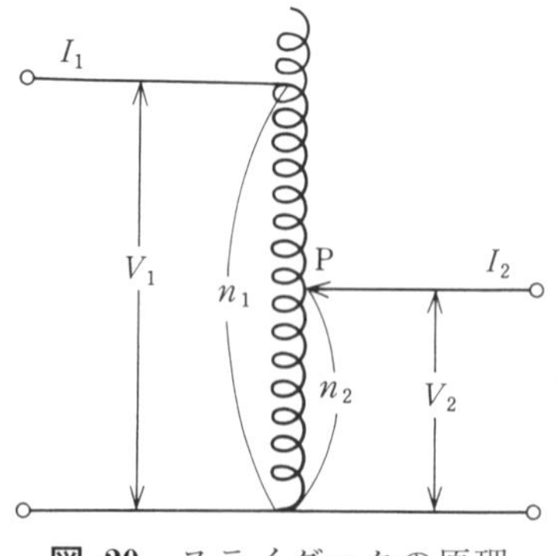

図 20　スライダックの原理

V_2, I_2, n_2 とすると，$\dfrac{V_2}{V_1} = \dfrac{I_1}{I_2} = \dfrac{n_2}{n_1}$ の関係がある．ダイアルのつまみをまわすと，図 20 のスライド接点 P の位置が変化し，巻数の比が変わり，したがって出力電圧 V_2 が変化する．

5.2　直流安定化電源

本物理実験で使用する直流安定化電源の出力電圧は 0～18 V［図 21(a)］と 0～10 V［図 21(b)］の 2 種類あり，出力電流は共に 0～3 A である．図 21 に正面パネル面の端子とつまみの位置を示す．各々のつまみの機能は以下の通りである．

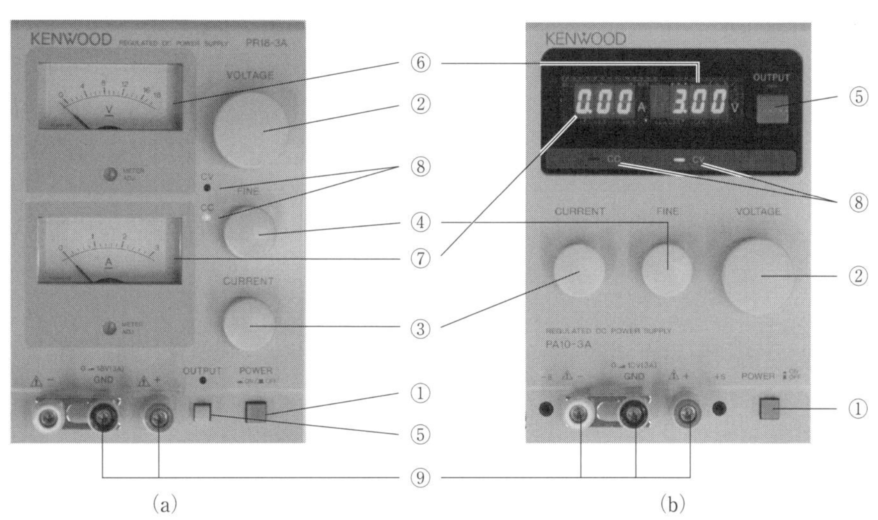

(a)　(b)

図 21　直流安定化電源

① POWER ON：電源が入る．
　POWER OFF：電源が切れる．
② VOLTAGE：出力電圧調整つまみで，電圧を 0～20 V または 0～10 V に連続的に可変できる．
③ CURRENT：出力電流調節つまみで，電流を 0～3 A に連続的に可変できる．
④ FINE：電圧または電流を微調節できる．
⑤ OUT PUT：出力を ON，OFF する切り替えスイッチである．
⑥ V：2.5 級の電圧計．出力電圧値を示す．

⑦　A：2.5級の電流計．出力電流値を示す．

⑧　CV，CC：定電圧電源として動作している場合はCVを，定電流電源として動作している場合はCCを指示する動作モニタである．

⑨　＋－GND：出力を取り出すための端子．GNDはシャーシに接続されている．＋(赤)，－(青)端子はシャーシから絶縁されているので正または負接地のいずれかを選ぶことができる．通常，指定がなければ，－端子をGND端子に接続して使用する．

この電源は「第IV章　§3　電流の熱作用による熱の仕事当量の測定」では図21(a)の装置を，「第IV章　§2　磁場中の荷電粒子の運動」では図21(b)の装置を使用する．電源の操作は以下の順序に従って行う．

①　電源を入れる前に，VOLTAGE②とCURRENT③のつまみが，ともに左いっぱいの状態になっていることを確認する．

②　OUT PUT⑤のスイッチを入れる．

③　定電圧装置として使うときはCURRENT③つまみを時計方向にいっぱいに回し，所定の電圧となるようにVOLTAGE②つまみを回して調節する．

定電流装置として使うときはVOLTAGE②つまみを時計方向にいっぱいに回し，所定の電流となるようにCURRENT③つまみを回して調節する．

④　測定を終えたら，VOLTAGE②とCURRENTつまみ③を反時計方向に回し，POWERスイッチを押して電源を切る．

§6 計器の精度

市販の計器には計量法あるいは日本産業規格（JIS）によって製品に対して許されている最大限の誤差が定められている．これを公差といい，基準器公差，検定公差，使用公差の3種があって，第1の公差は特殊精密器に対するもので，普通は第2の公差を考える．計器には意外に大きい公差があることを念頭において，必要に応じて実験結果の誤差限界の判定に組み入れる必要がある．

6.1 長さ計

（a） ものさし

ものさしは20℃のときの長さによって検定されているが，温度による変化は省略できる程度である．

1級の直尺の長さの許容差は $\pm[0.10+0.05(L/0.5)]$ mm である．たとえば $L=0.3$ m のものを測定した場合，±0.13 mm の誤差がありうる．公差は許容される最大値－最小値であるので，この場合は0.26 mm となる．

（b） ノギス

30 cm まで測れ，最小読取値が0.05 mm のノギスの最大許容誤差は ±0.08 mm となる．

副尺で測れる最小読取値		0.05 mm 未満	0.01 mm
測れる長さ	20〜30 cm 以下	±0.08 mm	±0.04 mm

（c） マイクロメーター

測定範囲が25 mm までの外側マイクロメータの最大許容誤差は ±2 μm である．

6.2 時　計

時計には構造，機能，材質等について基準時計の検査規則はあるが検定公差，使用公差は規定されていない．

6.3　ガラス製温度計

本学で使用している水銀温度計（0.1℃目盛，50℃まで）は，検定公差 ±0.1℃のものである．アルコール温度計（1℃目盛，100℃まで）は許容誤差 ±1℃のものである．

6.4　メスシリンダー

メスシリンダーの許容誤差は，新しい規格では，容量 10 mL，最小目盛 0.1 mL の場合，クラス A で ±0.2，クラス B で ±0.4 となっている．ただし，本学で使用されているものは，±0.05 mL と記されているので，考察する場合はこれを用いること．

6.5　電流計，電圧計

「§4　電流計および電圧計」の項を参照せよ．

第III章　測　定　論

物理学実験においては，物体の長さや質量などの物理量をより精度よく測定することが主要な課題となっている．しかし，その物理量の本当の値があいまいさなく正確に測定できることは現実にはなく，測定には必ず誤差が生じる．この誤差の扱い方や，得られた測定値がどの程度信用できるのかといった点について説明することが本章の目的である．

§1　測　定　値

物理量の測定には，直接測定と間接測定の2種類がある．**直接測定**とは求めたい物理量を測定器によって直接測るもの，**間接測定**とは他の物理量を直接測定し，それらの測定値から計算によって物理量を得るものである．たとえば，物体の長さを物差しで測る場合は直接測定，円柱の直径を測定し，それから断面積を計算して求める場合は間接測定である．

物差しを用いて，ある物理量を直接測定するとき，物差しの最小目盛の1/10まで目分量で読むことを原則とする．そのとき，目分量で読んだ最後の桁の数値には，誤差が含まれていると考えられる．たとえば，物体の長さを測る場合，最小目盛が1 mmの物差しを用いると，0.1 mmの桁まで読むことになる．長さが約1 mの棒を測ったとすると，1002.3 mmというような数値が得られる．これが**測定値**である．0.1 mmの桁は目分量で読んだものであり，1002.3の最後の3という数値は正確な数値ではない．これは機械で測定した場合も同じである．デジタル式の長さ測定器で1002.3 mmという値が得られたとしても，物体の長さが正確に1002.3 mmであるということにはならない．通常は，最小数値の次の桁を四捨五入した結果であって，測定値は1002.25 mm以上1002.35 mm未満という意味でしかない[1)]．

上のような1002.3 mmという測定値が得られた場合，数値は5桁の数になる．これを**有効数字**という．有効数字の最後の桁の数字には誤差があると考えておかなければならない．同じ物差しで3 cm程度の物体の長さを測った場合，測

1)　もちろん，以上のことは測定器が正しく測れるという前提の話であり，物差しが正しいかどうか，デジタル測定器が正常かどうかは別に調べておかなければならない．

表 1　1 m の表現方法

有効数字	2 桁	3 桁	5 桁
望ましくない	1 m (桁が不足)	100 cm (ゼロが曖昧)	100 cm (桁が不足)
望ましい	1.0 m 1.0×10^0 m	1.00 m 1.00×10^2 cm	100.00 cm 1.0000×10^3 mm

定値は 34.5 mm などとなる．この場合の有効数字は 3 桁である．

有効数字と桁合わせのための数字はきちんと区別できるように表現しなければならない．たとえば，有効数字 1 桁の 1 m でも，mm の単位で表すと 1000 mm となり，有効数字が 4 桁のように見えてしまう．したがって，有効数字が 1 桁か 4 桁かを区別するために 1×10^0 m と 1.000×10^0 m(この場合は 1 m，1.000 m でもよい)や，1×10^3 mm と 1.000×10^3 mm のように指数を用いた書き方を用いるように心がけておくとよい．

§2　誤　　差

測定する物理量には，本来この値が測定されるはずの，**真の値**があると考えられる．この真の値 X と測定値 x の差

$$\Delta x = x - X \qquad (1)$$

を**測定誤差**という(以下ではこれを誤差と呼ぶ)．誤差には，系統誤差(系統的誤差)と偶然誤差(偶発的誤差)がある．

系統誤差とは，なんらかの原因があって，測定値に一定の傾向を持つようなズレを生じさせているものである．系統誤差については，実験方法や基礎となる理論を詳しく調べることにより，原因をつきとめられる場合もある．原因がわかる場合には，系統誤差が生じないように実験の設定を変えるなどの工夫をするのが普通であるが，それが不可能な場合は測定後の計算処理で対処することもある．

これに対し，**偶然誤差**とは，われわれが制御できない多くの小さな要因がからみあって，測定値にランダムなばらつきを生じさせているものである．偶然誤差は，注意深く実験したり，より精密な測定器を用いることによって小さくすることができる場合もあるが，一般になくすことはできない．ある決まった実験装置を用いた実験において，測定値の偶然誤

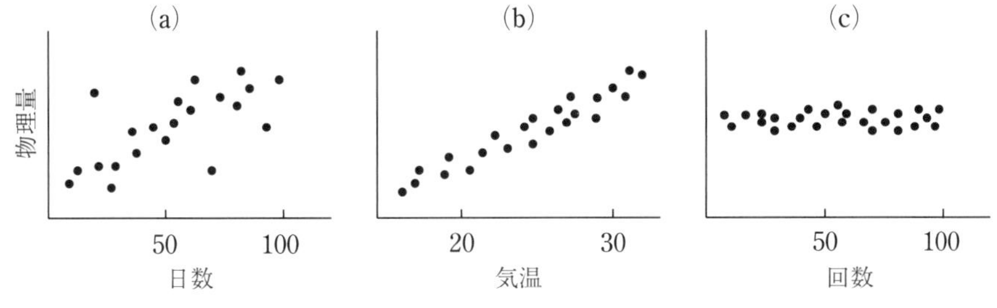

図 1　系統誤差と偶然誤差

差を小さくする一般的な方法は，多数回の実験を行い，得られた多くの測定値を統計的に処理することである．偶然誤差はランダムに生じるため，得られた測定値を平均すると，プラスの誤差とマイナスの誤差が消ち消しあって，より真の値に近い結果が得られると期待できる．この点については，§4 統計的処理の節で詳しく述べる．

たとえば，ある物理量を 100 日間測定したとする．図 1(a) は測定値をそのままグラフにしたものである．これには系統誤差と偶然誤差の両方が含まれていると考えられる．もしかしたら気温が関係するのかもしれない，という予想をして，気温を横軸に取り直したものが，図 1(b) である．気温が高いほど測定結果も大きくなる傾向があることがわかる．これが系統誤差に相当する．仮に，理論上気温は関係ないということがわかっていても，このような傾向がある場合は，その影響を取り除くことを考えなければならない．図 1(c) は室温を一定にして，100 回測定したものである．気温による系統誤差を取り除いても，まだ測定値には一定のばらつきが見られる．これが偶然誤差である (ただし，図 1(c) においても，すべての系統誤差が取り除かれた，と考えてはならない).

ここで，物理学実験においては実験装置が十分検討されており，系統誤差は極力取り除かれているものとする．したがって，測定結果に含まれるのは偶然誤差だけであるとしておく．偶然誤差の処理の仕方については，§4 統計的処理の節で述べる．

§3　測定値の計算

§1 測定値の節にあるように，同じ物差しを用いても，1 m の物体を測定すれば有効数字は 5 桁，3 cm の物体ならば

3 桁となる．誤差そのものの大きさはどちらも 0.1 mm 程度である．また，現在のレーザーを用いた測定では，月までの距離を 1 cm 単位で測ることができる．誤差は 1 cm であるが，月までの距離は 38 万 km であるため，有効数字は 11 桁もある．このように，誤差の大きさ自体よりも，測定すべき値との比を考えることの方が重要であることが多い．

真の値 X と誤差 Δx の比 $\left|\dfrac{\Delta x}{X}\right|$ を**相対誤差**（あるいは比例誤差）と呼ぶ．真の値 X はそもそも不明であるため，Δx も本来は決められない．実際上は X の代わりに測定値 x を用い，Δx も適当に推定した値を用いる．たとえば，測定を 100 回行ったとき，それぞれの測定値を x_1，x_2，…，x_{100} とする．X の代わりには 100 回の測定の平均値 $\bar{x}$ を用い，Δx はそれぞれの測定値と平均値との差 $x_1-\bar{x}$，$x_2-\bar{x}$，…を用いる．

直接測定の場合は相対誤差はそのまま結果に反映するが，間接測定の場合は途中の計算によって影響を受ける．例として，円柱の直径を測定してその断面積を求める場合を考える．円柱の直径を 1 mm 単位で表示されるデジタル式の測定器で測ったときの値が 20 mm（有効数字 2 桁）だったとする．これは，直径の値が 19.5 mm 以上 20.5 mm 未満であることを意味する．誤差は ±0.5 mm なので

$$\left|\frac{\Delta x}{X}\right| \cong \left|\frac{\Delta x}{x}\right| = \frac{0.5}{20} = 0.025 \qquad (2)$$

となり，2.5% の誤差が含まれていることになる．円柱の断面積 S を計算すると，$S=\pi r^2=3.14159\times10^2=314\ \mathrm{mm}^2$ となる（半径の有効数字が 2 桁なので本来は 2 桁で書くべきである[2]）．次に，真の値は誤差ぎりぎりの値かもしれないと考えて，断面積の誤差はどれくらいになるのかを計算してみる．仮に，直径の真の値が 19.5 mm だとすると，断面積は $S=3.14159\times9.75^2=299\ \mathrm{mm}^2$ である．断面積の誤差 ΔS は，$\Delta S=314-299=15\ \mathrm{mm}^2$ となる．相対誤差は

$$\left|\frac{\Delta S}{S}\right| = \frac{15}{299} = 0.05 \qquad (3)$$

となり，5% である．すなわち，この計算の過程で誤差は 2 倍になっている．この理由は以下の通りである．

上の例の場合，半径の測定値 x は真の値 X と誤差 Δx を用いて，$x=X+\Delta x$ と表される．したがって，断面積の誤差は

2）誤差の大きさ（15 mm^2）を見ても，314 mm^2 という 3 桁の断面積の値を書くのは適切ではないことがわかる．より適切な書き方としては，たとえば測定値は $3.1\times10^2\ \mathrm{mm}^2$，誤差は $\pm\,0.2\times10^2\ \mathrm{mm}^2$ などとなる．

$$\Delta S = \pi x^2 - \pi X^2 = \pi[(X+\Delta x)^2 - X^2]$$
$$= \pi[2X\Delta x + (\Delta x)^2] \tag{4}$$

断面積の相対誤差は

$$\frac{\Delta S}{S} = \frac{\pi[2X\Delta x + (\Delta x)^2]}{\pi X^2} \cong 2\frac{\Delta x}{X} \tag{5}$$

となる．最後の式変形では$(\Delta x/X)^2$を無視した．なぜなら，$(\Delta x/X)^2$は2.5％の2.5％，つまり0.0625％となるので気にしなくてもよいぐらい小さいからである．この式からわかるように，2倍は$S = \pi r^2$の2乗を展開した部分($(a+b)^2 = a^2+2ab+b^2$の$2ab$に相当する部分)から来ている．3乗なら$(a+b)^3 = a^3+3a^2b+3ab^2+b^3$の$3a^2b$がこれに対応し，3倍になる．つまり，測定した値を何乗かして目的とする量を求める場合，誤差はそのベキの指数倍されたものになる．

一般に，測定量Aが直接測定する量x, y, zから

$$A = x^a y^b z^c \tag{6}$$

と表されたとすると，相対誤差は

$$\frac{\Delta A}{A} = a\frac{\Delta x}{x} + b\frac{\Delta y}{y} + c\frac{\Delta z}{z} \tag{7}$$

となる(付録1参照)．誤差はプラスマイナス両方ありうるので，

$$\left|\frac{\Delta A}{A}\right| \leqq \left|a\frac{\Delta x}{x}\right| + \left|b\frac{\Delta y}{y}\right| + \left|c\frac{\Delta z}{z}\right| \tag{8}$$

である．したがって，測定量Aを一定の誤差，たとえば1％の誤差で求めたいならば，(8)式の右辺の3項すべてが，1％かそれより小さい誤差でなければならない．仮に$a = 4$，つまりAがx^4に比例(反比例x^{-4}でも同じ)しているとすると，誤差は4倍になるので，直接測定する量xは0.25％の誤差で測定しておく必要がある．

これに対し，定数の誤差はいくらでも小さくできるので，扱いは簡単である．上の例では断面積を求めるときに円周率πを使用する．通常，関数電卓を用いて計算を行うと思われるので，このような定数の有効な桁数は十分大きく(10桁ぐらいはある)，その誤差について気にする必要はない．手で計算する場合は，測定値の有効数字よりも1桁大きい桁までとればよい．相対誤差の観点で見ると，定数の相対誤差を測定値の相対誤差より1桁小さくしておけば，求めたい測定量の誤差にはほとんど影響しない．

また，測定あるいは計算の過程でしばしば関数の近似計算が行われる場合がある．最もよく使用されるのが，角度θが

小さい場合の

$$\sin\theta \cong \tan\theta \cong \theta \tag{9}$$

という近似である．これ以外にも $x \ll 1$ という条件の下で以下のような近似が使用される．

$$(1+x)^m \cong 1+mx, \qquad e^x \cong 1+x, \qquad \log(1+x) \cong x \tag{10}$$

誤差の計算においては，このような近似もきちんと考慮しなければならない．

たとえば，角度 θ が 5° の場合に $\sin\theta \cong \theta$ という近似がどれくらいの誤差をもたらすかを考えてみる．5° はラジアンの単位では $\theta = 0.087266\cdots$ となる．一方，$\sin\theta = 0.087155\cdots$ であるので，誤差は $0.00011\cdots$ となる．角度 5° では，数値の 3 桁目で違いが現れ始めているため，値の 3 桁目までしか有効でないと考えなければならない．すなわち，角度が 5° の場合に，有効数字 3 桁の測定値を得ようとするときには $\sin\theta \cong \theta$ という近似をしてもよいが，有効数字 4 桁の測定のときには，この近似は使えないということである．

§4　統計的処理

測定値に偶然誤差が含まれている場合，何度も測定を繰り返したときに得られる値は，ある値のまわりにばらつくことになる．偶然誤差は予測不能な原因によって生じるので，誤差の出方もランダムであると考える．このような測定値のばらつきの処理には数学の確率論の結果を用いることができる．

たとえば，100 個のコインをいっせいに投げて，表の枚数を数える場合を考える．この実験を何度も行うと，あるときは 40 枚，あるときは 65 枚，というように表になるコインの数はばらつく．しかし，何万回もやっていくうちに，やがて 50 枚程度のコインが表になるケースが多くなっていくことがわかる[3]．表の枚数を x と書いて，実験全体で x の平均を求めると 50 に近い値が得られる．これを**平均値**といい，$\bar{x}$ と表す（$\bar{x} = 50$ とする）．1 回ごとの x は，通常 50 からはずれているので，平均値との差 $\Delta x = x - \bar{x}$ がある．これが偶然誤差に対応する．

そこで，横軸に平均値との差 Δx，縦軸にそれが出た回数をとってグラフを作成すると，図 2 のようなものができる．

3）何万回の中には，全部表だったり，全部裏だったりすることもある．

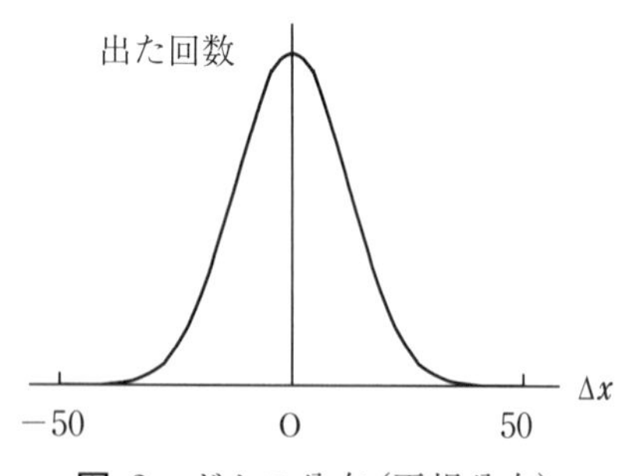

図 2　ガウス分布（正規分布）

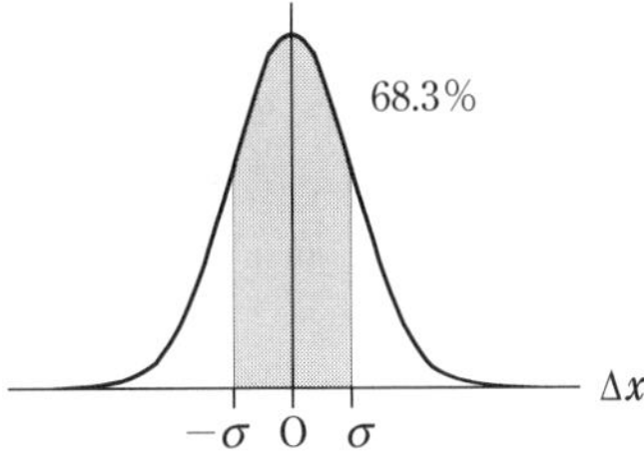

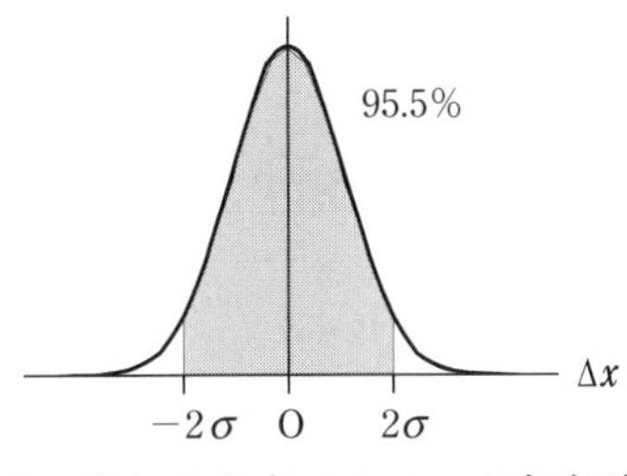

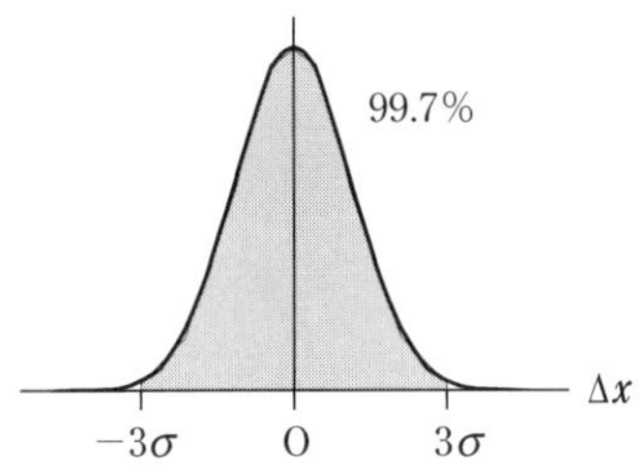

図 3　ガウス分布での Δx の存在確率

実験回数を増やしていくと，これが一定の形になっていくことが確率論によって知られている．

この分布を**ガウス分布**または**正規分布**といい，

$$\phi(\Delta x) = \frac{1}{\sqrt{2\pi}\,\sigma}\exp\left[-\frac{(\Delta x)^2}{2\sigma^2}\right] \tag{11}$$

という式で表される（付録 II 参照）．$\phi(\Delta x)$ が，平均値 50 からのずれが Δx となった場合の回数を表す．ここで用いた定数 σ を**標準偏差**といい，

$$\sigma = \sqrt{\frac{\sum_{i=1}^{n}(\Delta x_i)^2}{n}} \tag{12}$$

で与えられる．ここで，Δx_i は i 回目の実験の平均値からのずれ，n は実験の総数である．ガウス分布の場合には，全体のうちの何％がどの範囲にあるかということも知られている（図 3 参照）．たとえば，全体の実験回数のうち，平均値からのずれが $-\sigma < \Delta x < \sigma$ の範囲内に入っている回数は約 68％ということである．

標準偏差は，各回のずれの 2 乗を全体で平均して，その平方根をとったものであるので，ずれの大きさの平均値のような意味をもつ．データが散らばっている場合は差が大きいので，その平均である標準偏差も大きい．つまり，標準偏差は，データの散らばりぐあいや，データがどれくらい信用できるか，といったことを示す指標である．標準偏差が非常に小さければ，ほとんどのデータがある 1 つの値に集中していることを意味し，それだけ，その測定値の信頼性が増すことになる．

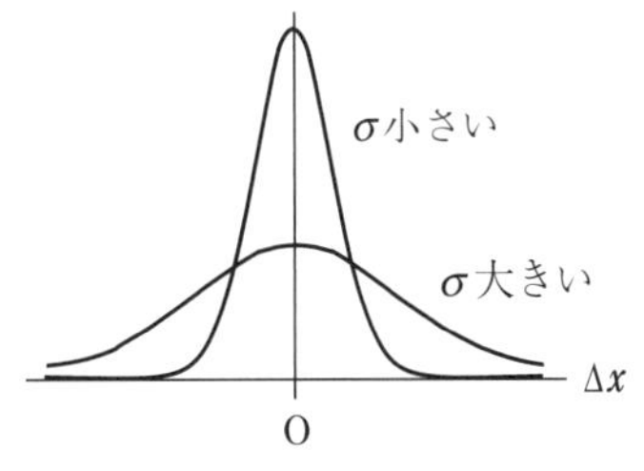

図 4　標準偏差の大小

ここで得られたものは測定値の平均 $\bar{x}$ であり，真の値 X ではない．したがって，上で Δx と書いたものも，真の値との差である誤差ではなく，あくまでも平均値 $\bar{x}$ からのずれである．しかし，ガウス分布の性質から，真の値 X を推定

することができる．たとえば，n 個の測定値 x_i $(i = 1, 2, 3, \cdots, n)$ が得られたとしよう．真の値の候補を m とおいて，どのような m を採用すれば，このような測定値が得られる確率が最も大きくなるのかを考える．ガウス分布では，それは誤差の 2 乗の和

$$S = \sum_{i=1}^{n}(\Delta x)^2 = \sum_{i=1}^{n}(x_i - m)^2 \tag{13}$$

が最小になるときであることが知られている．つまり，真の値 X はわからないけれど，m を変化させていき，誤差の 2 乗和 S が最小になったときの値が，真の値 X として最も確からしい，ということである．このような値のことを**最確値**という．S を最小にする m は微分を用いて簡単に得ることができ，

$$\frac{\mathrm{d}S}{\mathrm{d}m} = 0 \quad \Rightarrow \quad m = \frac{1}{n}\sum_{i=1}^{n} x_i = \bar{x} \tag{14}$$

となる．単純な平均値 $\bar{x}$ が真の値 X の最確値なのである[4]．

4) このような結論が得られるためには，各測定が独立事象といった条件が必要である．詳しくは確率，統計に関する本を参照してほしい．

以上のように，平均値を求めるという作業は単に平均というのではなく，真の値 X に対する最確値を求めるという意味がある．また，測定値と真の値との差を誤差と呼ぶのに対し，測定値と最確値との差は**残差**と呼ぶ．

§5　グラフ表示

実験で測定した物理量の間の関係を，直観的に理解するにはグラフを描けばよい．あるいは測定結果の良し悪しは，グラフを描くことで一目瞭然となることもある．したがって，測定も計算も全部終了した後にグラフを描くのではなく，測定結果が得られてグラフを描くことが可能になった時点で，すぐに行った方がよい[5]．

5) グラフから物理量間の関係，すなわち実験式を導くことも勉強になる．付録 III に，実験式の導き方の例がいくつか書いてあるので，参照してほしい．

ここでは，測定値からグラフを作成するときの注意点を述べる．

1. 一般に，グラフの横軸は独立変数，縦軸に従属変数をとる．独立変数とは測定時にコントロールできる量（測定する時間など），従属変数とはその結果として変化する量（通常はこれが測定値）である．ただし，テキスト中でグラフの書き方が指示してある場合はそれに従うこと．
2. 測定される物理量の最大値と最小値がおおまかにわか

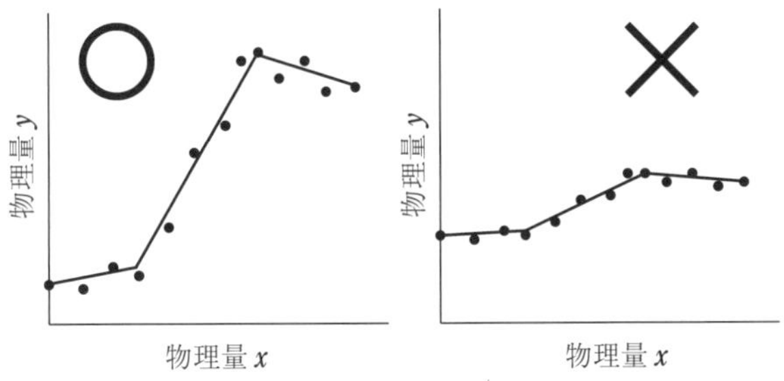

図 5　グラフは大きく使う

ったら，グラフの使い方を決める．座標軸の最小・最大目盛は，グラフが用紙全体にわたるように設定する．ただし，30目盛を1に対応させるような目盛にくい設定はせず，切りのよい数字になるように配慮する．軸線は定規を使って正しく描くこと．

3.　測定点を用いてグラフを描くときは，なるべく多くの点が線上に乗るようにする．測定点が散らばっていて1つの線上に乗らない場合は，測定点の真ん中を通るようにする．1点だけ飛び離れた位置にある場合は，測定ミスを疑う必要があるかもしれない．そうでない場合は，その点も対等に考慮して線を引かなければならない．

4.　測定点が見やすいように印をつける．複数のデータを1つのグラフに描くときは，印を変えるなどわかりやすいように表示する．

5.　グラフの横軸，縦軸の物理量，目盛の数値，単位なども記入してあることを確認する．

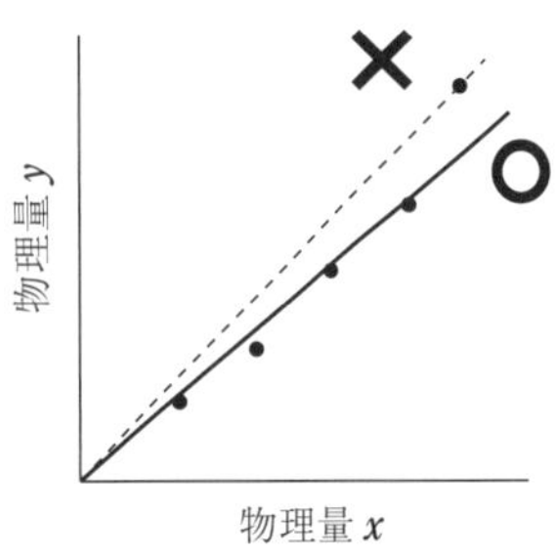

図 6　よい線の引き方

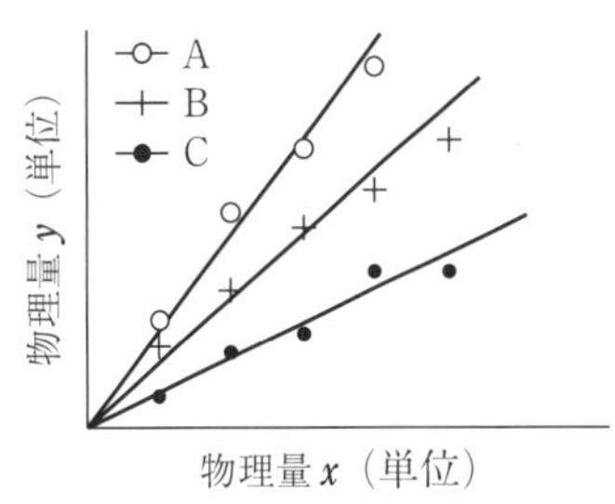

図 7　複数の線，目盛など

§6　最小2乗法

前節のグラフを描く場合，直線（や曲線）は目分量で引くことになるが，計算によって最適な線を求める方法がある．それが**最小2乗法**である．最小2乗法では，いろいろな関数形を求めることができるが，ここでは直線の場合についてのみ述べる．

ある測定を行ったとき，たとえば，前節の図6のような測定点が得られたとする．点が散らばっているので，すべての点を通るような直線は存在しない．そこで，1本の直線を引いたとき，直線と各測定点のずれを求め，その2乗の和が最も小さくなるように引けば，それがもっともらしい直線と考えることができるだろう．ずれの2乗の和を最小にするので，最小2乗法と呼ばれている．具体的な計算は以下の通りである．

x を独立変数，すなわち実験のときに自由に設定できる量として，この数値には残差はないとする[6)]．残差は従属変数 y，すなわち測定量にのみ存在するとする．x を x_i $(i=1,2,3,\cdots)$ と変えながら y を測定したときの，各測定値を y_i $(i=1,2,3,\cdots)$ とする．x と y の間には直線になるような関係があると想定されるので，

$$y = ax+b \tag{15}$$

が成り立つ．この a と b がこれから決定する定数である．この関係式が正しいとすると，各 x_i $(i=1,2,3,\cdots)$ に対して本来なら ax_i+b という測定値が得られるはずである．この値と測定値との差

$$\Delta y_i = y_i-(ax_i+b) \tag{16}$$

が残差になる．この2乗の和

$$S = \sum_{i=1}^{n}(\Delta y_i)^2 = \sum_{i=1}^{n}(y_i-ax_i-b)^2 \tag{17}$$

が最小になるように a, b を決めることになる．S が最小となる a, b は

$$\frac{\partial S}{\partial a} = 0, \qquad \frac{\partial S}{\partial b} = 0 \tag{18}$$

で与えられる[7)]．実際に微分してみると，

$$-2\sum_{i=1}^{n}x_i(y_i-ax_i-b) = 0, \qquad -2\sum_{i=1}^{n}(y_i-ax_i-b) = 0 \tag{19}$$

が得られる．これを解いて a, b を求めると

$$a = \frac{n\sum_{i=1}^{n}x_iy_i-\sum_{i=1}^{n}x_i\sum_{i=1}^{n}y_i}{n\sum_{i=1}^{n}(x_i)^2-\left(\sum_{i=1}^{n}x_i\right)^2} \tag{20}$$

$$b = \frac{\sum_{i=1}^{n}(x_i)^2\sum_{i=1}^{n}y_i-\sum_{i=1}^{n}x_iy_i\sum_{i=1}^{n}x_i}{n\sum_{i=1}^{n}(x_i)^2-\left(\sum_{i=1}^{n}x_i\right)^2} \tag{21}$$

となる．この a, b を用いた直線 $y=ax+b$ が，測定点とのずれが最も小さい直線である．

ところで，上の a, b を求める計算で，§4 統計的処理において最確値を求めたときと同様の計算をしていることに気がついたかもしれない．平均によって最確値を求めることと，

6)　x, y 両方に残差がある場合は計算が異なる．

7)　∂ は偏微分を表す記号である．偏微分はまだ習っていないので，いまのところ普通の微分と考えておいてよい．

最小２乗法によって直線を求めることとは，２乗の和を最小にするという点で，同じ考え方を基礎にしているのである．

【計算の具体例】

データ数は５個で下記の表のようになっているとする．４つの点は $y = x+1\,(a = 1,\ b = 1)$ の上にあるが，y_5 だけはずれていることに注意する．

x の値	1	2	3	4	5
y の測定値	2	3	4	5	7

$$\sum_{i=1}^{5} x_i = 15,\quad \sum_{i=1}^{5} y_i = 21,\quad \sum_{i=1}^{5} (x_i)^2 = 55,\quad \sum_{i=1}^{5} x_i y_i = 75 \tag{22}$$

なので，

$$a = \frac{5\times75-15\times21}{5\times55-15^2} = 1.2 \tag{23}$$

$$b = \frac{55\times21-75\times15}{5\times55-15^2} = 0.6 \tag{24}$$

となる．図８に最小２乗法で求めた直線を示す．本当に残差が小さくなっているかどうかは，計算してみればよい．たとえば，$y = x+1$ の場合は y_5 だけがずれているので，残差 $S = 1^2 = 1$ である．一方，$y = 1.2x+0.6$ の場合は，各点の差を計算して和をとると，$S = 0.2^2+0^2+0.2^2+0.4^2+0.4^2 = 0.4$ となり，４点が線上にある $y = x+1$ よりも小さくなっていることが確認できる．

このように，最も確からしいと思われる直線は，最小２乗法により単純計算だけで簡単に求めることができる．しかし，これはすべてのデータが同程度に信用できることを前提としているので，この例のように１点だけが飛び離れている場合は，測定ミスや計算ミスなどがないかどうかを疑ってみることも必要である．ミスがあるかどうかはグラフを描いてみると，すぐにわかることもある．

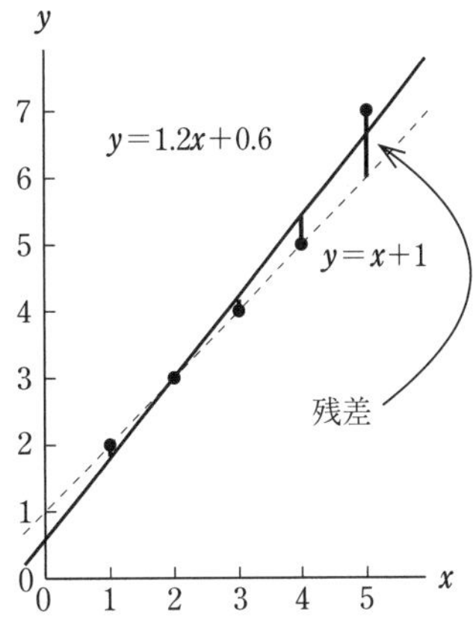

図 8　最小２乗法で求めた直線

第Ⅳ章　実験各論

§1　金属の電気抵抗

1.　目　　的

ホイートストン・ブリッジを用いて細い銅線の電気抵抗を測定し，抵抗の温度依存性を調べる．

2.　解　　説

2.1　金属の電気抵抗と温度変化

金属の電気抵抗を次のようなモデルで考察する．金属内では金属イオンは規則正しく配列している．これを結晶格子と呼ぶ．格子を形成しているおのおのの金属イオンに属する大部分の電子は，その原子核のまわりに強く束縛されて，そのまわりを回転している．これらの電子を**束縛電子**と呼ぶ．しかし，最外殻の少数の電子は格子の間を自由に動きまわる．このような電子を**自由電子**といい，金属はこれらの電子の効果によって結合している（金属結合）．銅での自由電子は原子1個あたり1個と考えてよい．これらの自由電子は一種の電子ガスと考えられ，金属に外から電場を加えない場合には，図1のように金属イオンと衝突をくりかえし無秩序運動をしている．したがって，この場合には金属内に電流は生じない．

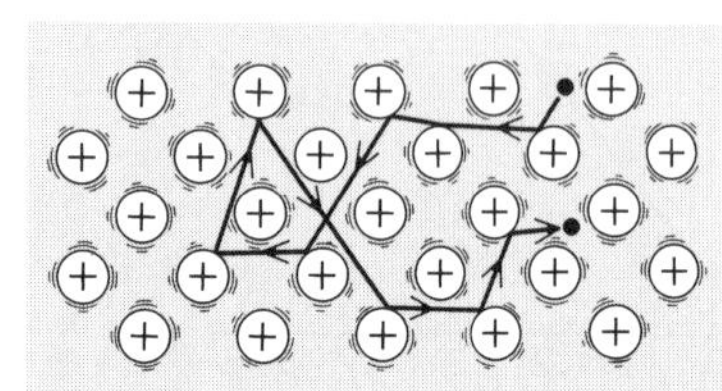

図 1　電場を加えない場合の自由電子の運動

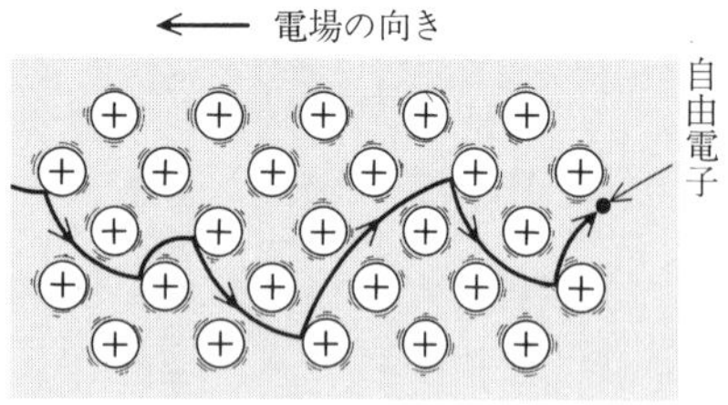

図 2　電場を加えた場合の自由電子の運動

金属結晶に電場 E を加えると，図2のように電子ガスの運動はもはや無秩序でなくなり，熱振動している金属イオンなどと衝突しながら，ジグザグな経路をたどって，E と逆の方向に自由電子が移動する．すなわち電流が流れる．金属イオンとの衝突は電子の移動を妨げる働きをしているが，これが金属の電気抵抗の1つの原因となっている．この点を少し詳細に検討しよう．電子の電荷を $-e$，質量を m とする

と，電場 E による電子の加速度 $\dfrac{\mathrm{d}V}{\mathrm{d}t}$ は

$$\frac{\mathrm{d}V}{\mathrm{d}t} = -\frac{eE}{m} \tag{1}$$

である．衝突直後の電子の電場方向への速度成分を V_0 とすると1回の衝突から次に衝突するまでの電子の電場方向の速度は，

$$V = V_0 - \frac{eE}{m}t \tag{2}$$

である．これをすべての電子について平均をとると

$$\langle V \rangle = \langle V_0 \rangle - \frac{eE}{m}\langle t \rangle \tag{3}$$

となる．ただし，$\langle\ \rangle$ は平均値を表す．電子は金属イオンによって無秩序に散乱されるので，$\langle V_0 \rangle = 0$ である．$\langle t \rangle$ は電子と金属イオンの衝突から衝突までの平均時間であるので，それを τ と書くと，

$$\langle V \rangle = -\frac{eE}{m}\tau \tag{4}$$

となる．電場方向の電流密度は，単位体積中の自由電子の総数（自由電子密度）を n とすると

$$i = -ne\langle V \rangle = \frac{ne^2\tau}{m}E \tag{5}$$

になる．この関係は電流が電場に比例していることを表しており，オームの法則にほかならない．

(5) 式より金属の抵抗率 ρ は

$$\rho = m/ne^2\tau \quad 〔\Omega\cdot\mathrm{m}〕 \tag{6}$$

で表される．ここで τ は電子が金属イオンと衝突するときの平均時間間隔であるが，一般に τ を左右する因子として

（i）　結晶の結合―金属，イオン結晶などによる相違．
（ii）　結晶の温度―格子振動の激しさ．
（iii）　結晶に含まれる不純物，欠陥

などが考えられる．これらのうちいずれが，実際の抵抗に大きな影響を及ぼすかは個々の結晶の様子，測定温度などによって異なってくる．ここでは格子振動による散乱過程だけを考えることにする．

一般に結晶の温度が高くなると熱振動も激しくなり，電子の衝突回数もふえるので τ が小さくなり，抵抗は増大する．0 K で抵抗が 0 になるとすると，衝突時間 τ は固体量子論から近似的に

$$\tau = h/2\pi kT \tag{7}$$

で表される．ここで h はプランク定数，k はボルツマン定数，T は絶対温度である．(7) 式を (6) に代入して整理すると

$$\rho_{T'} = \frac{2\pi mk}{e^2nh} 273\left(1+\frac{1}{273}T'\right) \tag{8}$$

ここで $T' = T-273$ はセ氏温度の目盛である．

他方，巨視的な物体の電気抵抗 R は一般に

$$R = \frac{\rho l}{S} \ [\Omega] \tag{9}$$

である．ここで，l は物体の長さ，S は断面積である．また，ある温度 t〔℃〕における抵抗率 ρ_t，抵抗 R_t はそれぞれ近似的に

$$\rho_t = \rho_0(1+\alpha t) \tag{10}$$

$$R_t = R_0(1+\alpha t) \tag{11}$$

で表すことができる．ここで，ρ_0, R_0 はそれぞれ 0 ℃における抵抗率，抵抗であり，α は温度係数である．図 3 中の 2 点，たとえば 0 ℃と 100 ℃の抵抗値 R_0，R_{100} を用いると，温度係数 α は

$$\alpha = \frac{R_{100}-R_0}{R_0\times 100} \tag{12}$$

となる．

理論的には (8) 式と (10) 式を比較すると，

$$\alpha = \frac{1}{273} \tag{13}$$

となる．しかし，図 3 のように実際の金属の抵抗は低温では温度に比例しないため，α の値もこれからずれており，金属ごとに異なった値をとる．

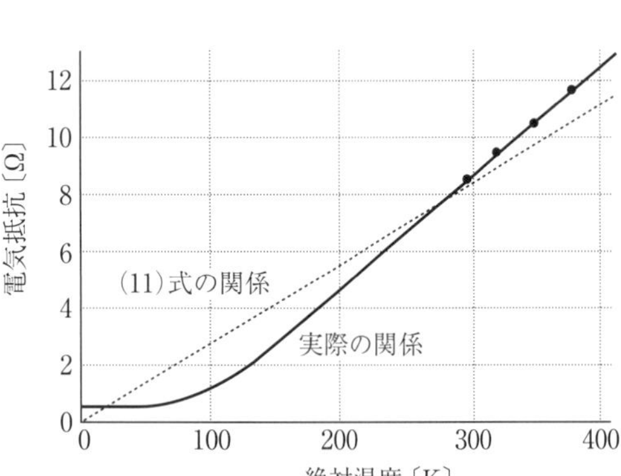

図 3　電気抵抗と絶対温度の関係

2.2　ホイートストン・ブリッジの原理

4 個の抵抗 A, B, R, X を図 4 のように接続し，図の a, b 間に電池 E とスイッチ S_1, c, d 間に検流計 G とスイッチ S_2 を入れた電気回路がある．いま，この回路で，S_1 を閉じて電流 I を流す．次にスイッチ S_2 を閉じても c, d 間を流れる電流 I_G が 0 になるように A, B, R を調整したとすると，A と X を流れる電流は等しい．これを I_1 とする．また，B と R を流れる電流も等しく，これを I_2 とする．このような状態においては，もちろん接続点 c と d の間に電位差はないから

$$AI_1 = BI_2, \qquad XI_1 = RI_2 \tag{14}$$

が成り立つ．この式より I_1, I_2 を消去すれば

$$X = \frac{A}{B}R \tag{15}$$

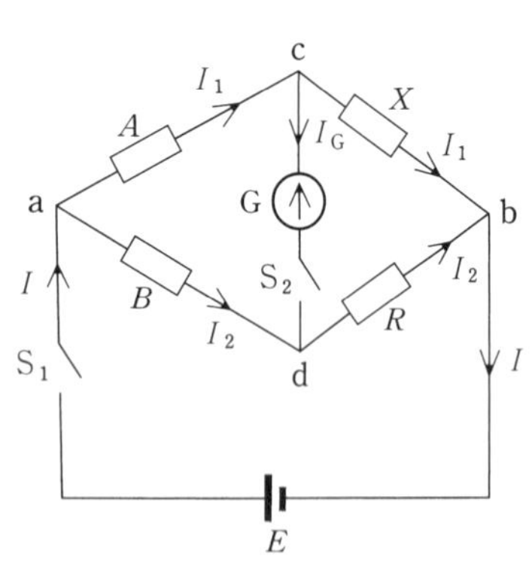

図 4　ホイートストン・ブリッジの回路

になり，R および 2 つの抵抗の比 A/B がわかっていれば未知抵抗 X を求めることができる．この原理により抵抗を精密に測定する装置をホイートストン・ブリッジという．

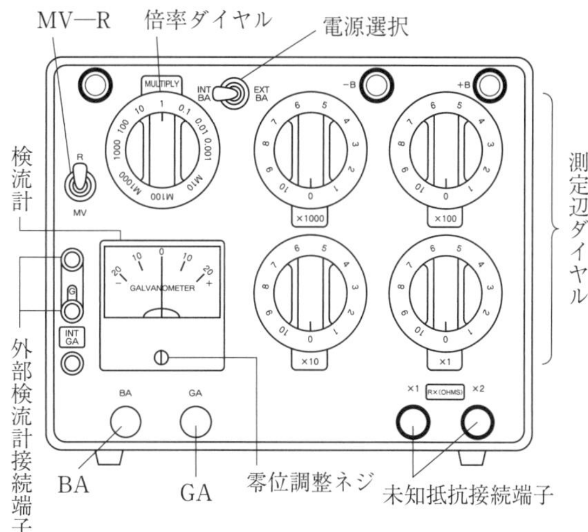

図 5　2755 型ホイートストン・ブリッジ

3. 実 験 装 置

①　**ホイートストン・ブリッジ**：ダイヤル式のホイートストン・ブリッジで，内部には非誘導抵抗線 $W_1, W_2, W_3, \cdots$ が入っている．この抵抗素子は常温（20〜35 ℃）における温度係数が 2×10^{-5} 1/deg 以下のマンガニン線（Cu 84%, Mn 12%, Ni 4%）であるので，温度による抵抗変化はわずかである．

本実験で使用するのは図 5 に示す 2755 型で，倍率ダイヤルを操作することにより A, B の比 A/B の値として ×0.001，×0.01，×0.1，×1，×10，×100，×1000 を選ぶことができる．4 つの測定辺ダイヤルは，R の値の 1000 の位，100 の位，10 の位，1 の位をそれぞれ 0〜10 まで決めることができ，R の値として 0〜10000 Ωの範囲の任意の値を取ることができる．

このホイートストン・ブリッジでは，スイッチ S_1，スイッチ S_2 はそれぞれ BA, GA と表記されている．

このホイートストン・ブリッジには，指針検流計が内蔵されている．検流計の感度は非常に鋭敏であるので，測定時に過大電流を流さないように十分注意すること．

②　**電熱器**：600 W，水を加熱するのに使用する．

③　**スライダック**：試料の温度上昇率をコントロールするため，電熱器へ供給する電力を調整するのに使用する．

④　**アルコール温度計**：水の温度を測定する．

⑤　**試料**：ベークライトの筒に表面を絶縁処理した細い銅線が巻いてある．
長さ $l = 10.00$ m，直径 $\phi = 1.60\times10^{-4}$ m.

⑥　**スタンド**：温度計を支持するのに用いる．

⑦　**ビーカー，金網**：試料を加熱するための水を入れる容器と，それを一様に加熱するための金網．

4. 実 験 方 法

図 6 のように，各器具をつなぎ，組み立てる．外部検流計

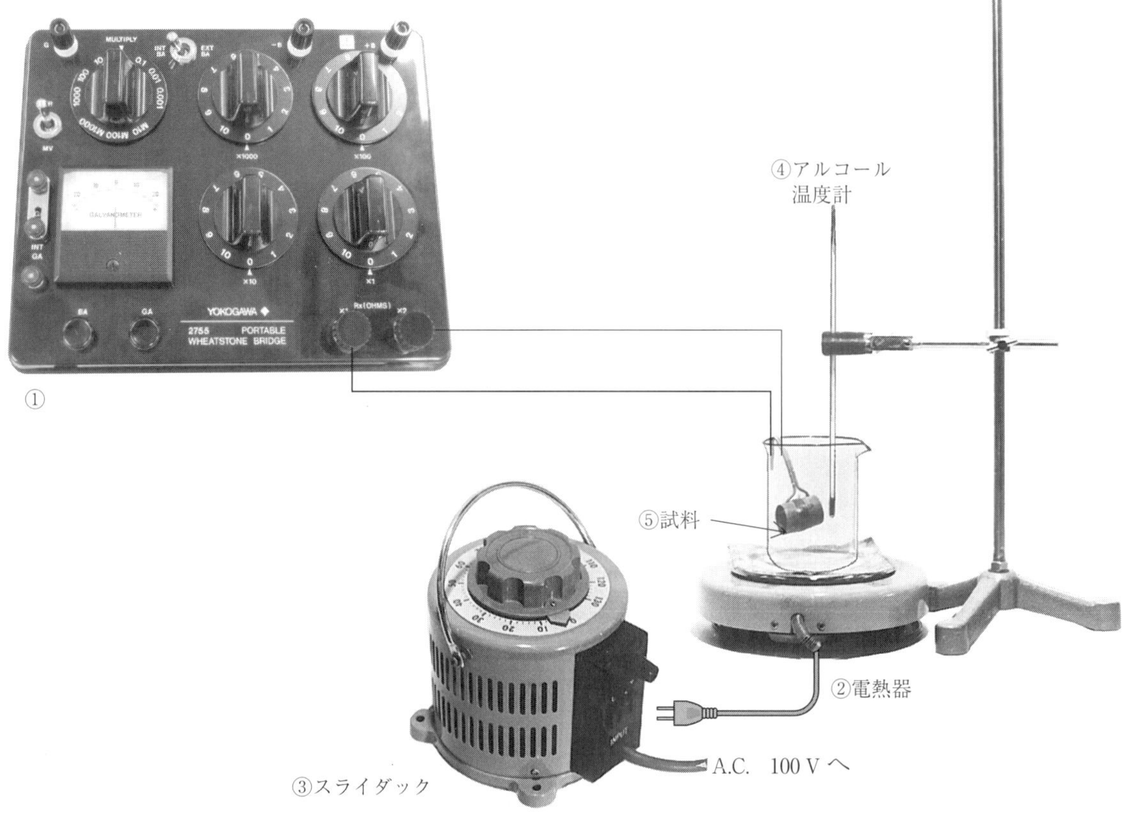

図 6　各器具の接続

接続端子は，3 つのうち上の 2 つが短絡されている（INT GA の文字が見える状態）ことを確認する．電源選択スイッチを左側（INT BA）に，MV-R 選択スイッチを上側（R）にする．押しボタンスイッチ BA，GA は押してまわすとロックされるが，ロックされていない状態で使用すること．

温度による抵抗の変化を測定する前に，室温における抵抗を測定してホイートストン・ブリッジの使用法を習熟する．たとえば，**6．測定例**にある $X = R_t \fallingdotseq 8.62\,\Omega$ の抵抗を測定する場合の操作は次のように行う．

［ホイートストン・ブリッジの使用法］

①　倍率ダイヤルを 1 にセットし（$A/B = 1$ になる），4 つの測定辺ダイヤルを全て 0 にセットした状態（$R = 0$）にする．そして S_1(BA) を押したままにして，軽く S_2(GA) を

押してすぐ放し(逆は不可)，このときの検流計の指針のふれる方向をみる(S$_2$を押すときには，指先で軽く瞬間的に押して検流計の針のふれをみる．ブリッジが非平衡($I_G \neq 0$)のとき，長時間スイッチを押していると大電流が流れて検流計のコイルを焼損することがあるので注意すること)．このときの針のふれ方向が(＋)方向であったとする．次に，倍率ダイヤルは1のままで，×1000の測定辺ダイヤルを1にセットする($R = 1000\,\Omega$)．同様にS$_1$を押したまま，S$_2$を軽く押したときの検流計の針のふれる方向は，必ず前と反対の(−)方向になる(このとき，もし針がふれなければ，試料の断線等が考えられるので申し出て修理してもらうこと)．このことは，測定している抵抗Xの値が0 Ωと1000 Ωの間にあることを示すので，記録をとっておく．以下，各段階で記録をとる．

次に，×1000の測定辺ダイヤルを0に戻した後，×100の測定辺ダイヤルを1にセットし($R = 100\,\Omega$)，同様の操作を行うと，検流計の針のふれは(−)方向になり，Xの値は100 Ωより小さいことがわかる．このように，Rの値をだんだん減らしていく．9 Ωのときに，検流計の針が(−)方向にふれ，8 Ωでは(＋)方向にふれれば，測定している抵抗Xの値は8 Ωと9 Ωの間にあることがわかる*)．

② Xの値をさらに詳しく求めるために，倍率ダイヤルを0.1にセットし，$A/B = 0.1$とする．こうすると(15)式よりRの値は10倍となるので，$R = 90\,\Omega$のとき，検流計の針は(−)方向に，$R = 80\,\Omega$では(＋)方向にふれる．この80と90の間で，値を1ずつ増減させることにより，針のふれが逆方向になる値をみつける．ここでは86 Ωでは(＋)，87 Ωでは(−)方向になる*)．

③ Xの値をさらに1桁詳しく求めるため，倍率ダイヤルを0.01にセットし，$A/B = 0.01$とする．Rの値を860 Ωとすれば検流計の針は(＋)方向に，870 Ωとすれば(−)方向にふれるため，さらに範囲を狭めていく．そしてRの値が861ではかすかに(＋)方向，862ではかすかに(−)方向にふれることが確認できれば，(15)式から被測定抵抗Xは$8.61\,\Omega < X < 8.62\,\Omega$と求められる*)．

$A/B = 0.01$では針のふれがわずかである．S$_1$, S$_2$の操作は検流計の針が静止していることを確認してから行うこと．

*)　抵抗値は条件によって異なる．必ず8.61〜8.62 Ωになるわけではない．

［電気抵抗の温度依存性の実験］

④　試料を水（約 350〜400 mL）に浸した後，上記の方法により，加熱する前の水温における試料の抵抗値を $A/B = 0.01$ までの精度で測定すること．

⑤　次に，電熱器で水を加熱し，温度を変えながら，⑥の方法で抵抗を測定する．温度は 0.1 ℃の桁まで読み温度間隔はなるべく等間隔にすること（測定例参照）．また加熱中は，試料に付いているコードを持って，試料を上下し，水をよくかき混ぜて温度を一様にして試料の近くにセットした温度計で温度を測る．

⑥　温度による抵抗の変化を測定する場合，温度を一定にして抵抗値を測定するのが望ましいが，それには長い時間を必要とするので，本実験では次のような方法で測定する．

$A/B = 0.01$ の精密さで抵抗値を測定するため，倍率ダイヤルを 0.01 にセットしておく．温度がゆるやかに上昇（1.0〜1.5 ℃/min）するようにスライダックで電圧を調整（たとえば，60 ℃までは 50 V，80 ℃までは 60 V，90 ℃までは 70 V，それより高い温度は 80 V にする）し，測定しようとする温度に近づいたとき，すばやく上記③の操作を行い，抵抗を測定する．測定が終ったときに温度を読みとり記録する．ここで，値 R が過小から過大に変わるときの（+）および（−）方向への検流計の針のふれをそれぞれ読みとり，ふれの小さい方の値 R をその温度における値とする．図 7 を参考にして測定中にグラフも同時に作成する．直線から明らかにずれた値が得られたときは，温度を調節して再度測ること．

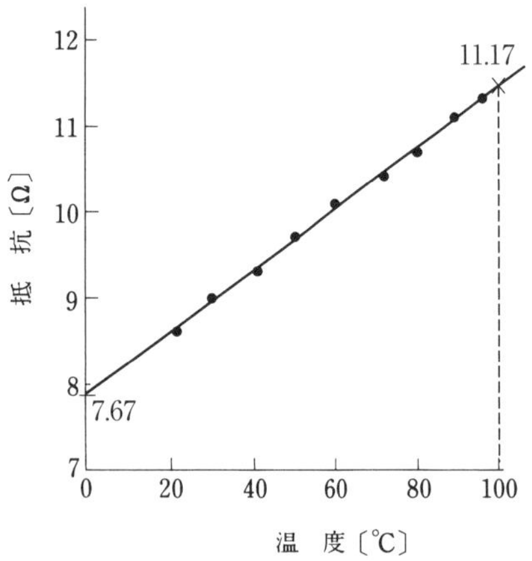

図 7　銅の電気抵抗の温度依存性

5.　測定値の整理と計算

①　室温における試料の抵抗値を測定例に従って整理する．

②　各温度での抵抗の値を表にまとめる．

③　図 7 のような温度による抵抗変化のグラフを描き，0 ℃と 100 ℃の抵抗値 R_0，R_{100} を書き入れる．その R_0，R_{100} を (12) 式に代入して温度係数 α を求める．考察では，付録 IV 諸表「金属の抵抗率」に記載されている 0 ℃と 100 ℃の銅の抵抗率の値から，同様に計算できる温度係数 α の値と比較する．

④　③で求めた 0 ℃における抵抗 R_0 から，(9) 式より抵抗率 ρ_0 を求めて，(8) 式で $t = 0$ とおき，銅の自由電子密度

の近似値 n〔個/m^3〕を概算する．計算に必要な電子の電荷などは付録IVの値を参照せよ．

実際の自由電子密度は，原子1個につき自由電子1個が生じるものとして，銅の原子量63.55 g/mol，銅の密度8.93 g/cm^3，アボガドロ定数 $N_A = 6.02 \times 10^{23}$ 1/mol から求めることができるので，考察で測定値と比較せよ．また，余力のあるものは，第III章§6および次ページ（付録A）の最小2乗法を用いて R_0 と α を計算し，グラフから求めたものと比較するとよい．

6. 測定例

① 室温における試料の抵抗値 R_t

$$\frac{A}{B} = 1 \quad \begin{cases} 0 < X < 1000 \\ 8 < X < 9 \end{cases}$$

$$\frac{A}{B} = 0.1 \quad \begin{cases} 80 < X < 90 \\ 86 < X < 87 \end{cases}$$

$$\frac{A}{B} = 0.01 \quad \begin{cases} 860 < X < 870 \\ 861 < X < 862 \end{cases}$$

銅線の抵抗値 R_t　$8.61\,\Omega < R_t < 8.62\,\Omega$.

② 温度による抵抗の変化

温度〔℃〕	電気抵抗〔Ω〕
26.8	8.62
35.4	8.93
44.0	9.19
53.4	9.56
62.8	9.85
71.6	10.20
80.2	10.46
88.6	10.79
96.7	11.03

③ 温度係数 α の計算

グラフ（図7）より

$$R_0 = 7.67\,\Omega$$

$$R_{100} = 11.17\,\Omega$$

$$\alpha = \frac{R_{100} - R_0}{R_0 \times 100} = \frac{11.17 - 7.67}{7.67 \times 100} = 4.56 \times 10^{-3} = \frac{1}{219}\ 1/℃$$

④　0℃の抵抗率 ρ_0

銅線の長さ $l = 10.00$ m，銅線の直径 $\phi = 1.60\times10^{-4}$ m

0℃の抵抗 $R_0 = 7.67\,\Omega$

$$\rho_0 = \frac{R_0 S}{l} = 1.54\times10^{-8}\,\Omega\cdot\mathrm{m}$$

銅の自由電子密度 n

$$n = \frac{2\pi mk}{e^2\rho_0 h}\times273 = 8.24\times10^{28}\ 個/\mathrm{m}^3$$

付録 A　最小 2 乗法

図 7 のように，直線の式 $y = ax + b$ で表すことができるデータがあるときには，この直線の傾き a と切片 b は，グラフよりも最小 2 乗法を用いた方がより適切な値が得られる（詳しくは，指導書 pp. 31〜33 を参照）．この実験の場合は，測定データ (x_i, y_i) に対応するものは，温度 t_i と電気抵抗 R_i である．その関係式 $R = at + b$ の傾き a と切片 b は，以下のような表計算を用いて決めることができる．

↓この表はノートの右ページに準備すること．

番号	温度 t_i〔℃〕	電気抵抗 R_i〔Ω〕	$(t_i)^2$〔℃^{2}〕	$t_i\times R_i$〔℃＊Ω〕
1	26.8	8.62	718.24	231.02
2	35.4	8.93	1253.16	316.12
3	44.0	9.19	1936.00	404.36
4	53.4	9.56	2851.56	510.50
5	62.8	9.85	3943.84	618.58
6	71.6	10.20	5126.56	730.32
7	80.2	10.46	6432.04	838.89
8	88.6	10.79	7849.96	955.99
9	96.7	11.03	9350.89	1066.60
合計	559.5	88.63	39462.25	5672.39
データ総数 $n = 9$	$\sum_{i=1}^{n} t_i$	$\sum_{i=1}^{n} R_i$	$\sum_{i=1}^{n} t_i^2$	$\sum_{i=1}^{n} t_i R_i$

$$a=\frac{n\left(\sum_{i=1}^{n}t_iR_i\right)-\left(\sum_{i=1}^{n}t_i\right)\left(\sum_{i=1}^{n}R_i\right)}{n\left(\sum_{i=1}^{n}t_i^2\right)-\left(\sum_{i=1}^{n}t_i\right)^2}$$

$$=\frac{9\times5672.39-559.5\times88.63}{9\times39462.25-559.5\times559.5}$$

$$=\frac{1463.016}{42120.0}=0.034734\cdots\ \Omega/℃$$

$$b=\frac{\left(\sum_{i=1}^{n}t_i^2\right)\left(\sum_{i=1}^{n}R_i\right)-\left(\sum_{i=1}^{n}t_iR_i\right)\left(\sum_{i=1}^{n}t_i\right)}{n\left(\sum_{i=1}^{n}t_i^2\right)-\left(\sum_{i=1}^{n}t_i\right)^2}$$

$$=\frac{39462.25\times88.63-5672.39\times559.5}{9\times39462.25-559.5\times559.5}$$

$$=\frac{323837.572}{42120.0}=7.68845\cdots=7.69\,\Omega\cdots\cdots\ \text{これが}\ R_0$$

傾き a と指導書の温度係数 α との関係は，$a=\alpha R_0$ と表される．したがって

$$\alpha=\frac{a[\Omega/℃]}{R_0[\Omega]}$$

$$=\frac{0.034734\cdots}{7.68845\cdots}\ 1/℃=4.5177\cdots\times10^{-3}\ 1/℃$$

$$=\frac{1}{1/4.5177\cdots\times10^{-3}}\ 1/℃=\frac{1}{221.34\cdots}\ 1/℃$$

$$=\frac{1}{221}\ 1/℃$$

となる．以上で，0℃での抵抗 R_0 と温度係数 α を最小2乗法で決めることができた．

考察では，グラフから求めた値と最小2乗法で求めた値がどれくらい異なるか，また，それら2つの値と精密な実験で得られている値の3つを比較するとよい．

§ 2　磁場中の荷電粒子の運動

1．目　　的

一様な静磁場中での電子の運動を観察し，その回転運動半径を測定することにより電子の比電荷を求める．

2．解　　説

2.1　電磁場中の荷電粒子

電磁気学では，荷電粒子に働く力 $\boldsymbol{F}$〔N〕は以下の式で表される．

$$\boldsymbol{F} = q(\boldsymbol{E}+\boldsymbol{v}\times\boldsymbol{B}) \tag{1}$$

ここで，q〔C〕は粒子の電気量，$\boldsymbol{v}$〔m/s〕は粒子の速度，$\boldsymbol{E}$〔V/m〕は電場の強さ，$\boldsymbol{B}$〔Wb/m^2〕は磁束密度である．$q\boldsymbol{E}$ は電場による力，$q(\boldsymbol{v}\times\boldsymbol{B})$ は磁場による力であり，$\boldsymbol{F}$ はローレンツ力と呼ばれている[1)]．

1）$\boldsymbol{F}, \boldsymbol{E}, \boldsymbol{v}, \boldsymbol{B}$ はすべてベクトルであり，×は外積を表す．外積については力学の教科書を参照せよ．

ここで行う実験では電場は加えられていないので，電場の項 $\boldsymbol{E}$ はゼロであるので，運動方程式はさらに簡単となり

$$m\frac{\mathrm{d}\boldsymbol{v}}{\mathrm{d}t} = -e(\boldsymbol{v}\times\boldsymbol{B}) \tag{2}$$

と表される．ここで m は電子の質量，$-e$ は電子の電荷である．

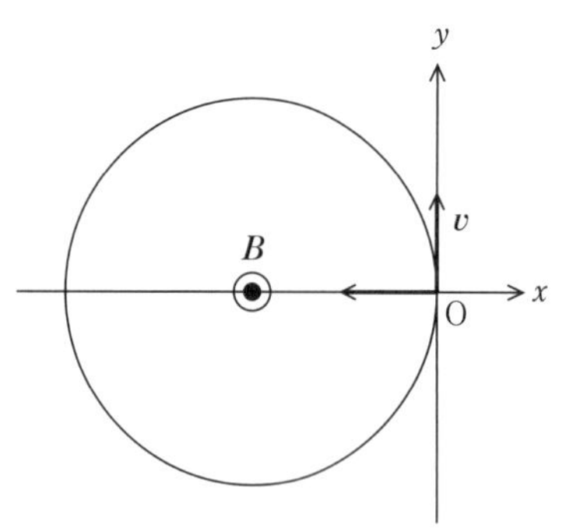

図 1　磁場中の電子の運動

図 1 のように（本実験で使用する測定装置を正面から見たのに相当），z 軸の方向（紙面の裏側から表側）に一様な磁場 $\boldsymbol{B}$ があり，電子は速さ v で y 方向に投射されるとき，この式を直交座標系の成分に分けて表すと $B_x = 0$，$B_y = 0$，$B_z = B$ であるので (2) 式は

$$m\frac{\mathrm{d}v_x}{\mathrm{d}t} = -ev_yB \tag{3}$$

$$m\frac{\mathrm{d}v_y}{\mathrm{d}t} = ev_xB \tag{4}$$

$$m\frac{\mathrm{d}v_z}{\mathrm{d}t} = 0$$

と表されることになる．電子は xy 面内を運動するものとし

て，以下では z 成分は考えない．

(3), (4) 式をさらに時間 t で微分して，書き直すと

$$\frac{\mathrm{d}^2 v_x}{\mathrm{d}t^2} = -\frac{eB}{m}\frac{\mathrm{d}v_y}{\mathrm{d}t} = -\left(\frac{eB}{m}\right)^2 v_x$$

$$\frac{\mathrm{d}^2 v_y}{\mathrm{d}t^2} = \frac{eB}{m}\frac{\mathrm{d}v_x}{\mathrm{d}t} = -\left(\frac{eB}{m}\right)^2 v_y$$

となり，これらの式は単振動をあらわす運動方程式と同じ形である．よって，初期条件 $t=0$ で $v_x=0$，$v_y=v$ を用いて解を求めると

$$v_x = -v\sin\omega t$$

$$v_y = v\cos\omega t$$

となる．もう 1 回積分して，初期条件 $t=0$ で $x=y=0$ を用いると

$$x = \frac{v}{\omega}\cos\omega t - \frac{v}{\omega}$$

$$y = \frac{v}{\omega}\sin\omega t, \qquad \left(\omega = \frac{eB}{m}\right)$$

が得られる．t を消去すると

$$\left(x+\frac{v}{\omega}\right)^2 + y^2 = \left(\frac{v}{\omega}\right)^2$$

の円を示す軌道方程式が得られる．すなわち，電子は $\left(-\frac{v}{\omega}, 0\right)$ を中心とした円運動をしており，その回転半径 r は

$$r = \frac{v}{\omega} = \frac{mv}{eB} \tag{5}$$

である．

一方，電位差 V の一様な電場が電子に対してする仕事は eV であり，それが電子の運動エネルギー $(1/2)mv^2$ となるので

$$eV = \frac{1}{2}mv^2$$

となる．この式を (5) 式に代入して e/m を求めると

$$\frac{e}{m} = \frac{2V}{(rB)^2} \tag{6}$$

となり，r, B, V がわかれば電子の比電荷 e/m を求めることができる．

2.2　ヘルムホルツコイル

図 2 のように半径 R の円形のコイルが 2 個あり，そのコ

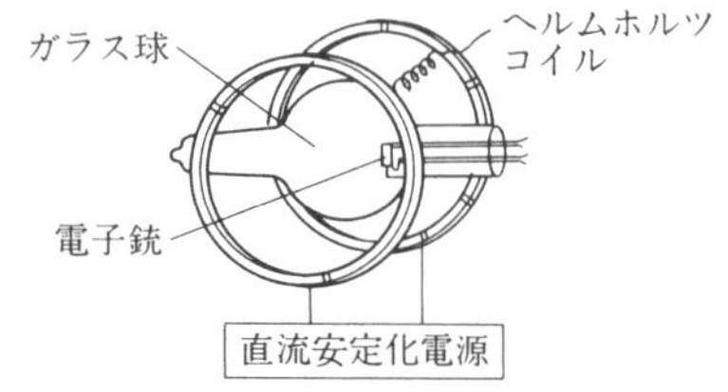

図 2　ヘルムホルツコイル

イルの中心軸を共通にして R だけへだてて置いたものがヘルムホルツコイルである．この2つのコイルに同じ向きに電流を流すと中心付近には一様な磁場ができる．その磁束密度の大きさは

$$B = \left(\frac{4}{5}\right)^{\frac{3}{2}} \frac{\mu_0 NI}{R} \tag{7}$$

で与えられる．ここで I は電流，N はコイルの巻数，μ_0 は真空中の透磁率である．本実験で用いる装置では $N = 130$ 回，　$R = 0.15\,\mathrm{m}$，　$\mu_0 = 4\pi\times10^{-7} = 12.57\times10^{-7}\,\mathrm{Wb/(m\cdot A)}$ であるから，

$$B = 7.79\times10^{-4} I\ \ \mathrm{Wb/m^2} \tag{8}$$

となる．

3. 実験装置

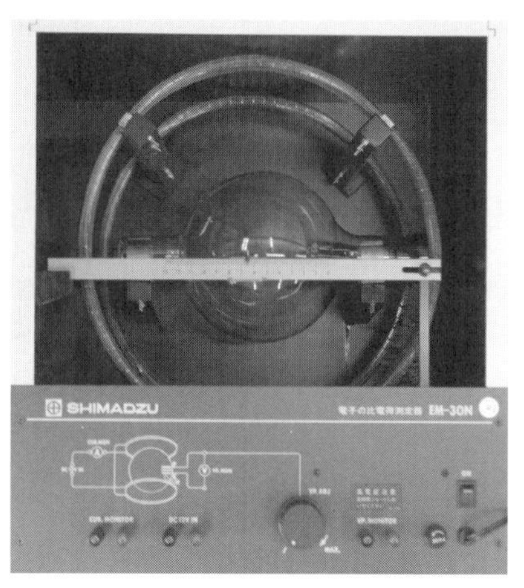

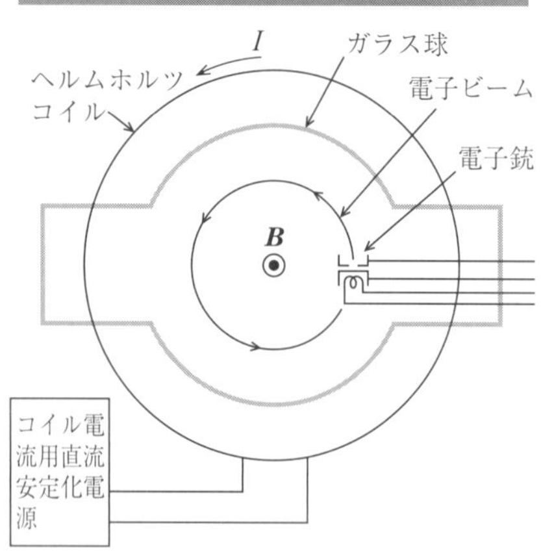

図 3　比電荷測定装置

①　**電子の比電荷測定装置**：ヘルムホルツコイルの中にガラス球がおいてある．このガラス球にはヘリウムガスが1 Pa程度封入され，電子銃から射出された電子はヘリウム原子と衝突して，これを電離または励起して蛍光を発生させ，軌道が肉眼で観測できるようになっている．この装置の写真と図解を図3に示す．電子銃が $\boldsymbol{B}$ に対して垂直にセットされている．装置前面に，コイル電流供給端子（DC 12 V IN），コイル電流測定端子（CUL. MONITOR），プレート電圧出力ダイヤル（VP. ADJ），およびプレート電圧測定端子（VR. MONITOR）(0〜300 V）が設けられている．

②　**直流安定化電源**：ヘルムホルツコイル用電源である．使用法は第II章の「§5　電源」の項を参照せよ

③　**電流計**：コイルの電流を測定する．

④　**電圧計**：電子銃に加わる電圧を測定する．

⑤　**読みとり望遠鏡**：ビームの位置を測定する．

⑥　**LEDライト**：副尺を見やすくする．

4. 実験方法

①　本来ならば地磁気の影響を除くため，ヘルムホルツコイルの軸（$\boldsymbol{B}$ の方向）が東西方向に向くように，比電荷測定装置を設置しなければならないが，この実験ではあらかじめ設置された状態でよい．

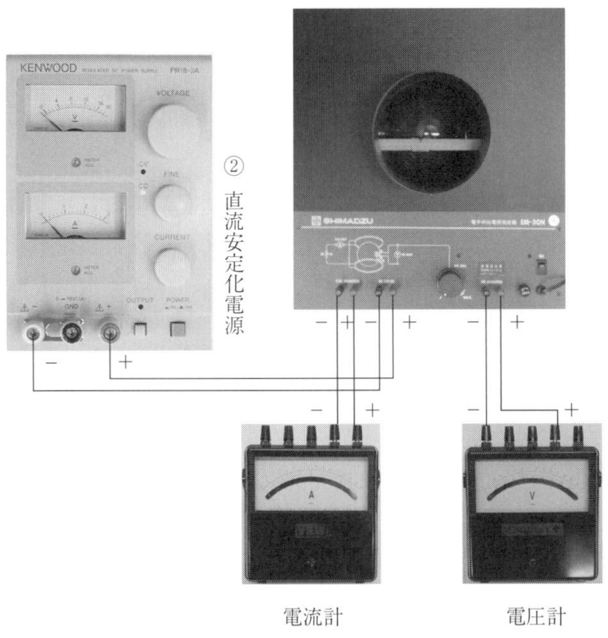

図 4　実験装置の結線図

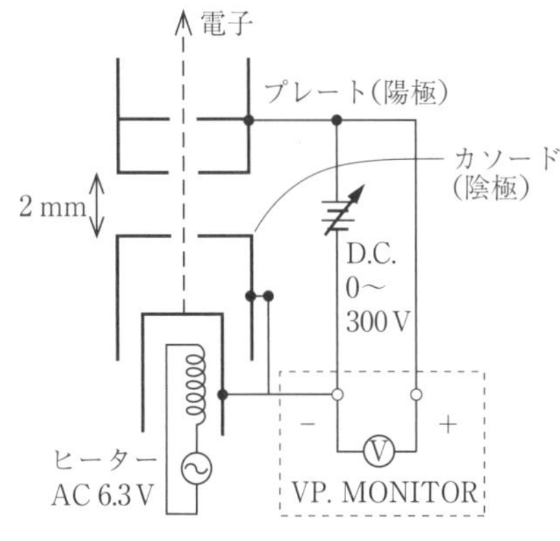

図 5　電子銃の回路図

②　すべての電源を OFF にして，実験装置の結線図(図4)に示すように配線する．その後コンセントを机下の電源にさしこむ．なお電子銃の回路図は図5の通りであり，プレート電圧が電子の加速電圧となる．

※以下の③の操作手順を守らないと管球が破損する恐れがあるので注意すること．

③　装置のスイッチを入れる前に直流安定化電源の電流(CURRENT)，電圧(VOLTAGE)調整ダイヤルを0にし，比電荷測定装置のプレート電圧出力ダイヤル(VP. ADJ)を左にまわしきる．これらの操作が完了していることを再度確認した後スイッチを入れる．ヒーターが点火してガラス球が明るくなるのを確認する．比電荷測定装置のスイッチを入れた後，2分以上待ってから，直流安定化電源のスイッチおよびOUTPUT スイッチを入れ，電圧調整ダイヤル(VOLTAGE)を最大にする．このときに電流は0か少し流れるくらいである．電流調整ダイヤル(CURRENT)を右へ回して 1.5 A に設定する．プレート電圧出力ダイヤル(VP. ADJ)を右に回して電子加速電圧を 200 V にするとビームの軌跡が円形となって見えるので目で確認する．正面からは円形に見えて

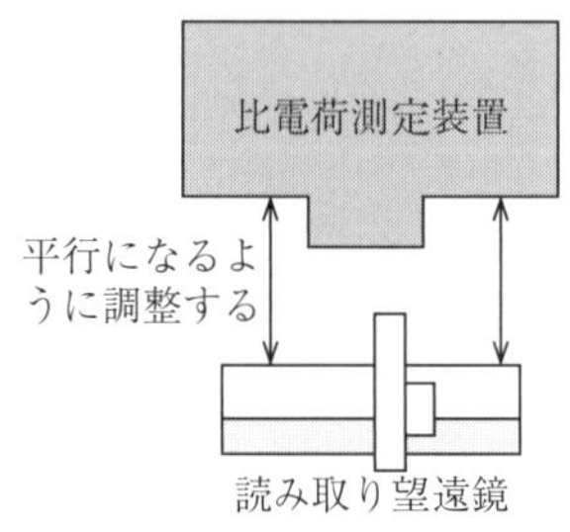

図 6　設置方法

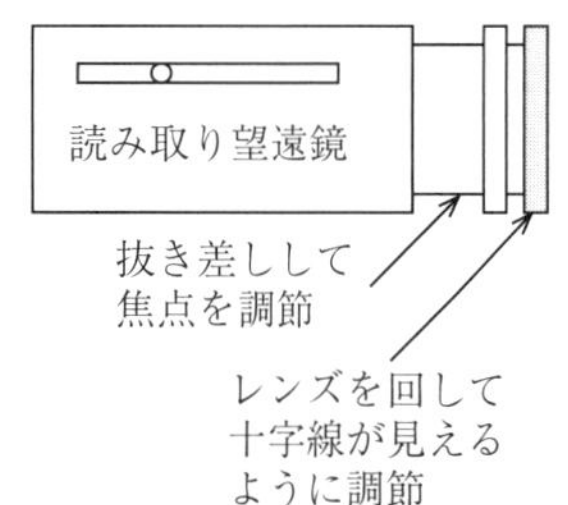

図 7　ピントの調節方法

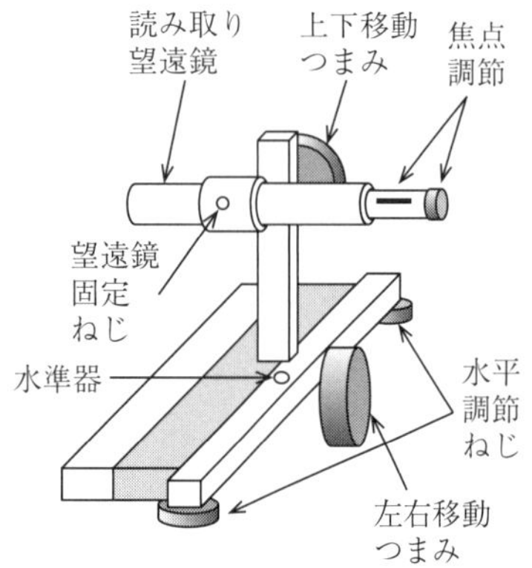

図 8　ねじの配置

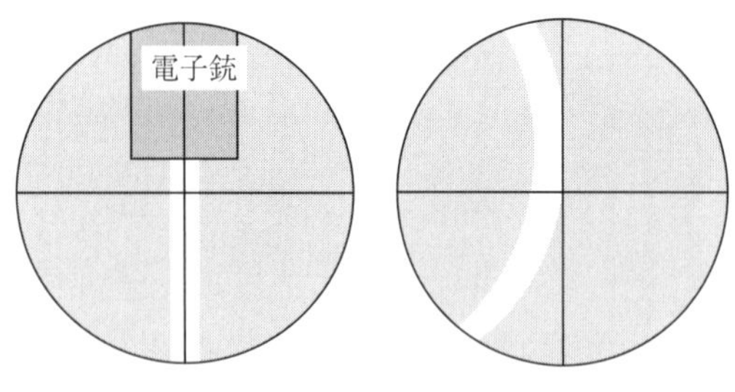

図 9　右端の位置　　**図 10**　左端の位置

2）副尺の読み方は第II章§1～2を参照．主尺の最小目盛が 0.5 mm であることに注意．

も，らせん型になっていることがあるので，少しななめの位置から確認すること．加速電圧を 150 V に減らしてもビームが円形になるか確認する．この操作で円形になっていないときは教員に申し出よ．

④　定規を2ヶ所に当てて，比電荷測定装置と読み取り望遠鏡が平行になるように設置する(図6)．望遠鏡の前にノートなど白いものをかざして望遠鏡をのぞくと，明るい視野の中に十字線が見える．これがはっきり見えるように，接眼レンズ(図7の黒い部分)を回して調節する．両目を開いて遠くを見るようにしてやると合わせやすい．望遠鏡台がほぼ水平であることを水準器で確認する．水平でない場合は，望遠鏡台の脚のねじで調節する(図8)．

⑤　加速電圧を減らし，直流安定化電源の電流を0にすると(電源を切ってもよい)，ビームは電子銃から真上に一直線に伸びた状態になる．上下・左右移動つまみを回して，ビームが見える位置に望遠鏡を移動する．望遠鏡の接眼レンズを抜き差しして(図7参照)，電子銃(オレンジ色に光っている部分)と十字線の両方ともはっきり見えるように調節する．十字線がビームの中央を通り，ビームと平行になるように微調整する(図9)．平行でない場合は，望遠鏡固定ねじをゆるめて望遠鏡全体を回転させる(台が動かないように注意すること)．

⑥　上の状態で望遠鏡台の目盛を読み，それをビームの右端の値とする[2]（測定例参照)．直流安定化電源の電流を増加するとビームが円形になるので，左右移動つまみを回して，円形ビームの左端に望遠鏡を移動する．図10のようにビームの外側に十字線が接する位置で目盛を読み，それを左端の値とする．右端の値はビームの半径が変わってもそれ以後は同じ値を使えばよい．

⑦　コイル電流は 1.40 A，1.60 A，1.80 A として，それぞれの場合にプレート電圧は 150 V から 30 V おきに 300 V までビームの左端を測定する(プレート電圧は 300 V 以下で，コイル電流は 2 A 以下でかならず使用のこと)．測定と同時に軌道半径の2乗 r^2 を計算し，図11を参考にしてグラフに描く．直線から明らかにずれた値が得られたときは，同じコイル電流の測定(150～300 V)をやり直す．したがって，実験終了までセッティングを変えないこと．

注意：ガラス球は寿命が短いので，測定が終了したら計算に入る前に電圧出力ダイヤルを左に回しきった後，比電荷測定装置の電源をOFFにしておくこと．

5．測定値の整理と計算

①　測定例にならって，コイル電流とプレート電圧を変えたときの，直径の測定値などを，表にまとめる．

②　図11のように加速電圧に対して半径の2乗をグラフにプロットする．本来なら，測定点は原点を通る直線上に乗るはずであるが，測定点に合わせて直線を引くと原点を通らなくなることが，しばしばある．それでもまずはなるべく多くの測定点の中央を通るように原点から直線を引く（第III章§5参照）．

③　引いた直線から300 Vの位置でのr^2の値を読みとり，e/mの値を計算する．（300 Vでの測定値ではない）．e/mの値の違いの理由を考察に書くとよい．

②で測定点に合わせて線を引くと，原点を通らないことが多い．原点を通らない理由を考えるのであれば，測定点に合わせて線を引き，e/mの値を計算してもよい．理由とともに考察に加えるとよい．

6. 測 定 例

① 直径の測定

ビームの右端 r_2 = 150.76 mm

コイル電流 [A]	加速電圧 [V]	ビームの左端 [mm]	ビームの直径 [mm]	(半径 r)^2 [m^2]
1.40	150.0	86.62	64.14	1.028×10^{-3}
	180.0	77.98	72.78	1.324
	210.0	70.79	79.79	1.592
	240.0	64.67	86.09	1.853
	270.0	59.21	91.55	2.095
	300.0	53.22	97.54	2.379
1.60	150.0	95.88	54.88	0.753
	180.0	88.52	62.24	0.968
	210.0	82.08	68.68	1.179
	240.0	76.55	74.21	1.377
	270.0	70.95	79.81	1.592
	300.0	66.61	84.15	1.770
1.80	150.0	105.25	45.51	0.518
	180.0	97.56	53.20	0.708
	210.0	90.98	59.78	0.893
	240.0	85.54	65.22	1.063
	270.0	80.58	70.18	1.231
	300.0	76.40	74.36	1.382

(ビームの直径)＝(ビームの右端)−(ビームの左端)

② グラフの作成

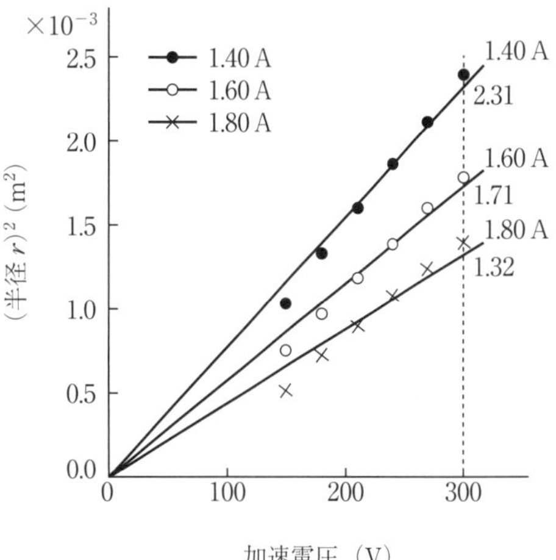

図 11　加速電圧と r^2 の関係

③ 比電荷の計算

B^2 の値

コイル電流 I〔A〕	磁束密度 B〔Wb/m^2〕	B^2〔Wb^2/m^4〕
1.40	1.091×10^{-3}	1.190×10^{-6}
1.60	1.246	1.553
1.80	1.402	1.966

300 V での r^2 の読み取り値

$I = 1.40$ A　$r^2 = 2.31\times10^{-3}$ m^2

$I = 1.60$ A　$r^2 = 1.71\times10^{-3}$ m^2

$I = 1.80$ A　$r^2 = 1.32\times10^{-3}$ m^2

比電荷の値

1.40 A の場合 $\dfrac{e}{m} = \dfrac{2}{B^2}\cdot\dfrac{V}{r^2}$

$= \dfrac{2}{1.190\times10^{-6}}\cdot\dfrac{300.0}{2.31\times10^{-3}}$

$= 2.18\times10^{11}$ C/kg

1.60 A の場合 $\dfrac{e}{m} = \dfrac{2}{B^2}\cdot\dfrac{V}{r^2}$

$= \dfrac{2}{1.553\times10^{-6}}\cdot\dfrac{300.0}{1.71\times10^{-3}}$

$= 2.26\times10^{11}$ C/kg

1.80 A の場合 $\dfrac{e}{m} = \dfrac{2}{B^2}\cdot\dfrac{V}{r^2}$

$= \dfrac{2}{1.966\times10^{-6}}\cdot\dfrac{300.0}{1.32\times10^{-3}}$

$= 2.31\times10^{11}$ C/kg

平均 $\dfrac{e}{m} = 2.25\times10^{11}$ C/kg

§ 3　電流の熱作用による熱の仕事当量の測定

1. 目　　的

熱量計中で，電流により熱を発生させ，熱の仕事当量を測定する．

2. 解　　説

2.1　熱量，比熱，熱容量，水当量

熱量の単位はジュール（記号：J）の他に，カロリー（記号：cal）が使用される．気体を含まない純水 1 g を 1 気圧（記号：atm）のもとで，1 度（14.5 ℃から 15.5 ℃まで）上昇させる熱量を 1 カロリー（または 15 度カロリー）という．

物体の温度を単位温度だけ上げるのに要する熱量を，その物体の熱容量といい，単位質量の物質の熱容量を比熱という．普通，単位質量としては 1 g または 1 mol をとる．また，物体の熱容量に等しい水の質量をその物質の水当量という．

比熱 C〔cal/g･℃〕，質量 m〔g〕の物質に ΔQ〔cal〕の熱量を与えたとき，この熱量がすべて温度上昇に使用され，温度が $\Delta\theta$〔℃〕上昇したとすると，

$$\Delta Q = Cm\,\Delta\theta \tag{1}$$

の関係がある．

2.2　電力とジュール熱

ある電気装置に V〔V〕の電位差を与えたとき，I〔A〕の電流が流れたとする．このとき装置内で単位時間に消費される電気的エネルギーは VI〔J/s〕で，これをこの装置の消費電力という．

電気抵抗 R〔Ω〕の導線の両端に V〔V〕の電圧をかけるとき流れる電流を I〔A〕とすると，オームの法則より

$$V = IR$$

の関係がある．これを用いると導線内の消費電力 W〔W〕は

$$W = VI = I^2R \tag{2}$$

となる．抵抗内で消費される電力は，熱エネルギーに転化する．これを**ジュール熱**という．t 秒間に発生するジュール熱の量は VIt〔J〕で表される．

2.3 熱の仕事当量

エネルギーの存在形態である熱量の単位〔cal〕の，仕事の単位〔Joule〕への換算量を**熱の仕事当量**という．以下ではこの熱の仕事当量を J_0〔J/cal〕で表す．

これから行う実験では，熱量計内に挿入したニクロム線に電流を流しジュール熱を発生させ，これによる容器と水の温度上昇を測定して熱の仕事当量を求める．熱量計内に m〔g〕の水をいれ，この水中にニクロム線抵抗を挿入し，V〔V〕の電圧をかけ I〔A〕の電流を t〔s〕流したとする．最初の水温を θ_1〔℃〕，終りの水温を θ_2〔℃〕，水の比熱を C〔cal/g･℃〕，温度計の水銀の部分，かく拌棒，容器等の水当量の和を w〔g〕とする．電流によりニクロム線内で発生した熱は VIt〔J〕であり，これがすべて水と容器などの温度上昇に使われたとすると，これが $C(m+w)(\theta_2-\theta_1)$〔cal〕に等しくなければならない．このことを熱の仕事当量 J_0 を使って表すと

$$VIt = J_0C(m+w)(\theta_2-\theta_1)$$

の関係が成り立ち，これから

$$J_0 = \frac{VIt}{C(m+w)(\theta_2-\theta_1)} \quad \text{〔J/cal〕} \tag{3}$$

を得る．これまでなされた精密な実験によれば

$$J_0 = 4.1855\ \text{J/cal} \tag{4}$$

である．

3. 実験装置

① **熱量計**：周囲を断熱材でかこみ，外部との熱の出入りを少なくするようにした約 200 mL の銅製の容器と，ニクロム線抵抗，かく拌棒よりなっている．

② **温度計 2 つ**：1 つは 1/10 度の目盛の水銀温度計で，熱量計内の水温の測定に使用する．もう 1 つはデジタル温度計で，室温の測定に使用する．水銀温度計をゴム栓に差しこむ時は折れやすいので注意する．図 1(b) のように水で濡らして，ねじこむようにする．

③ **直流安定化電源**：熱量計のニクロム線に電流を流すために使用する．

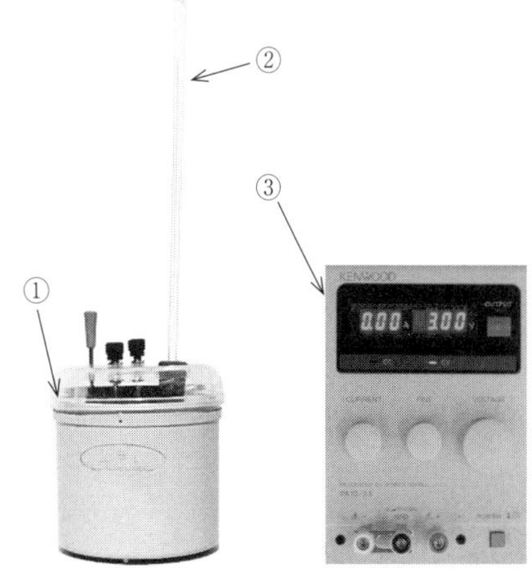

図 1 (a)

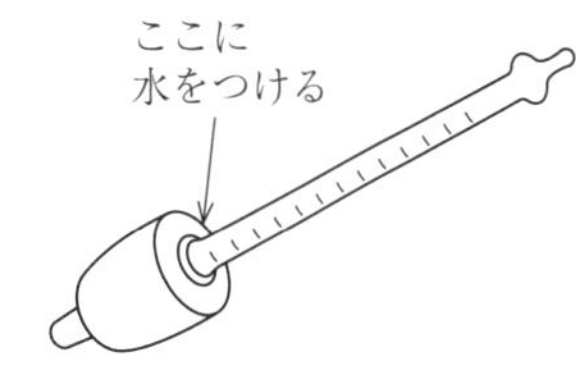

図 1 (b)

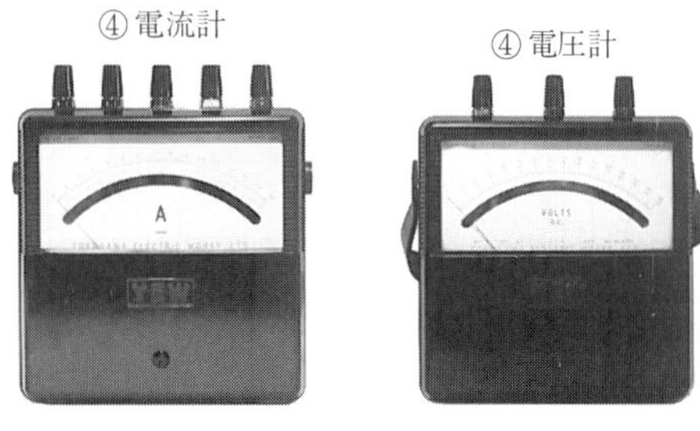

図 1 (c)

④　**直流電流計**(3 A)，**直流電圧計**(10 V)：電流計と電圧計は，ニクロム線を流れる電流とその両端の電圧を測定するのに使用する．

⑤　**電子天秤**：最大 500 g 程度まで測定できる電子式の上皿天秤で，銅製容器，かく拌棒等の質量の測定に使用する．

⑥　**ルーペ**：温度計を見やすくする．

4. 実 験 方 法

以下の手順で測定を行う．

①　熱量計の銅製容器およびかく拌棒の質量を測定し，それに表 2 で与えられている比熱を掛けてそれぞれの水当量を計算する．

②　ニクロム線がつないであるナットの位置を確認し，ナットのすぐ下までくるように銅製容器に水を入れる(約 160〜170 mL)．もしナットがゆるんでいる場合は担当者に申し出る．水の入った銅製容器の質量を測定して，それから水の質量を求める．熱量計をセットしたとき，ニクロム線同士の接触，ニクロム線とかく拌棒や容器との接触がないこと，ニクロム線全体が水中にあることを確認する．

③　図 2 のように電流計，電圧計，直流安定化電源，および熱量計のニクロム線を接続し，電源のスイッチを入れる(定電流電源としての使用法については第II章§5.2 を参照．特に OUTPUT ボタンの役割)．以下の電流，電圧の調整はぴったりにする必要はない．手早く行うこと．直流安定化電源のつまみを調節して，電圧と電流を上昇させ，電力(電圧と電流の積)が 7 W 程度になるように調整したのち直ちに電流を切る(電流の値は 1 A より少し大きいぐらいになることが多い)．電圧，電流の調整をすると，水が少し温まるので，かきまぜながら 2〜3 分置く．

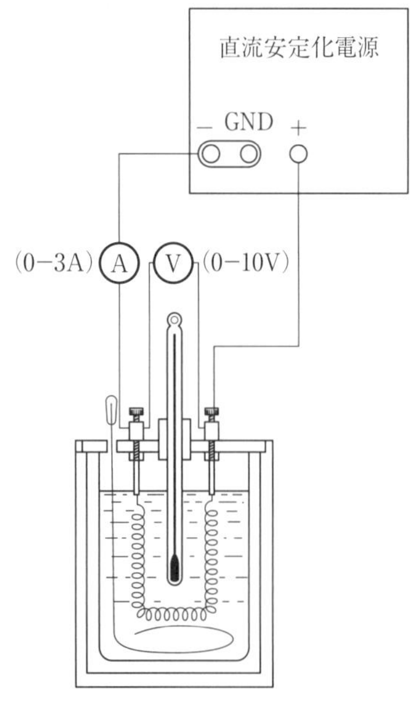

図 2　結線図

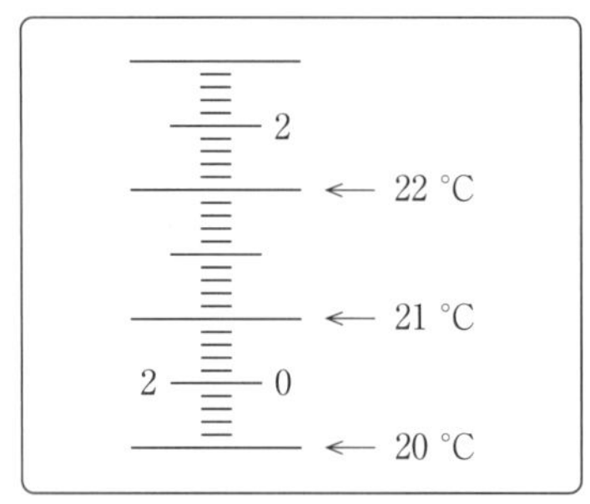

水銀温度計の目盛

④　測定開始の前に室温を測定する．まずスイッチを入れずに，2 分間隔で 10 分間水温を測定する．温度の測定中は静かによく水をかきまぜ，内部の温度を一様にする．温度計は，虫めがねを使用して小数点以下第 2 位まで読みとることに注意せよ(測定例を参照)．10 分たったら直流電源のスイッチを入れる．加熱中は 2 分間隔で水温，電圧，電流の測定を行う．ただし，電流，電圧は安定化電源の表示を使ってはいけない．10 分経過したらスイッチを切る．電源スイッチの ON，OFF は最優先で 10 分ぴったりで行うこと．最低温

度と最高温度がわかったら，グラフを作成し始める．スイッチを切った後も 2 分間隔で 10 分間水温の測定を行う．電圧・電流が初期値と異なってきた場合には，電圧の平均値を測定中の電圧とする．また，電流計，電圧計の読み方は第Ⅱ章 4.1 に注意せよ (p. 15 図 11 を参照).

⑤　水温の測定が終ったら室温を再度測定し，これと最初測定した値を平均して，測定中の室温とする．

⑥　メスシリンダーに水を半分ほど入れ，温度計の水銀の入った部分をメスシリンダーの水の中へ沈め，水の体積増加を読みとって温度計の水銀の体積を測定する．

5.　測定値の整理と計算

①　測定別にならって測定値を表にまとめ，温度の時間変化のグラフを作成する．グラフに異常がある場合は最初からやり直しとなるので，確認すること．グラフは図 3 に示されるような様々な可能性がある．

②　グラフが ⓑ-P-Q-ⓑ′ に近い変化をした場合には，周囲との熱の出入りは無視できるので，式 (3) より熱の仕事当量 J_0 を求めるだけでよい．ただし，水の比熱 $C = 1.00$ cal/(g·℃) とする．

③　それ以外の場合には周囲との熱の出入りを無視できないので，補正が必要となる．普通グラフは ⓐ-P-Q-ⓐ′ のような変化を示す．温度の補正値 Θ_1, Θ_2 は図 4，図 5 のように求める．t_1 と t_2 の中点に立てた垂直 $\overline{\mathrm{AB}}$ を描く．0〜10 分，20〜30 分の測定点に対して，$\overline{\mathrm{AB}}$ まで達するように直線を引く．各線と $t = 0$，t_1, t_2, t_3 との交点が O, P, Q, R である．$\overline{\mathrm{AB}}$ との交点を P′, Q′ とすると，P′, Q′ の温度が Θ_1, Θ_2 とな

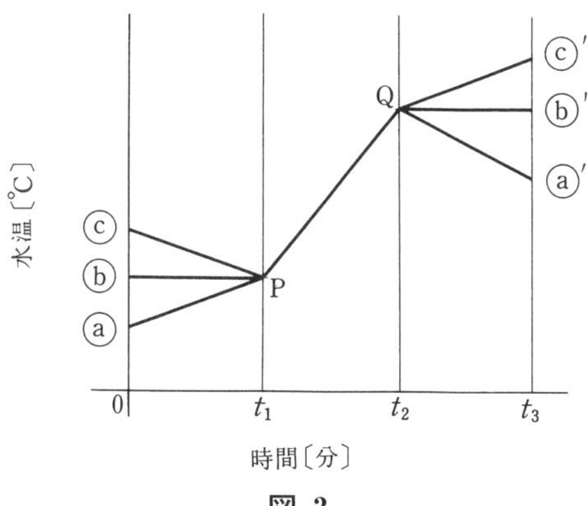

図 3

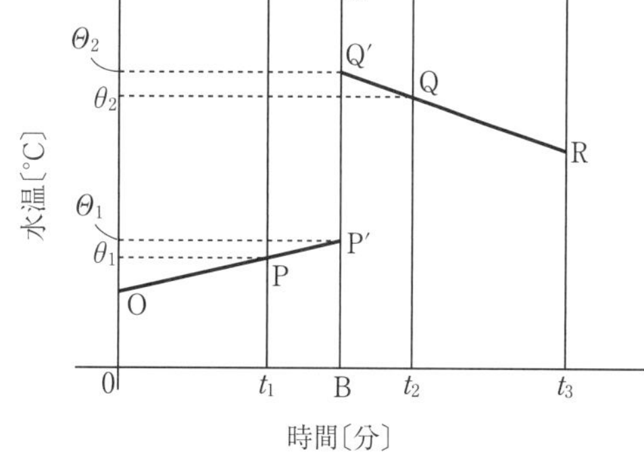

図 4

る．

$\Theta_2-\Theta_1$ を式(3)の $\theta_2-\theta_1$ のかわりに代入すれば補正された J_0 が求まる．

6．測定例

①　温度の時間変化

表1

時間〔分〕	水温〔℃〕	電流〔A〕	電圧〔V〕
0	27.60		
2	27.85		
4	27.90		
6	27.95		
8	28.02		
10	28.05	1.05	7.10
12	29.02	1.07	7.08
14	30.26	1.10	7.08
16	31.66	1.08	7.12
18	32.30	1.06	7.13
20	33.22		
22	33.86		
24	33.52		
26	33.67		
28	33.43		
30	33.38		

表2

質　量〔g〕	比熱〔cal/(g·℃)〕	水当量〔g〕
容　器（銅製）　86.0	0.0919	7.90
かく拌棒（銅製）13.0	0.0919	1.19
温度計　13.6×0.8*	0.0333	0.36

$w=9.45$ g

* 13.6 g/cm^3 は水銀の密度
　0.8 cm^3 は温度計の水銀の部分の体積

水の質量 $m=170.0$ g
電流を流した時間　$t=600$ s
電流（平均）　$I=1.07$ A　　電圧（平均）　$V=7.10$ V
始めの室温　$\theta_0'=31.5$ ℃　室温の平均
終りの室温　$\theta_0''=31.5$ ℃　$\theta_0=31.5$ ℃
　　$\theta_1=28.05$ ℃
　　$\theta_2=33.22$ ℃

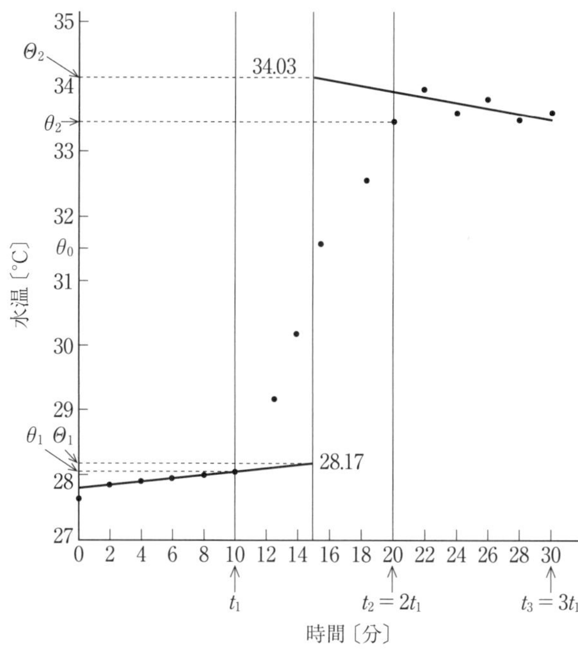

図 5　温度の時間変化

グラフ（図 5）より

$$\Theta_1 = 28.17\ ℃$$

$$\Theta_2 = 34.03\ ℃$$

② 熱の仕事当量（補正なし）

$$J_0 = \frac{VIt}{C(m+w)(\theta_2-\theta_1)}$$

$$= \frac{7.10\times1.07\times600}{1.00\times(170.0+9.45)\times(33.22-28.05)}$$

$$= \frac{4558.2}{179.45\times5.17} = 4.91\ \mathrm{J/cal}$$

③ 熱の仕事当量（補正あり）

$$J_0 = \frac{VIt}{C(m+w)(\Theta_2-\Theta_1)}$$

$$= \frac{7.10\times1.07\times600}{1.00\times(170.0+9.45)\times(34.03-28.17)}$$

$$= 4.33\ \mathrm{J/cal}$$

付録 A　熱の出入りの補正

熱量計内の水温を θ〔℃〕，周囲の温度を θ_0〔℃〕とすると，$\mathrm{d}t$ 時間に出入りする熱量 $\mathrm{d}Q'$ は温度差 $\theta-\theta_0$ と $\mathrm{d}t$ の積に比例する

(ニュートンの冷却則).

$$\mathrm{d}Q' = k(\theta_0 - \theta)\,\mathrm{d}t \tag{7}$$

ここで k は表面積や形状等から決まる正の定数．また $\mathrm{d}Q' > 0$ のときは熱の流入，$\mathrm{d}Q' < 0$ のときは熱の流出を意味する．

ニクロム線内で発生する熱量を Q とすると，$\mathrm{d}t$ の時間内の温度変化 $\mathrm{d}\theta$ は，

$$(Q + k(\theta_0 - \theta))\,\mathrm{d}t = C(m+w)\,\mathrm{d}\theta \tag{8}$$

で与えられる．これから

$$\frac{1}{\left(\theta - \theta_0 - \dfrac{Q}{k}\right)}\frac{\mathrm{d}\theta}{\mathrm{d}t} = -\frac{k}{C(m+w)} \tag{9}$$

を得る．$t = t_1$ でスイッチを入れたときの水温を θ_1 とすると任意の時刻 $t\,(t \geqq t_1)$ での水温 θ は(9)を積分することにより次の式で得られる．

$$\theta = \theta_0 + \frac{Q}{k} + \left(\theta_1 - \theta_0 - \frac{Q}{k}\right)\exp\left[-\frac{k}{C(m+w)}(t - t_1)\right] \tag{10}$$

熱の出入りがないときには(9)式は，時刻 t での温度を Θ で表せば

$$\frac{\mathrm{d}\Theta}{\mathrm{d}t} = \frac{Q}{C(m+w)} \tag{9$'$}$$

となる．これを $t = t_1$ で $\Theta = \theta_1$ の初期条件で積分すると，任意の時刻 $t\,(t_2 \geqq t \geqq t_1)$ での水温 Θ は

$$\Theta = \theta_1 + \frac{Q}{C(m+w)}(t - t_1) \tag{11}$$

で与えられる．

(10)を用いて(11)から Q を消去すると

$$\Theta = \theta_1 + \frac{k(t-t_1)}{c(m+w)}\left\{(\theta - \theta_0) - (\theta_1 - \theta_0)\exp\left[-\frac{k(t-t_1)}{C(m+w)}\right]\right\}\Bigg/ \left\{1 - \exp\left[-\frac{k(t-t_1)}{C(m+w)}\right]\right\} \tag{12}$$

となる．熱量計の場合，k は非常に小さな値になっている．指数関数の中身の絶対値が1に比べて小さいので，テーラー展開

$$\exp\left[-\frac{k}{C(m+w)}(t-t_1)\right] = 1 - \frac{k}{C(m+w)}(t-t_1) + \frac{k^2}{2C^2(m+w)^2}(t-t_1)^2 + \cdots$$

を用いて近似し，k について1次までの項を書くと次のようになる．

$$\Theta - \theta = \frac{k}{2C(m+w)}(t-t_1)(\theta + \theta_1 - 2\theta_0) \tag{12$'$}$$

$t = t_2$ のとき $\theta = \theta_2$ となるので，そのときの Θ の値を Θ_m とすると

$$\Theta_m - \theta_2 = \frac{k}{2C(m+w)}(t_2 - t_1)(\theta_2 + \theta_1 - 2\theta_0) \tag{13}$$

となる．これから熱の出入りがないときの温度上昇 $\Theta_m-\theta_1$ は次式で与えられる．

$$\Theta_m-\theta_1=\theta_2-\theta_1+\frac{k}{2C(m+w)}(t_2-t_1)(\theta_2+\theta_1-2\theta_0)$$
$$=\left(\theta_2+\frac{k}{C(m+w)}\times\frac{t_2-t_1}{2}\times(\theta_2-\theta_0)\right)$$
$$-\left(\theta_1+\frac{k}{C(m+w)}\times\frac{t_2-t_1}{2}\times(\theta_0-\theta_1)\right) \quad (14)$$

$t=t_1$, $\theta=\theta_1$ でスイッチを入れないときの温度変化は (10) 式で $Q=0$ とおいて得られ，

$$\theta=\theta_0+(\theta_1-\theta_0)\exp\left[-\frac{k}{C(m+w)}(t-t_1)\right] \quad (15)$$

で与えられ，$t=t_2$ で $\theta=\theta_2$ になったときスイッチを切ったのちに温度変化は同様にして

$$\theta=\theta_0+(\theta_2-\theta_0)\exp\left[-\frac{k}{C(m+w)}(t-t_2)\right] \quad (16)$$

となる．図 4 の OP 部分および QR 部分が直線的に変化する場合には (15), (16) は次式で近似できる．

$$\theta=\theta_1-(\theta_1-\theta_0)\times\frac{k}{C(m+w)}(t-t_1) \quad (15)'$$

$$\theta=\theta_2-(\theta_2-\theta_0)\times\frac{k}{C(m+w)}(t-t_2) \quad (16)'$$

(15)′ を外挿して $t=t_1+\frac{t_2-t_1}{2}$ での θ の値を Θ_1 とすると

$$\Theta_1=\theta_1+\frac{k}{2C(m+w)}(t_2-t_1)(\theta_0-\theta_1) \quad (17)$$

(16)′ を外挿して $t=t_1+\frac{t_2-t_1}{2}$ での θ の値を Θ_2 とすると

$$\Theta_2=\theta_2+\frac{k}{2C(m+w)}(t_2-t_1)(\theta_2-\theta_0) \quad (18)$$

を得る．この Θ_1, Θ_2 のグラフ上の意味は，それぞれ (15)′, (16)′ の直線が t_2 と t_1 の中点に立てた垂線の交わる点の温度となっている．

この Θ_1, Θ_2 を使うと (14) 式は

$$\Theta_m-\theta_1=\Theta_2-\Theta_1 \quad (19)$$

となり，熱の出入りがなかったとしたときの温度上昇が $\Theta_2-\Theta_1$ に等しいことがわかる．なお (15)′, (16)′ の中の直線の勾配は，$\overline{\mathrm{OP}}, \overline{\mathrm{QR}}$ の線分の勾配に等しいはずであるから

$$\frac{k}{C(m+w)}(\theta_0-\theta_1)=\frac{\theta_1-\theta_1'}{t_1-0} \quad (20)$$

$$\frac{k}{C(m+w)}(\theta_2-\theta_0)=\frac{\theta_2-\theta_2'}{t_3-t_2} \quad (21)$$

の関係がある．ここで θ_1' は $t=0$ での水温，θ_2' は $t=30$ での水温である．これを用いると

$$\Theta_1 = \theta_1 + \frac{\theta_1 - \theta_1'}{2t_1} \times (t_2 - t_1)$$

$$\Theta_2 = \theta_2 + \frac{\theta_2 - \theta_2'}{2(t_3 - t_2)} \times (t_2 - t_1)$$

を得る.

§4　光の屈折・回折・干渉

1. 目　　的

光の反射・屈折・回折・干渉などの基本的な現象を，レーザー光を用いて観察し，光の波動的性質を理解する．具体的には，光の屈折法則の確認，回折格子の格子定数の測定，2次元格子の格子定数の測定等を行う．

2. 解　　説

光は電磁波の一種であり，波としての特性と粒子としての特性を持つことが知られている．そのうち，波としての特性によって，反射，屈折，干渉および回折現象が生じる．特に，干渉と回折現象は，波の性質を最もよく表している．言いかえると，光が波の一種であることは光の干渉および回折現象を確認することにより，確かめられる．レーザー光は単色性にすぐれ，しかも，鋭い指向性を有するという点で，光の波動性を見るのにすぐれた性質をもっている．本実験では，レーザー光のもつ特質を利用する．

2.1 屈 折 の 法 則

光線が真空中から，ある媒質に入射すると，その光線は図1に示すように一部分は反射し，残りの部分は屈折する．その際，入射角 i と屈折角 r との間には屈折の法則

$$\sin i/\sin r = n \tag{1}$$

が成立する．ここで n は屈折率とよばれる物質定数(波長によって異なる)で，入射角 i が変化してもその値は変わらない．本実験では直方体プラスチック板を用いて，この法則が成立することを確かめる．

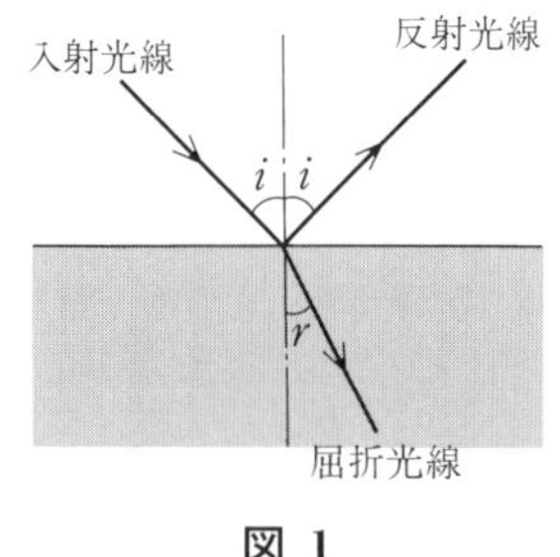

図 1

2.2 回 折 格 子

回折格子は光の波長を測定するために考案された光学器械の一種で，ガラス面上に間隔 d で多数の平行線を刻んだも

のである．間隔 d は格子定数と呼ばれ，通常，数十 μm である．回折格子に単色（波長：λ）の平行光線を入射させると，ガラス面上の刻線の隙間を通り抜けた光が回折を生じる．図 2(a) に示すように，入射角を φ，回折角を θ とすると，光線 AC と A′C′ の光路差 Δ は，

$$\Delta = (\overline{\mathrm{AB}} - \overline{\mathrm{A'B'}}) = d(\sin\theta - \sin\varphi)$$

となる．したがって，Δ の値が波長の整数倍のとき，2 つの光線の位相が同じになり互に強めあう．いま，簡単のために，光線が回折格子に垂直に入射した場合（$\varphi = 0$）を考えると，図 2(b) のように，

$$d\sin\theta = m\lambda \qquad (m = 0, \pm1, \pm2, \cdots) \tag{2}$$

を満足する θ の方向で光は強くなる．m をスペクトルの次数という．$\sin\theta$ は 1 を越えないから，次数 m は有限で終わる．入射光が多数のスペクトル線からなるときは，その各々に対する θ を測定して，上式からその各々に対する波長を計算することができる．本実験では，波長の知られたレーザー光線を入射させ，逆に格子定数 d を計算する．

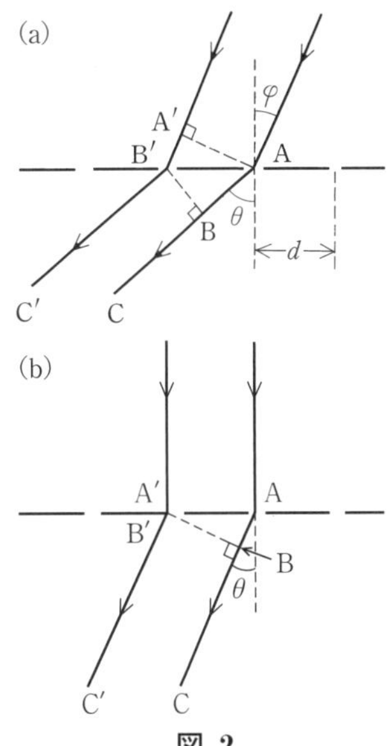

図 2

3. 実験装置

① **He-Ne ガスレーザー**：図 3 に示すようなレーザー光源．He-Ne ガスレーザーの発振波長（光の波長）は 6328 Å = 0.6328 μm であり，光ビームの直径は約 0.7 mm である．

② **回転円板付き試料台**：直方体プラスチック板あるいは回折格子などをのせる試料台であり，回転角を測定できるように目盛がついている．

③ **直方体プラスチック板**：屈折率を測定するための試料として用いる．定規の貼りつけてある面にレーザー光を入射させる．

④ **回折格子**：ガラス板に等間隔の平行線が刻まれたものである．刻線の本数は 10 mm あたり 500 本あるいは 1000 本のものを使用する．刻みのあるガラス面には手を触れないように注意すること．

⑤ **2 次元格子―金網**：網目の異なる二種類の金網，網 1 および網 2.

⑥ **スクリーン**：回折像，干渉像を写しだすための白紙.

⑦ **スリットホルダー**：回折格子や網を固定して試料台にのせるための器具.

⑧ **巻尺**：スリットホルダーとスクリーンの間の距離を測

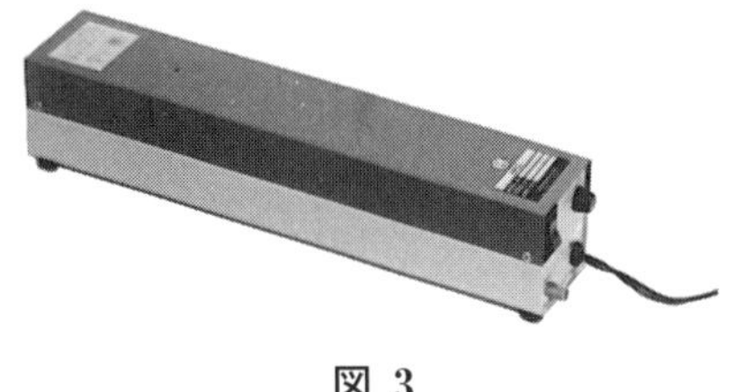

図 3

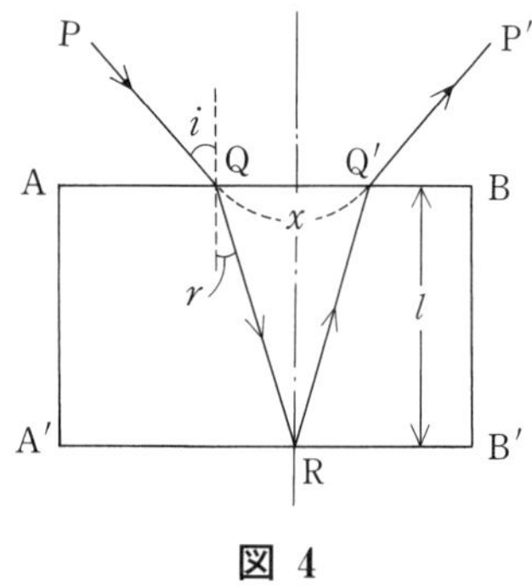

図 4

定したり，幅の広いスポット間隔を測定したりする．

⑨　**磁石付き金尺**：スクリーンにはりつけ，スポット間隔を測定する．

⑩　**LED 付きルーペ**：定規を見やすくする．

4．実 験 方 法

4.1　屈 折 率 の 測 定

図 4 において，直方体プラスチック板の表面 AB に入射したレーザー光線 PQ は入射面で屈折し，プラスチック板中を QR の経路で進み，プラスチック板の裏面 A′B′ で反射する．反射したレーザー光線はプラスチック板を出るとき，再び屈折して Q′P′ の経路で進む．以下の実験手順にもとづいて，種々の入射角 i で n の概略値を求め，i が変化しても n が一定に保たれていることを確かめる．

①　回転円板を外し，試料台に取り付けてある水準器を見ながら，脚についたねじで台が水平になるように調整する．

②　回転円板には，中心に十字線，周辺に 5° おきの目盛が刻んである．まず角度目盛線の 1 つを回転円板の横にある基準線に合わせる．

③　レーザー光源の電源スイッチを入れ，レーザー光を発振させる．<u>失明するおそれがあるので，レーザー光線は，直接，眼でみないように注意する</u>．また，他グループのレーザー光にも注意すること．次に，光線が回転台の中心付近を通るように，光源の台の位置と傾きを調整する．直方体プラスチック板の向きを調整し，光線が AB 面（定規が貼りつけてある）に垂直に入射するようにする．入射光線を AB 面に垂直に入射させるには点 Q と Q′ が一致するようにすればよいが，AB 面で反射した光線がレーザーの発射口に戻るようにすると，より正確である．この際，$\overline{QQ'} = x$ の値を読みやすくするために，光源の高さ調整台の高さを変えて入射光線の高さを定規に近い位置に調節する．また，$i = 50°$ まで測定するため，レーザー光の入射位置を A 点の近くにする．測定に入る前に，$i = 50°$ まで変えても点 Q′ が定規の外へ出ないことを確認しておく．

④　ある入射角に対する x の値を 0.1 mm の桁まで読みとる（測定例参照）．ただし，プラスチック板を回転したとき，入射位置がずれることがあるので，点 Q, Q′ 両方を測定して，差をとること．プラスチック板の幅 l を金尺で測定すれ

ば，$\tan r = \dfrac{x}{2l}$ なので

$$\sin r = \frac{\tan r}{\sqrt{1+\tan^2 r}} = \frac{x}{\sqrt{(2l)^2+x^2}}$$

の関係を用いて，$\sin r$ の値を求め，(1) 式から屈折率 n を計算できる．あるいは屈折角 r を $r = \tan^{-1}\dfrac{x}{2l}$ として求め，この角 r から $\sin r$ を計算してもよい．

⑤　i を 20° から 10° おきに 50° ぐらいまで変化させて，その各々の角度に対して n の値を算出し，n がほぼ一定であることを確かめる（i が 20° 以下では，x の値が小さいため，誤差が大きくなる）．

4.2　回折格子の格子定数の測定

①　回折格子を見て

[500 per　10 mm]

[1000 per　10 mm]

のどちらであるかを確認してノートに記録し，格子定数を計算する．

②　レーザー光線をスクリーンと垂直にする．これを行うには，レーザー光をスクリーンに当てて，反射された光線が入射光線と一致するようにすればよい．プラスチック板をスクリーンに当てると反射光が見やすくなるが，押しつけすぎるとスクリーンが傾くので注意すること．

③　回折格子をスリットホルダーに固定して，回折格子が刻んである面がスクリーンの側になるように置く．そして回折格子が入射光線と垂直になるようにする．これを行うには，まず回折格子を入射光線にほぼ垂直になるように円板上

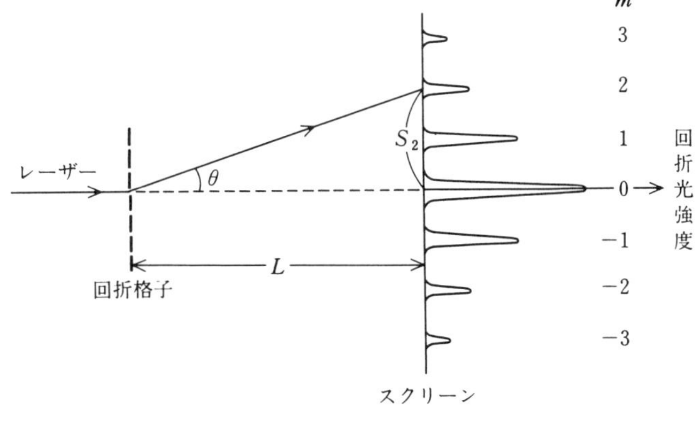

図 5

に置く．スクリーン上には回折格子を直接に透過した光線と，格子内で二回反射して透過した弱い光線が認められる．この2つの光線が一致するように試料台の傾きと回転円板の角度とを調整する．回折格子で反射した光線が入射光線と一致するようにしてもよい．この際，回折格子の線が刻んである面に手を触れないように注意する．

④　回折角θは，

$$\tan\theta = S_m/L \qquad (m = 0, \pm 1, \pm 2, \cdots) \tag{3}$$

の関係より求まる(図5)．Lは回折格子とスクリーンの間の距離であり，巻尺を用いて測定する．S_mは零次の回折点(光軸とスクリーンとの交点)とm次の回折点との間の距離である．S_mの値は，$+m$次と$-m$次の回折点間の距離$2S_m$を金尺または巻尺で測定し，それを2分して求める．スクリーンにマグネットで方眼紙を固定して，それに回折点を写してもよい．ただし，$2S_m$が方眼紙より大きいときは直接測定する．(3)式から$\sin\theta = \tan\theta/\sqrt{1+\tan^2\theta}$の関係を用いて$\sin\theta$を求め，(2)式に代入すれば格子定数$d$が求められる．あるいは4.1節と同様に$\tan^{-1}$を用いて$\theta$を求めてもよい．なお，$S_m$の値は多くの次数につき測定し，各々に対する$d$の値を計算し，それらを平均して$d$の最終値とする．

(3)式において，Lを約1mとしたとき，S_mが数cmの場合には，$\tan\theta$の値は1/10以下であることに注意せよ．

4.3　2次元格子(網1および網2)の格子定数の測定

①　網1は#400の網なので1インチ(2.54 cm)あたり400本，網2は#200の網なので，1インチあたり200本の金属線からなる．この数値から格子定数を計算し，ノートに記録する．

②　回折格子の代りに網1および網2を用いて，網の格子定数を求める．網の場合には，縦と横の2次元格子のため，回折斑点が2次元に配列される．これを1次元の場合と類似の方法で解析し，縦のd_1と横のd_2とを求める．この場合は方眼紙などに回折斑点を写した方が測定しやすい．$m=1$より大きく，測定しやすい次数1つだけから格子定数を求めればよい．

このとき，付録1に述べる理由により，すべての次数の回折斑点が一様な強度を持つのではないことに注意せよ．また，網はゆがんでいることが多いので，なるべくきれいな回折斑点になるように位置を調節すること．回折斑点はほぼ等間隔に生じることに留意して，まず2次元の回折斑点に次数をつけることから始めるとよい．

5．測定値の整理と計算

① 測定別にならって入射角 i を 20° から 50° まで変えたときの測定値と，(1) 式により計算したプラスチックの屈折率を表にまとめる．

② 回折格子の種類(×××の数値)とそれから計算した格子定数(△△△の数値)を記入する．回折像の間隔の測定値から (2) 式および (3) 式により求めた，回折格子の格子定数を表にまとめる．考察では回折格子に表示されている値と比較する．

③ まず，4.3 節にしたがって，それぞれの綱の格子定数を計算し，記録する．2 種類の網 (2 次元格子) についての測定値と，縦と横の格子定数をまとめる．

また，格子定数の大きさとスクリーンの回折斑点の間隔の関係を理解すること．

6．測　定　例

① 屈折率の測定

$l = 38.8$ mm

i〔°〕	$\sin i$	x〔mm〕	$\sin r$	n
20.0	0.3420	17.5	0.2200	1.555
30.0	0.5000	27.0	0.3286	1.520
40.0	0.6428	36.0	0.4208	1.527
50.0	0.7660	45.0	0.5017	1.526

平均　$n = 1.53$

② 回折格子

格子定数の計算

回折格子：××× per 10 mm ⟶ 格子定数 △△△ μm

格子定数の測定

$L = 135.0$ cm　　$\lambda = 6.328 \times 10^{-1}$ μm

m	$2S_m$〔cm〕	$\sin\theta$	d〔μm〕
1	17.18	6.350×10^{-2}	9.97
2	34.49	1.267×10^{-1}	9.99
3	52.20	1.898×10^{-1}	10.00

平均　$d = 9.97$ μm

③　2次元格子

格子定数の計算

網1(#400)⟶ 格子定数 ××× μm

格子定数の測定

$L = 135.0$ cm　　$\lambda = 6.328 \times 10^{-1}$ μm

縦の格子定数

$m = 3$,　$2S_3 = 8.22$ cm,　$\sin\theta = 3.04 \times 10^{-2}$,

$d_1 = 62.4$ μm

横の格子定数

$m = 3$,　$2S_3 = 7.58$ cm,　$\sin\theta = 2.81 \times 10^{-2}$,

$d_2 = 67.7$ μm

格子定数の計算

網2(#200)⟶ 格子定数 △△△ μm

格子定数の測定

$L = 135.0$ cm　　$\lambda = 6.328 \times 10^{-1}$ μm

縦の格子定数

$m = 4$,　$2S_4 = 5.40$ cm,　$\sin\theta = 2.00 \times 10^{-2}$,

$d_1 = 127$ μm

横の格子定数

$m = 4$,　$2S_4 = 5.37$ cm,　$\sin\theta = 1.99 \times 10^{-2}$,

$d_2 = 127$ μm

付録A　回折格子による回折強度

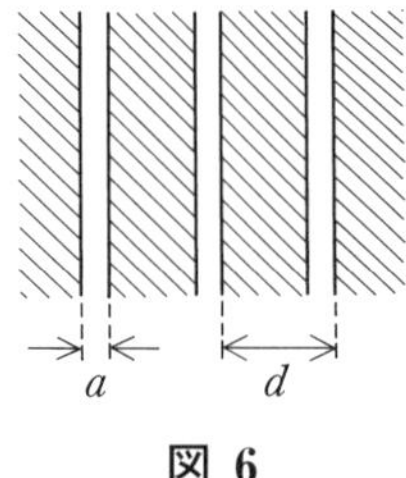

図 6

図 7

回折の理論によると，スリット幅 a，間隔 d，総数 N の格子(図6)に平面波が垂直に入射した場合の回折図形の強度 I は，1つのスリットに対する中心部の強度を I_0 とすると，

$$\frac{I}{I_0} = \left\{\frac{\sin(ka\alpha/2)}{ka\alpha/2}\right\}^2 \cdot \left\{\frac{\sin(Nk\alpha d/2)}{\sin(k\alpha d/2)}\right\}^2 \tag{4}$$

で表される．ここに，$k = 2\pi/\lambda$，$\alpha = \sin\theta$ である．右辺の第1の因子は幅 a の単一スリットによる回折強度を示す．このことは(4)式で $N = 1$ とおいてみればわかる．$\alpha = \sin\theta$ を横軸にとって，この強度分布を示すと，図7のようになる．幅 a が λ に比して小さくなると，$\alpha = \lambda/a$ の零点は次第に右に移り，a が非常に小さくなると，強度は α の値($\alpha \leqq 1$)によらずほとんど1になる．したがって，(4)式の第2の因子は極めて細いスリットが間隔 d で N 個並んだ場合の回折強度を与えている．これを図8に

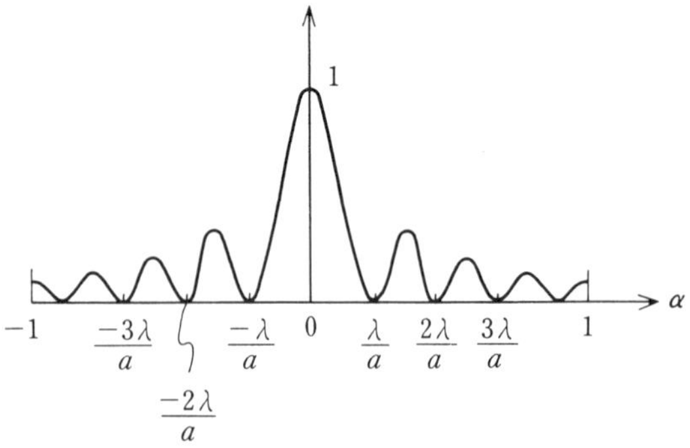

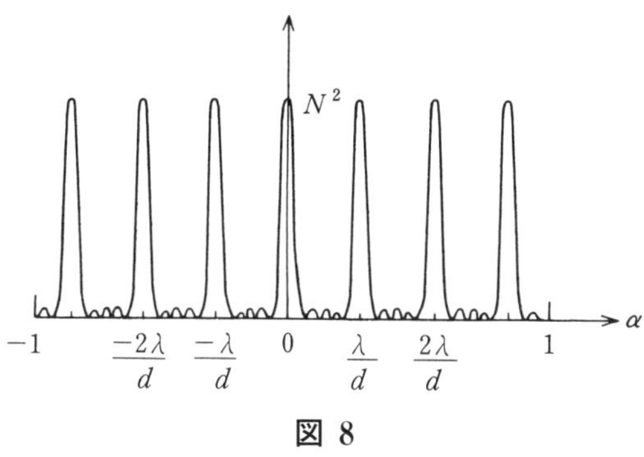

図 8

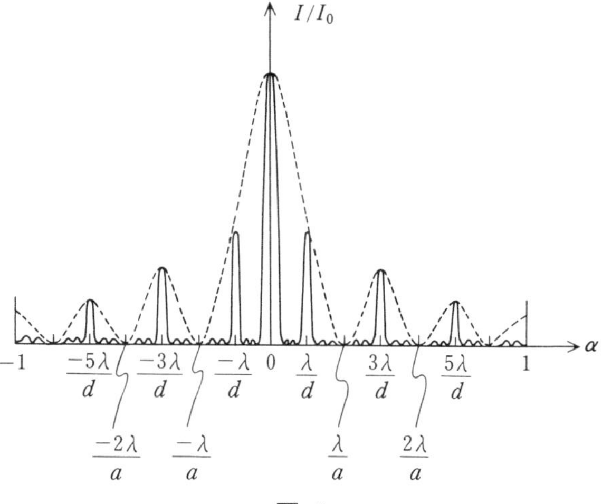

図 9

示す．

この因子は分母が零になる方向，

$$kad/2 = m\pi \qquad (m = 0, \pm 1, \pm 2, \cdots) \quad (5)$$

で主極大を持つ．主極大の間に副極大があるが，N が大きければ，それは観測にかからぬほど小さい．(5)式を書きなおせば，先に導いた(2)式になる．一般の場合すなわち，幅 a のスリットが d の間隔で N 個並んだ場合には両者の積になるから図9のようになる．ここに見られるように，各次数の極大の強度は a と d の比によってきまる．a が d に比して非常に小さいときは多数のスペクトルがほとんど同じ強度で現れるが，a が大きくなると複雑な変化を示す．たとえば，$2a = d$ という特別な場合には，第2次，第4次のスペクトル線が消滅する．図9にこの様子を示した．

付録B　スリットによる回折像

レーザー光を用いると，種々の光学現象を比較的容易に観測することができる．ここでは2つの例を示す．

①　**単スリットによる回折**

原理：幅 a の単スリットによる回折強度は図7のようである．この実験では a(約 0.1 mm) が λ(= 0.633 μm) に比して非常に大きいので $\sin\theta \approx \theta$ の近似が成立し，$a\theta = m\lambda\,(m = 0, \pm 1, \pm 2, \cdots)$ の方向に極小が現れる．

実験：スリット幅が異なる2種類のスリットを用いて回折図形を観察する．スリットに垂直な方向に回折像が生じ，極小の位置がほとんど等間隔に並ぶと，中心の極大の幅が他の極大の2倍であること，また，幅が狭いスリットでは極大の幅が広がることを確認せよ．

②　**三角スリットによる回折とバビネーの原理の確認**

原理：2種類のつい立て S_1, S_2 があり，一方のつい立て S_1 には小さな穴があいており，もう一方のつい立て S_2 では S_1 の穴と同じ大きさ・形の光をさえぎる部分があるとする．この互いに相補的な2種類のつい立てに光をあてて得られる回折像は同じであることが知られている．これをバビネー(Babinet)の原理という．

実験：直線状の境界を持ったスリットで光の一部をさえぎると，さえぎられたところへ直線境界に垂直に光が回折してくる．3つの鋭い境界面で囲まれた三角スリットではどのような回折現象が生じるだろうか．その結果を予想した後，実際に三角スリットにレーザー光を入射させて回折像を観察せよ．また，三角形の穴ではなく，逆に三角形の光をさえぎる部分があったら回折像はどうなるかを観察せよ．その結果から，バビネーの原理が成り立っていることを確認せよ．

§5　コンピュータシミュレーションI　ばねの振動

1.　目　　的

支点から吊されたばねの先端に小球を付けた力学系で，小球が流体中で運動することにより受ける抵抗力，支点を振動させることにより加える外力，ばねの復元力，初期条件などを変えて運動のシミュレーションを行い，振動に関する基本的な事項の理解を深める[1]．

1)　物理学の教科書を参照するとよい．

2.　原理の解説

2.1　単振動と減衰振動

一端が固定されたばね定数 k のばねの先に質量 m の小球を付けて，吊るす．小球が静止する位置を原点にとり鉛直下向きに x 軸を定める．いま，x 軸上のある点に小球を移動させ，鉛直方向にある初速度を与え運動させたとする．運動中，小球には速度に比例する抵抗が作用し，その比例定数が抵抗係数 γ であるとすると，点 x の位置を運動している小球の運動方程式は次式で与えられる．

$$m\frac{\mathrm{d}^2x}{\mathrm{d}t^2} = -kx - \gamma\frac{\mathrm{d}x}{\mathrm{d}t} \tag{1}$$

$\gamma = 0$ の場合（小球に作用する抵抗を無視）の運動方程式(1)の解

運動方程式をみたす t の関数 x は $\omega_0 = \sqrt{k/m}$ とおくと[2]，

$$x = A\sin(\omega_0 t + \alpha) \tag{2}$$

と表される．これは，時間 $T = 2\pi/\omega_0$ の間隔で同じ運動を繰り返す振動となっていて，**単振動**または**調和振動**と呼ばれる．A は振幅，T は周期，α は初期位相，ω_0 は角振動数といわれる量である．また，単位時間に何回同じ運動を繰り返すかを表す量である振動数 ν は $\nu = 1/T = \omega_0/2\pi$ で与えられる．ω_0, T, ν はどの位置でどんな速度であったかという初期条件に無関係に定まるが，A と α は初期条件によって異

2)　$\omega = \sqrt{k/m}$ とおくことが多いが，2.2 節に合わせるためここで ω_0 を用いる．

なる値をとる．

$\gamma \neq 0$ の場合の運動方程式(1)の解

気体や液体などの流体中で運動する物体には速度があまり大きくないときには，速度に比例する抵抗が作用することがわかっている．したがって，空気中で行う実験でこれらの抵抗をゼロに設定することは非現実的である．

$\gamma \neq 0$ 場合の(1)の解は

$$\rho = \gamma/2m \tag{3}$$

としたとき，ω_0 と ρ の大きさによって次の3つのケースに別けられる．

(ⅰ)　$\omega_0 > \rho$ のとき(減衰振動)

$$x = A\mathrm{e}^{-\rho t}\sin(\omega' t + \alpha) \tag{4}$$

$$\text{ただし，}\ \omega' = \sqrt{{\omega_0}^2 - \rho^2} \tag{5}$$

(ⅱ)　$\omega_0 = \rho$ のとき(臨界減衰または**臨界制動)**

$$x = \mathrm{e}^{-\rho t}(At + B) \tag{6}$$

(ⅲ)　$\omega_0 < \rho$ のとき(過減衰または**過制動)**

$$x = \mathrm{e}^{-\rho t}(A\mathrm{e}^{\rho' t} + B\mathrm{e}^{-\rho' t}) \tag{7}$$

$$\text{ただし，}\ \rho' = \sqrt{\rho^2 - {\omega_0}^2} \tag{8}$$

(ⅰ)のケースはばねの復元力に比して，抵抗力が相対的に弱い場合で振幅が次第に小さくなって最後には静止してしまうが，一定周期で振動の中心を通過する振動となる．

(ⅱ)のケースは(ⅰ)と(ⅲ)の2つのケースの境界となる運動で，振動にはならない．

(ⅲ)のケースは抵抗力がばねの復元力に比して相対的に大きい場合で，振動とはならずに減衰し，やがて静止する．

2.2　強 制 振 動

2.1と同様の設定をした上で，今度はばねの支点を鉛直方向に振動させて，外力を加える場合を考える．

ばね定数を k，小球の質量を m とし，支点は振幅 a，角振動数 ω，初期位相 ϕ の単振動をさせるものとする．また，小球には速度に比例する抵抗が作用し，その抵抗の係数が γ であるとすると，この場合の運動方程式は次式で与えられる．

$$m\frac{\mathrm{d}^2x}{\mathrm{d}t^2} = -kx - \gamma\frac{\mathrm{d}x}{\mathrm{d}t} + ka\sin(\omega t + \phi) \tag{9}$$

ここで

$$\omega_0 = \sqrt{k/m}, \qquad \rho = \gamma/2m, \qquad f = ka/m \tag{10}$$

とおくと運動方程式(9)は次のように書き換えられる．

$$\frac{\mathrm{d}^2x}{\mathrm{d}t^2} = -\omega_0{}^2x - 2\rho\frac{\mathrm{d}x}{\mathrm{d}t} + f\sin(\omega t+\phi) \qquad (11)$$

角振動数 ω_0 はばねが単振動するときの角振動数で，このばねの固有角振動数といい，ω_0 から計算できる振動数を**固有振動数**という．

$\gamma = 0$ の場合の微分方程式(11)の解

簡単のため以下では支点振動の初期位相 $\phi = 0$ とする．まず抵抗が無視できる場合 $(\gamma = \rho = 0)$ の微分方程式(11)の一般解は，A, α を任意の定数として次の式で与えられる．

$$x = A\sin(\omega_0 t+\alpha) + \frac{f}{\omega_0{}^2-\omega^2}\sin\omega t \qquad (12)$$

この解の第1項は，空気の抵抗が無視できる場合にばねの先に付けた小球が行う振動(式(2))と同じ形をしていて，固有振動項と呼ばれ，第2項は外部から加える振動数に等しい振動を行う項で強制振動項と呼ばれ，これら2つを合成した形になっている．第2項の振幅は ω が ω_0 に近づくと無限に大きくなる．一般に振動する力学系に，外部からそのシステム固有の振動に等しい外力を付加すると，システムの振動の振幅が急激に増加する現象を，**共振**または**共鳴**という．

式(12)で与えられる解において，$\omega \to \omega_0$ のとき即座に∞になるのではない．このことは，初期条件として，$t = 0$ で $x = 0$，$\dfrac{\mathrm{d}x}{\mathrm{d}t} = 0$ をとって，$\omega \to \omega_0$ の極限を考えるとわかる．解は次の式で与えられる．

$$x = -\frac{ft}{2\omega_0}\cos(\omega_0 t) + \frac{f}{2\omega_0{}^2}\sin(\omega_0 t) \qquad (13)$$

第2項の係数が一定値であるのに対し，第1項の係数は時間に比例して増大する．そのため，時間がたつと，振幅も時間に比例して増大するように見える．

$\gamma \neq 0$ の場合の微分方程式(11)の解

現実のシステムでは，抵抗を無視することができないので，共振した場合でも振幅が無限大になることはなく，解は次の式で与えられる．

$$x = g(t) + C\sin(\omega t+\beta) \qquad (14)$$

ただし，ここで $g(t)$ は ω_0 と ρ の大小関係により式(4),(6),(7)で与えられる解のうちのどれかである．すなわち，

$$g(t) = A\mathrm{e}^{-\rho t}\sin(\omega' t+\alpha) \qquad (\rho < \omega_0) \qquad (15)$$

ただし，$\omega' = \sqrt{\omega_0{}^2-\rho^2}$

$$g(t) = \mathrm{e}^{-\rho t}(At+B) \qquad (\rho = \omega_0) \tag{16}$$
$$g(t) = \mathrm{e}^{-\rho t}(A\mathrm{e}^{\rho' t}+B\mathrm{e}^{-\rho' t}) \qquad (\rho > \omega_0) \tag{17}$$
$$\text{ただし，} \rho' = \sqrt{\rho^2-{\omega_0}^2}$$

また，C および β は次式で与えられる．

$$C = f/\sqrt{({\omega_0}^2-\omega^2)^2+(2\rho\omega)^2} \equiv C(\omega) \tag{18}$$

$$\beta = \arctan\frac{2\rho\omega}{\omega^2-{\omega_0}^2} \tag{19}$$

式(14)の第一項 $g(t)$ は $t \to \infty$ で減衰してゼロとなり，支点を振動させる振動数に等しい振動数の第2項のみが残る．

式(18)より共振が起きるのは $\omega = \omega_0$ のときではなく

$$\omega = \sqrt{{\omega_0}^2-2\rho^2} \tag{20}$$

であることがわかる．

Q 値と共振曲線

$\omega = \omega_0$ のときの振幅と $\omega = 0$ のときの振幅の比は Q 値(quality factor)と呼ばれ，共振の際にどの程度鋭く振幅が増大するかということを表す指標として使われる．いま考慮している系では次の式で与えられる．

$$Q = \frac{C(\omega_0)}{C(0)} = \frac{\omega_0}{2\rho} \tag{21}$$

また，Q 値を一定にして，ω/ω_0 を横軸に $C(\omega)/C(0)$ を縦軸にして描いた曲線は共振曲線と呼ばれ，共振の様子を認識するのに使われる．

3. 実験装置

① PC
　OS は Windows である．
② シミュレーションソフトウエア
　SimPhysics 2 を用いる．

4. 実験方法

4.1 シミュレーションの実行手順の練習

a. コンピュータの起動からばねの振動の初期画面まで

ディスプレイの裏側にある PC の電源を入れると Windows が起動する[1)]．プリンタの電源を入れておく．画面左上にある図1のアイコンをダブルクリックすると SimPhysics 2 が起動する．

1) teacher のログイン画面になった場合は画面左下の student を選ぶ．

図1　アイコン

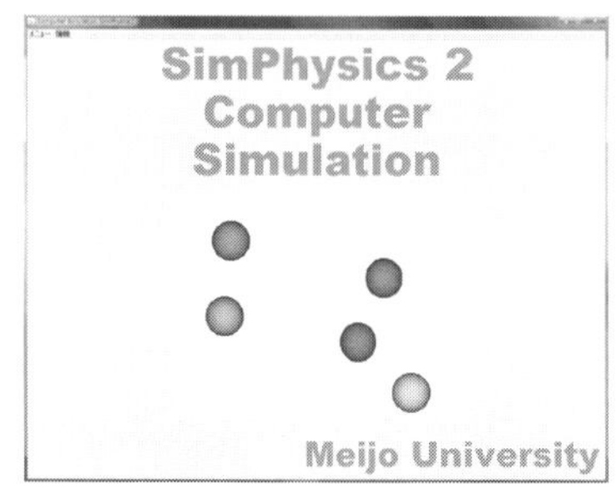

図 2　初期画面

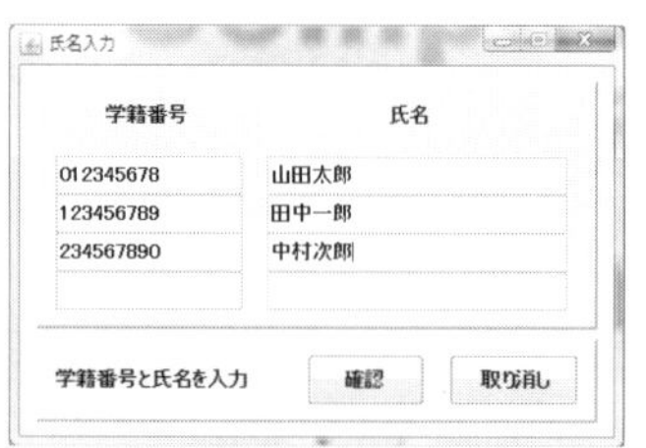

図 3　氏名記入

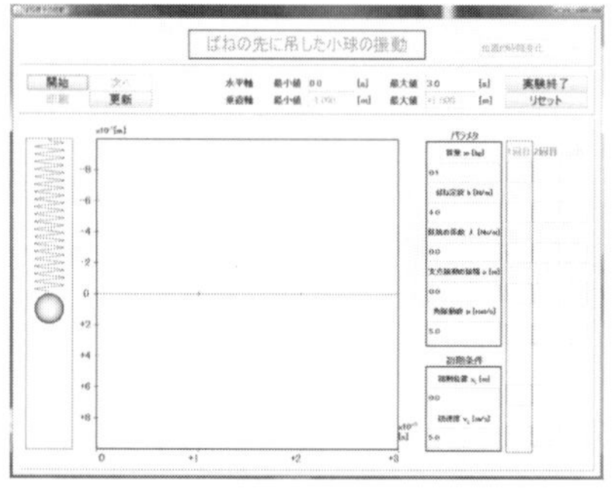

図 4　実行画面

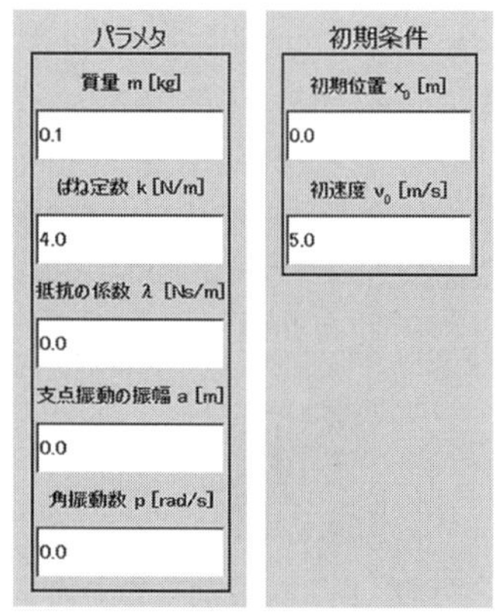

図 5

最初に図2の初期画面が現れる．左上の「メニュー」から「氏名入力」を選択する．図3のようにメンバー全員の学籍番号と氏名を入力する．学籍番号と氏名はシミュレーション終了まで変更できないので，間違えた場合は一旦SimPhysics 2を終了し，再起動する．氏名入力後は日本語入力をオフにしておく．

左上の「メニュー」から「ばね振子の振動」を選ぶと，図4の実行画面になる．シミュレーションはすべてこの状態で行うことができる．

b．実験条件，パラメタの設定

実験条件は該当欄に4，5.5といった数値を直接入力する．また，πのように無限につづく小数は，3.14159と少なくとも6桁は入力すること(表示は6桁に丸められるが，数値は入力されている)．

上部にある「水平軸」では，「最大値」の欄に運動を表示する測定時間を入力する．初期値は3.0秒間になっている．

実験のパラメタはグラフのすぐ右側にある欄(図5)にそれぞれ入力する．マウスで該当欄をクリックすると，欄中に縦棒「|」が現れるので，キーボードの「Back Space」や「Delete」キーで現在の値を削除して，新しい値を入力する．

この欄で設定できるパラメタは，小球の質量m〔kg〕，ばね定数k〔N/m〕，抵抗の係数γ〔N s/m〕，支点を振動させる振幅a〔m〕，支点振動の角振動数ω〔rad/s〕である．また，設定できる初期条件は初期位置x_0〔m〕，初速度v_0〔m/s〕である．図5では，それぞれ$m = 0.1$，$k = 4.0$，初期位置$x_0 = 0.0$，初速度$v_0 = 5.0$などとなっている．

全角文字で数値を入力した場合などは警告が出るので，入力しなおす．

c．シミュレーションのスタート・ストップ

「開始」ボタンを押すと，ばねの運動のアニメーションと同時に，小球の位置を示すグラフが表示される(図6)．シミュレーションは，最初に設定した測定時間まで行われると自然に停止する．パラメタの値によっては(極端に大きい値や小さい値を入力した場合)，シミュレーション終了までに非常に長い時間がかかる場合がある．そのときは，「開始」ボタンがシミュレーション実行中は「停止」に変わっているので，「停止」ボタンを押せば途中で停止できる．

グラフの縦軸は，振幅全体が表示できるように，自動的に拡大・縮小される．

パラメタを調整し，「開始」ボタンを押すことで，何度でもシミュレーションを行うことができる．「更新」ボタンはパラメタの新しい値を反映するためのものであるが，「開始」ボタンで自動的に反映するので，基本的に押す必要はない．

d．実験回数が2回以上の場合

「次へ」ボタンを押すと，そのときに使われていたパラメタの値が保存され，次の実験に移行する．入力欄の右側に図7のような3回までの実験のパラメタを記録する欄があり，この第1回目の欄が確定される．次に行う実験は自動的に第2回目となる．一旦「次へ」を押すと元には戻れない．ただし，「リセット」ボタンを押すことで，実験を最初からやり直すことはできる．その場合は入力した数値はすべてリセットされ，初期値に戻る．

2回目の実験では，「開始」ボタンを押すと，図8のように，2回目のシミュレーションと同時に，1回目のデータも表示される．もし1回目と2回目がまったく同じパラメタなら，2つのグラフは重なる．また極端に値が異なる場合は，片方のグラフは座標軸と重なって見えなくなっているかもしれないので，注意すること．

e．結果のプリンタ出力

「印刷」ボタンを押すと，図9の印刷プレビュー画面が表示される．もしグラフの線が表示されていないなどの問題があれば，「戻る」ボタンを押して，再度シミュレーションを表示させてみる．問題がなければ，「印刷」ボタンを押すと，図10の窓が開いて印刷の設定ができる．最初に入力したメンバーの人数分のグラフが印刷がされるように自動的に設定されているので，設定は変えない．さらに「印刷」ボタンを押せば印刷される．最初の印刷は30秒ほどかかる．あわてて他のボタンを押さない．プリンタ出力後は，「リセット」ボタンを押して設定をクリアし，次の本実験へ進む．

4.2 単振動の実験

課題1：ばね定数，小球の質量を適当な値に設定し，異なった初期位置において静かに放したときの運動を観察する．

a．実験条件の設定

初期位置を2回変えて実行する．

b．1回目のパラメタ値，初期条件の指定と実行

入力欄の質量(m)，ばね定数(k)の値を適当に入力する．図5の例では $m = 0.1$ kg，$k = 4.0$ N/m に設定されている

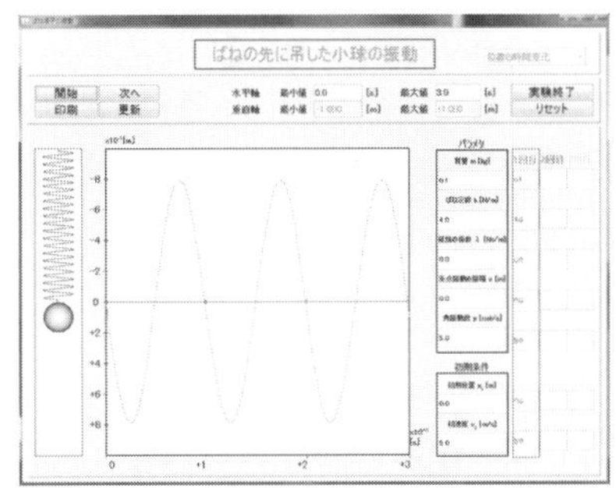

図6 実行

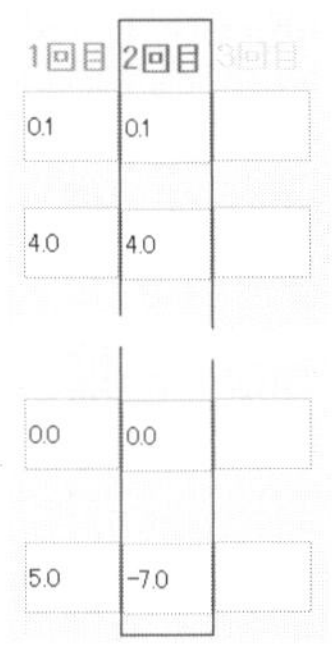

図7 パラメタ記録欄

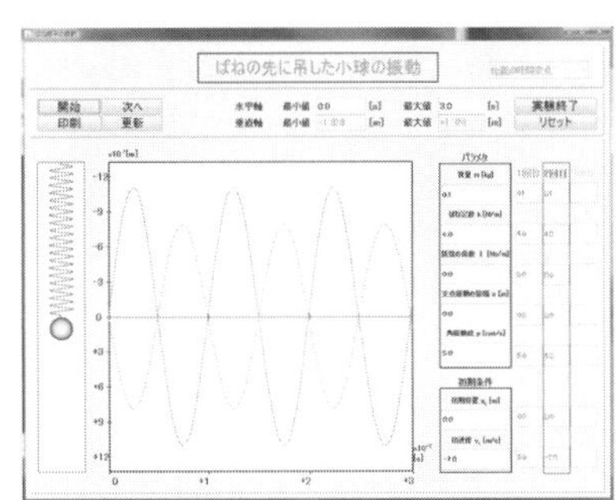

図8 2回目の実行

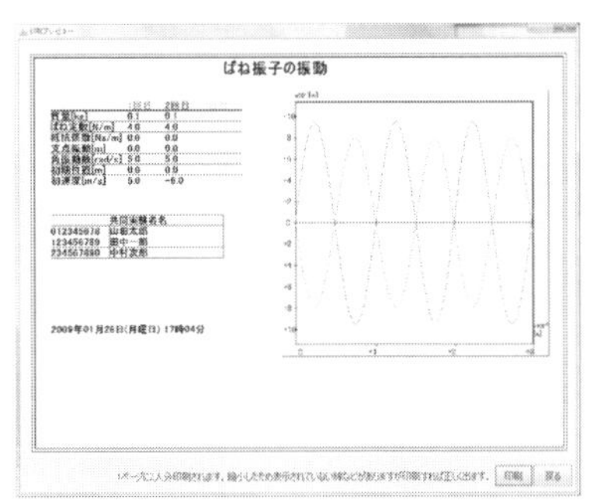

図9 印刷プレビュー画面

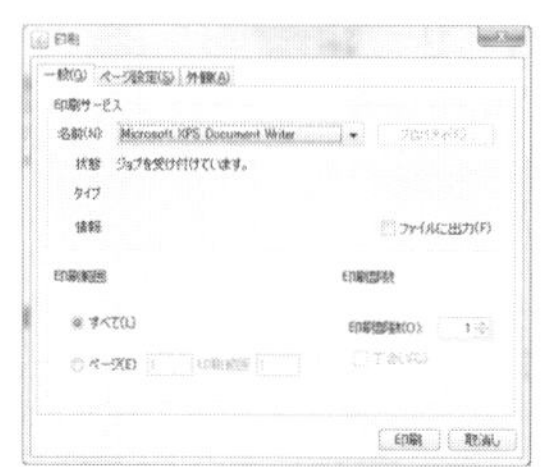

図 10　印刷設定画面

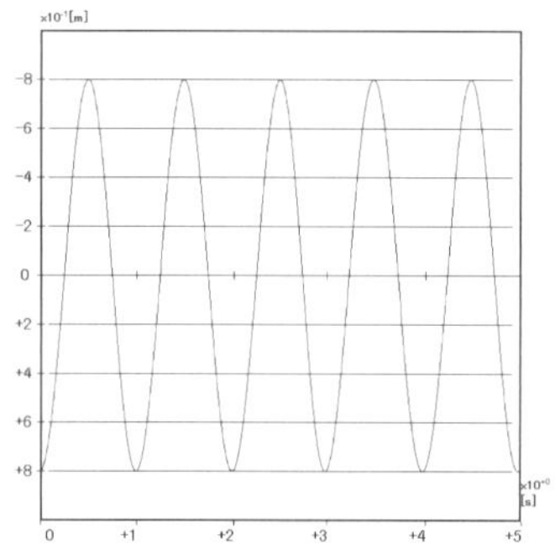

図 11　初期位置 0.8 m の実行例

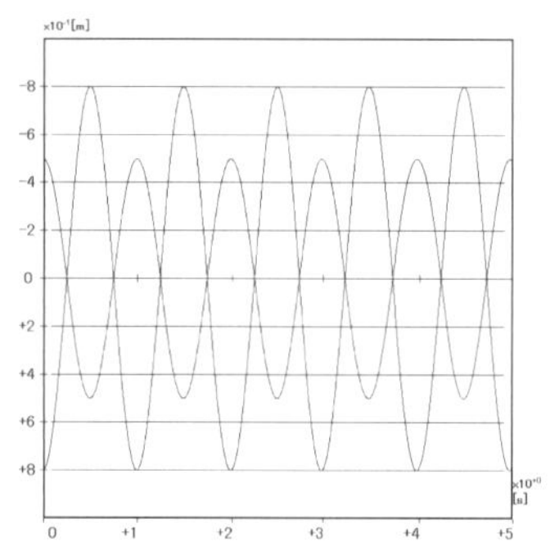

図 12　課題 1 の実行例

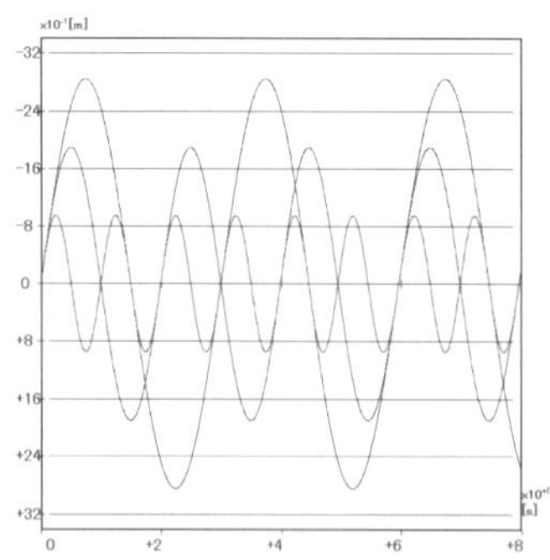

図 13　課題 2 の実行例

が，m と k はこれと異なる値に設定する．m は 0.5 kg 以外の値にすること．m と k を決めたら $\omega_0 = \sqrt{k/m}$ の値を計算する．ω_0 が小さいと実験しにくくなるので，おおむね 3.0 より大きくなるような m, k に設定するとよい．ただし，ω_0 が簡単な数値となる組み合わせにはしない．その他のパラメタは 0 にする．測定時間は周期 $T = 2\pi/\omega_0$ の 5 倍程度の適当な数値を入力する．

初速度を 0.0 m/s に，初期位置 x_0 は適当な正の値に設定する．図 11 の例では $x_0 = 0.8$ m に設定している．設定が終わったら「開始」ボタンでシミュレーションを実行する．

c.　2 回目の初期条件の指定と実行

1 回目のグラフの描画が終わったら，「次へ」ボタンを押して，2 回目の実験に移行する．2 回目では，初期位置だけを 1 回目の実験と符号も絶対値も異なった値に設定する（図 12)．

d.　実験結果のプリンタ出力

2 回目のグラフの描画が終わったら，**4.1 e** の手順にしたがってプリンタに出力する．出力結果に問題がなければ，「リセット」ボタンを押して，次の課題に進む．

課題 2：課題 1 で使用したパラメタ値のうち，ばね定数のみを $1/n$ 倍（$n = 1, 2, 3, 4, \cdots$）に変えると振動がどのように変化するかを比較観察する．

a.　実験条件の設定

ばね定数を 3 回変えて実行する．

b.　1 回目のパラメタ値，初期条件の指定と実行

パラメタは課題 1 と同じ値に設定する．初期条件は，初期位置を 0.0 m，初速度は負の適当な値を設定する．測定時間は課題 1 より少し長めの値を設定する．図 13 の例は，測定時間 8.0 s，質量 $m = 0.1$ kg，ばね定数 $k = 4.0$ N/m に設定し，初期位置を 0.0 m，初速度は -6.0 m/s にして実行したものである．

c.　2 回目，3 回目のパラメタの指定と実行

初期条件は変えずに，ばね定数の値を $1/n$ 倍（$n = 2, 3, 4, \cdots$）に設定して実行する．時間軸を横切る点（小球の座標が 0 となる時刻）のすべてが 1 回目とぴったり一致するような n を探し，そのときを 2 回目とする．同様に n を変えていき，次に一致したときを 3 回目とする．3 回目まで終了したら，課題 1 と同じ手順で実行結果をプリンタに出力する．な

ぜその n であれば一致するのかを考えること.

4.3　減衰振動の実験

課題3：速度に比例する抵抗力が小球に作用する場合には，運動がどのように変化するかを観察する.

a.　実験条件の設定

抵抗の係数を3回変えて実行する.

b.　1回目のパラメタ値，初期条件の指定と実行

抵抗の係数 γ 以外のパラメタは，課題1と同じ値にする. γ の値は，最初は ω_0 と $\rho(=\gamma/2m)$ が $\omega_0 > \rho$ を満たすような十分小さな数値を入力し，図14のようなグラフが得られるように調整する. 初期位置を0.0 m，初速度は負の適当な値を設定する. 測定時間は課題1と同じ値に設定する. 図14では $\gamma = 0.1$ N s/m，$x_0 = 0.0$ m，$v_0 = -6.0$ m/s ととっている.

c.　2回目，3回目のパラメタの指定と実行

2回目と3回目はパラメタ γ の値だけを，$\omega_0 = \rho$ と，$\omega_0 < \rho$（ω_0 の2.5倍以上）を満たすように変更して実行する. $\omega_0 = \rho$ の場合は臨界減衰，$\omega_0 < \rho$ の場合は過減衰となっていることを，実行結果を見て確認すること. 図14では $\gamma = 1.2648$ N s/m，$\gamma = 3.0$ N s/m の値で実行している.

3回目まで終了したら，実行結果をプリンタに出力する.

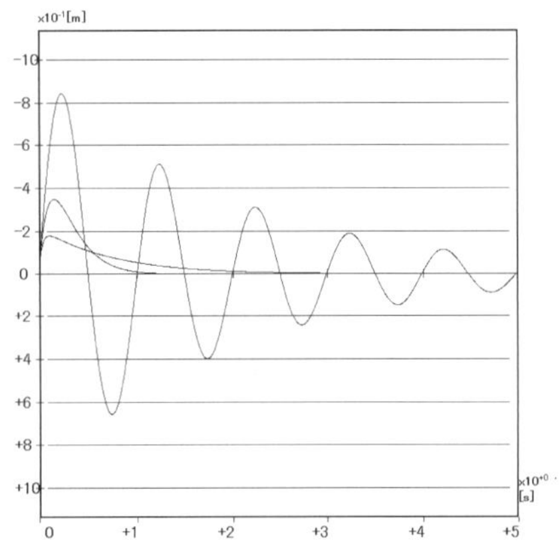

図 14　課題3の実行例

4.4　強制振動の実験

課題4：ばねの支点を正弦振動させることによって周期的な外力を作用させる場合には，小球がどのような運動を行うかを観察する.

a.　実験条件の設定

角振動数を3回変えて実行する.

b.　パラメタ値，初期条件の指定と実行

支点振動の角振動数 ω と振幅 a 以外は，課題1の設定値と同じ値にする. ω の値は，1回目は固有角振動数 ω_0 より20% 以上大きい適当な値に，2回目は ω_0 に等しい値に，3回目は ω_0 より20%以上小さい値に設定する. a は適当な小さな値に設定する. 測定時間は課題1の3倍程度の適当な値に設定する. 図15の例では，$a = 0.1$ m，ω は1回目10.0 rad/s，2回目6.32455 rad/s，3回目4.0 rad/s としている.

初期条件は $x_0 = 0.0$ m，$v_0 = 0.0$ m/s である.

終了したら，実行結果をプリンタに出力する.

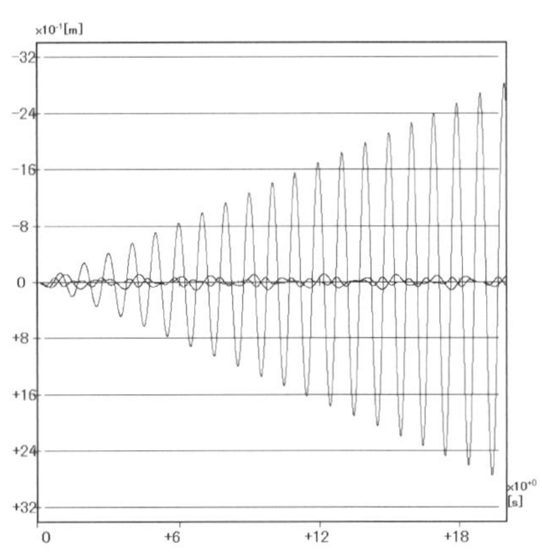

図 15　課題4の実行例

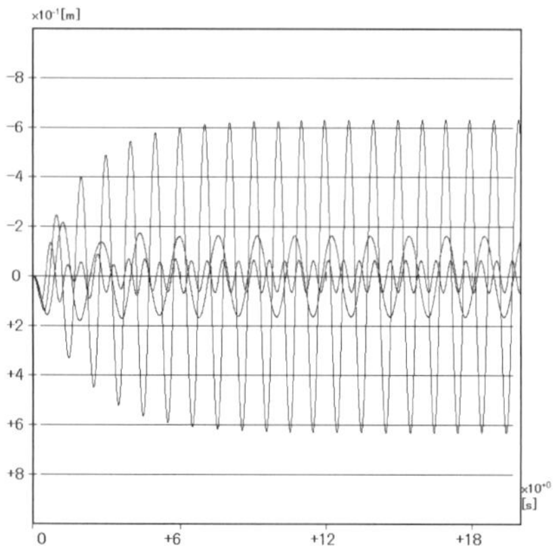

図 16　課題5の実行例

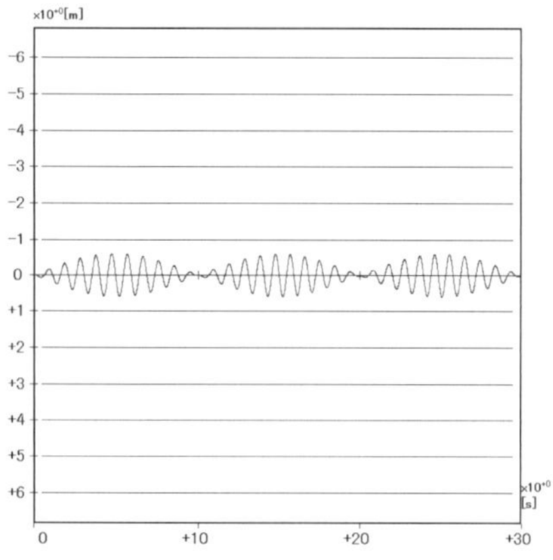

図 17　追加課題1の実行例

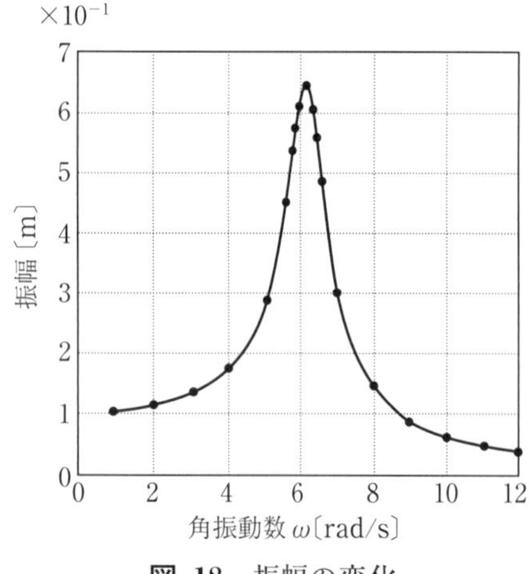

図 18　振幅の変化

課題5：課題3で用いた抵抗力および課題4で用いた周期的な外力の両方が作用する場合には，小球がどのような運動を行うかを観察する．

a．　実験条件の設定

角振動数を3回変えて実行する．

b．　パラメタ値，初期条件の指定と実行

抵抗の係数γ，支点振動の振幅aと角振動数ω以外は，課題1の設定値と同じ値にする．ωの値は，1，3回目は課題4と同じ，2回目は固有角振動数ω_0ではなく，$\sqrt{\omega_0{}^2 - 2\rho^2}$に設定する．$a$は適当な小さな値に設定する．抵抗の係数$\gamma$は適当なあまり大きくない値で試行し，結果を見て調節する．測定時間は最初は課題4と同じ値に設定し，結果を見て調節する．

図16の例では，$a = 0.1$ m，$\gamma = 0.1$ N s/m，ωは課題4と同じである．

初期条件は$x_0 = 0.0$ m，$v_0 = 0.0$ m/s である．

追加課題1：課題4の第1回目と同じ設定で，測定時間を伸ばすと，図17のような「うなり」に似た運動が見える．見えなければ，支点振動の角振動数ωを固有角振動数ω_0から1.0程度離れた値からスタートして調整してみること．ちょうど10秒の位置に最初の「うなり」の節がくるようなωの値を求め，実行結果を出力せよ．ωの値は計算することができる．なぜその値なのかを考えておくこと．

追加課題2：課題5と同じ設定をしたのち，支点振動の角振動数ωの値を変えていくと，振動の振幅が変化する．実行結果から振幅の値を読みとり，横軸にω，縦軸に振幅をとってグラフ用紙にグラフを作成せよ（グラフは図18に似たものが得られるはずである）．ピークのあたりは変化が大きいので，測定点を多めにとること．なお，振動の最初は振幅が変化するため，振幅が一定になることがわかるまで測定時間を延ばす．

余力のあるものは，(18)式のグラフを作成し（作成方法は問わない），測定結果と一致していることを確かめたものや，(21)式のQ値を検討したものを考察として追加してもよい．また，初期条件(x_0, v_0)を変えても，一定になった振幅の値は変化しないことを確かめるとよい．

4.5 そ の 他

課題の実施に際しては，指示された条件以外にも，自分が知りたい条件でシミュレーションを行い，振動の性質を理解するようにするとよい．

4.6 SimPhysics 2 とシステムの終了

左上メニューの「ファイル」から「終了」を選ぶと，SimPhysics 2 が終了し，Windows のデスクトップの状態に戻る．

画面左下の「窓」アイコンボタンをクリック，メニュー内の ⏻ を押してシャットダウンメニューを出し，「シャットダウン」を選べば，しばらく処理が行われた後，自動的に電源が切れる．プリンタの電源も切る．

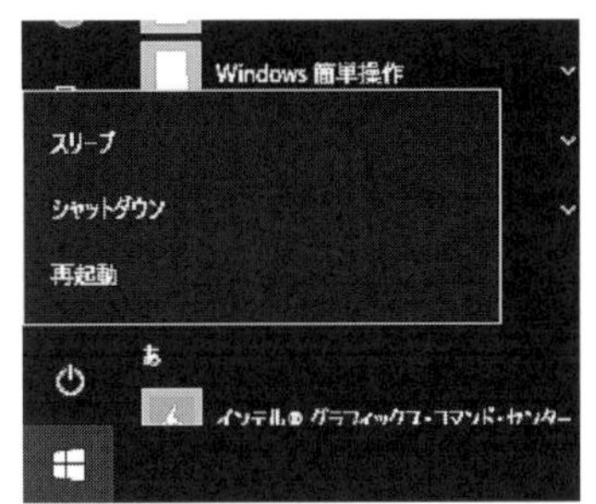

図 19　シャットダウン

5. 実験結果の整理

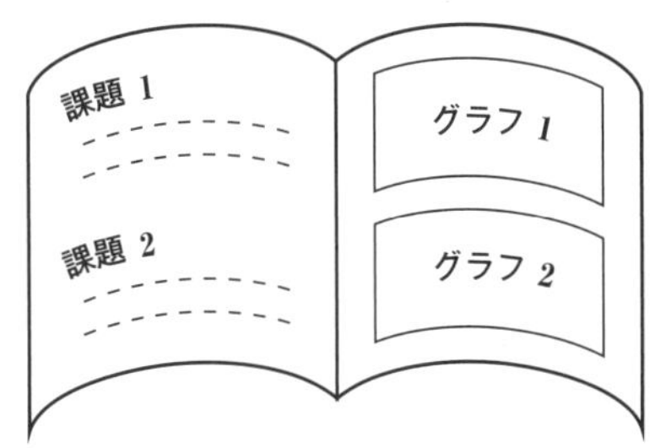

実験結果は課題 1，課題 2，…の順に整理する．プリンタ出力したグラフは右ページに 1 ページ当たり 2 つ貼り付ける．その結果から何がわかったかを左ページに記述する．

また，考察の項目に何を書くかは，担当者の指示に従うこと．その他にこのシミュレーションをどのように改良したらよいか，提案があったら書いておく．

付録 A　仮想的振動

ばねの復元力がばねの伸びの n_1 乗に比例し，小球に作用する抵抗力が速度の n_2 乗に比例する場合，支点を正弦関数で与えられる時間の周期関数で動かしたときの小球の運動方程式は，静かに吊したとき静止する位置を原点にして，鉛直下向きに x 軸を定め，使用する記号を **2.2 強制振動**の場合と同じ記号を用いて表すと運動方程式 (9) を一般化して次のようになる．

$$m\frac{\mathrm{d}^2x}{\mathrm{d}t^2} = mg - k(\Delta x_0 + x - a\sin(\omega t+\phi)) \times |(\Delta x_0 + x - a\sin(\omega t+\phi))|^{n_1-1} - \gamma\frac{\mathrm{d}x}{\mathrm{d}t}\left|\frac{\mathrm{d}x}{\mathrm{d}t}\right|^{n_2-1} \tag{22}$$

ただし，Δx_0 は小球を静かに吊したときの伸びの長さである．

抵抗力も作用せず，支点も動かさないときには，運動方程式 (22) で与えられる運動の位置エネルギーは，ばねのみ吊したときのばねの先端を基準点とすると

$$U(x) = -mg(\Delta x_0 + x) + \frac{1}{n_1+1} k |\Delta x_0 + x|^{n_1+1} \qquad (23)$$

となり，小球は

$$\frac{1}{2} mv^2 + U(x) = E \,(\mathrm{Constant}) \qquad (24)$$

の条件をみたす周期的振動を行う．

この振動の周期に近い周期の正弦振動で，支点を動かしてやると，単振動を行うシステムの場合と同じように共振の現象が見られる．

§6　気圧による高度差測定

1.　目　　的

① シリンダー内に水を注ぎ，圧力センサーにより水圧を測定する．水面からの深さに対する水圧の関係のグラフから，水の密度を求める．
② 気圧測定機能付きデータロガーにより学内数か所の気圧を測定し，実験室の気圧との差から，実験室からの高度差を求める．

2.　解　　説

2.1　流体の静力学

空気や水は一定の形をもたず，外力をかけると変形し流れていく．このような性質をもつ気体や液体をまとめて**流体**と呼んでいる．図1のように，静止した流体中にとった任意の面では，面の裏表から押し合う力は，どちらも面に垂直で，互いに逆向きであり，その大きさは等しい．単位面積当たりのこの力（圧力）は，**静水圧**（hydrostatic pressure）と呼ばれる．静水圧は，ある一点においては，同じ大きさで，上向き，下向きのみならず，前後左右，あらゆる向きに働く（図2）．この性質を**静水圧の等方性**という．

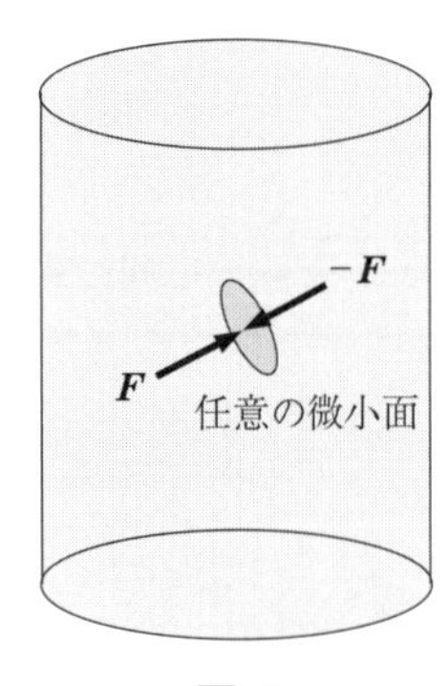

図 1

図 2

2.2　静水圧と深さの関係

図3のように，一様な密度ρの流体の中で，断面積S，高さhの円柱を考えると，円柱の上面にはp_1Sの力が下向きにはたらき，下面にはp_2Sの力が上向きにはたらく．また，円柱内の流体には，重力ρghS（gは重力加速度の大きさ）が下向きにはたらく．流体は静止しているとすると，3つの力はつり合っており，次式が成り立つ．

$$p_1S+\rho ghS = p_2S$$

$$\therefore\quad p_2 = p_1+\rho gh \tag{1}$$

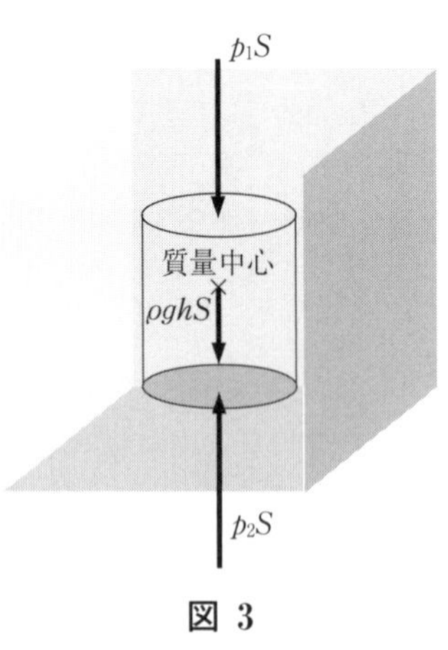

図 3

(1)式の**物理的な意味**は，「静止している一様な流体の中では，高さ h だけ下に下がると，圧力は ρgh だけ高くなる」ということになる．

2.3 空気の密度

地表付近の空気は，主に，窒素と酸素からなり，このほか，水蒸気や他の微量気体を含む．また，含有率は極めて微量であるが，エアロゾルや微小なほこりなども空気を構成するとされる．空気の主要な組成のうち，水蒸気の濃度は時間と場所により大きく変化するが，この水蒸気を含む空気を**湿潤空気**(moist air)と呼ぶことがある．普通，単に空気といえば，湿潤空気のことである．それに対し，空気から水蒸気を除いたものを，**乾燥空気**(dry air)と呼ぶ．今回の実験では，空気の密度から高度差を求めるが，標準大気と呼ばれる乾燥空気のモデルを用いて，その密度を計算する．

● 乾燥空気の密度

乾燥空気として，標準大気を考えて計算する．**標準大気**(standard atmosphere)は，国際的に認められる空気の基準モデルである．

はじめに，物質量が 1 mol (モル)[1] の標準大気を考える．この標準大気が圧力 p〔Pa〕[2]，体積 V〔m^3〕，絶対温度 T〔K〕の状態にあるとき，**ボイル・シャルルの法則**により，

$$\frac{pV}{T}=\frac{p_0V_0}{T_0} \tag{2}$$

が成り立つ．ここで，右辺の p_0, T_0, V_0 は，標準大気の標準の状態に対する圧力，絶対温度，体積である．p_0 は，**標準大気圧**，または，**標準気圧**(standard pressure)と呼ばれる圧力であり，$p_0=101325$ Pa (= 1013.25 hPa = 1 気圧) である．また，T_0 は，標準大気の**気温の標準値** 288.15 K (= 15.0 ℃) である．いま，標準大気のモル質量を M_0〔kg/mol〕とすると，いまは，1 mol の標準大気を扱っているので，M_0 を (2) 式の分母に入れ変形すると，

$$\frac{p}{T}\frac{1}{(M_0/V)}=\frac{p_0}{T_0}\frac{1}{(M_0/V_0)},$$

$$\therefore\quad \frac{p}{T}\frac{1}{\rho_{\mathrm{da}}}=\frac{p_0}{T_0}\frac{1}{\rho_{\mathrm{da,0}}}$$

となる．ここで，$\rho_{\mathrm{da,0}}$ は，標準大気の標準の状態に対する密度であり (da は，dry air の略)，$\rho_{\mathrm{da,0}}=1.2250$ kg/m^3 である．この式から，圧力 p〔Pa〕，絶対温度 T〔K〕の標準大気の密度 ρ_{da}〔kg/m^3〕は，

1) 分子，原子，イオンなど同じ種類の粒子 6.02×10^{23} 個の集まりを 1 mol という．1 mol の粒子数 6.02×10^{23} $\mathrm{mol^{-1}}$ を**アボガドロ定数**という．

2) 1 Pa = 1 N/m^2

$$\rho_{da} = \frac{(p/p_0)}{(T/T_0)}\rho_{da,0} \tag{3}$$

で求めることができる.

2.4　シリンダー内の水の静水圧

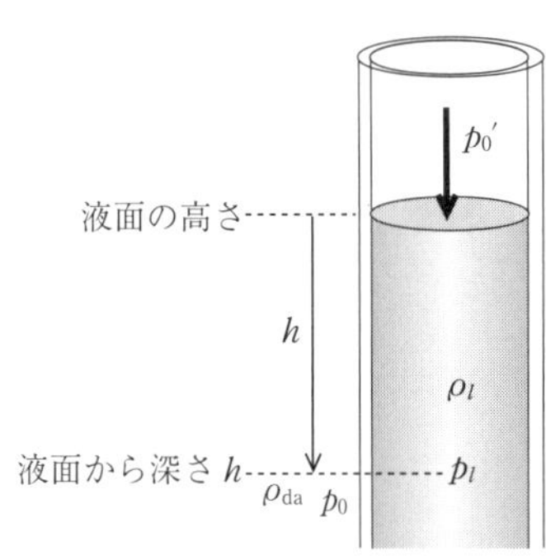

図 4

図 4 のように，密度 ρ_l の液体がシリンダー内に入っている場合を考える．液面での気圧が p_0' ならば，深さ h での液体による静水圧 p_l は,

$$p_l = p_0' + \rho_l gh \tag{4}$$

となる．また，液面から深さ h の高さでの気圧を p_0 とすると，(1) 式から，$p_0 = p_0' + \rho_{da}gh$ となり，(4) 式は,

$$p_l = p_0 + (\rho_l - \rho_{da})gh \tag{5}$$

となる．ここで，ρ_{da} は大気の密度であり，いま考えている範囲では，高さによらず一定とした．(5) 式に従い，横軸に水面からの深さ h をとり，縦軸にそこでの水圧 p_l をとるグラフをつくると，その関係は直線になり，縦軸の切片はその高さでの気圧になり，傾きは，$(\rho_l - \rho_{da})g$ を与える．つまり

$$\begin{pmatrix}\text{測定例③の図 8 で得られた}\\ \text{近似直線の傾きの平均値}\end{pmatrix} = (\rho_l - \rho_{da})g \tag{6}$$

重力加速度の大きさは，緯度によって若干異なるが，理科年表（国立天文台編，丸善）によれば，名古屋では，$g = 9.7973254\ \mathrm{m/s^2}$ である．今回の実験で，空気の密度がわかれば，(6) 式から実験的に水の密度 ρ_l を求めることができる．

2.5　気圧差と高度差

(1) 式を変形すると

$$p_2 - p_1 = \rho gh$$

となる．$p_2 - p_1$ は 2ヶ所の圧力の差を表すので，それを Δp とおくと，基準からの高さ h は

$$h = \frac{\Delta p}{\rho g} \tag{7}$$

で求められる．

3. 実験装置

実験装置を図 5 に示す．

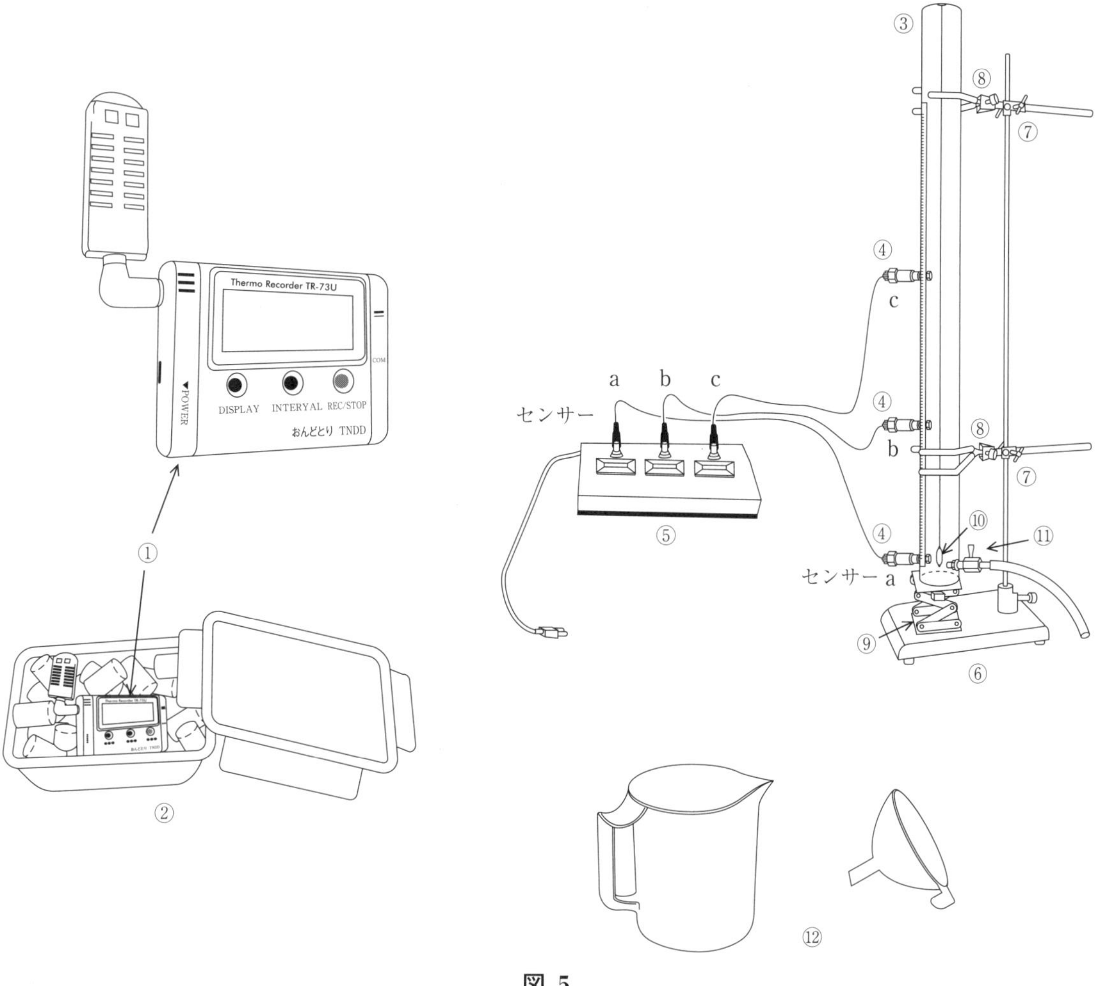

図 5

3.1　水 圧 測 定

① **圧力/温湿度測定機能付きデータロガー**※　1 台（T & D Corporation 社製 TR 73-U）※以下，単に，データロガーと呼ぶ.

② **携行パック**（緩衝材入り）　1 個

③ **シリンダー**　1 本

④ **圧力センサー**　3 個（a：下，b：中，c：上）（日本電産コパル電子社製 PA-750）

⑤ **圧力表示機**　1 台（センサー a, b, c に対応する表示窓と較正用可変抵抗を具える）

⑥　**スタンド**　1台
⑦　**ムッフ**　2個
⑧　**クランプ**　2本
⑨　**ラボジャッキ**　1台
⑩　**おもり＋ヒモ**　1本
⑪　**水抜きコック**
⑫　**ロート，手付きビーカー**　各1

3.2　気圧測定

①　**実験室内気圧・温湿度測定用データロガー**とデータ表示用PC　1式（共用機器）
②　**携行パック入りのデータロガー**（携行用）　1組

4.　実験方法

4.1　実験準備

全ての実験を通じ，データロガーを決して濡らしてはならない．

①　緩衝材入り携行パックに入ったデータロガーは常に電源ON状態であり，液晶画面には，圧力→温度→湿度→圧力→… の繰り返しで値が表示される．そうなっていない場合には教員に申し出る．電池交換などは教員が対応する．データロガーは，携行パックに常に入れて外に出さないこと．

②　データロガーをなるべく，水圧測定実験装置から離れた位置におく．

③　圧力表示機は常に電源ON状態にあり，前面の3つの液晶メーターにそのときの気圧がhPa単位で表示される．表示の値が，あきらかに気圧を示していないことがあるが，(ケーブル端の)プラグと(圧力表示機本体の)ソケットの接触不良によることが多い．その場合には，主電源を一度落とし，プラグとソケットをさし直し，主電源を再投入する．その対応でも異常が解消されなければ，教員に申し出る．

④　圧力表示機の気圧の値が全てほぼ正しい場合には，以後，表示機からつながるプラグ，ソケット，ケーブルはできるだけ触らない．

4.2 水圧測定

① 表示機オフセット調整：圧力表示機の表示窓の気圧値〔hPa〕を各班のデータロガーの値に等しくなるように調整する．調整は，表示窓の下の可変抵抗のツマミを適当に回し，行う．調整完了後は，ツマミを触らない．この調整を3つの表示窓のすべてに対して行う．

② シリンダーの水抜きコック：シリンダー下部の水抜きコックを閉じる．はじめから，閉じてあれば，触らない．

③ シリンダー鉛直配置：図5のように，シリンダーがラボジャッキ上に立ち，その2箇所がクランプを介して支えられた状態にあることを確認する．測定に先んじて，シリンダー上部からヒモでぶら下がるおもりの位置を，シリンダー下部の目印に合わせ，シリンダーが鉛直に立つように調整する．そのとき，シリンダーに無理やり力を加えるのではなく，クランプとスタンドの棒をつなぐムッフのティーネジを緩めたり締めたりしつつ，クランプの出し具合を微調整し，その結果としてシリンダーの向きが変わるようなイメージで作業する．クランプとムッフのネジを締め，シリンダーがしっかり固定されて鉛直に立っていれば，調整完了である．

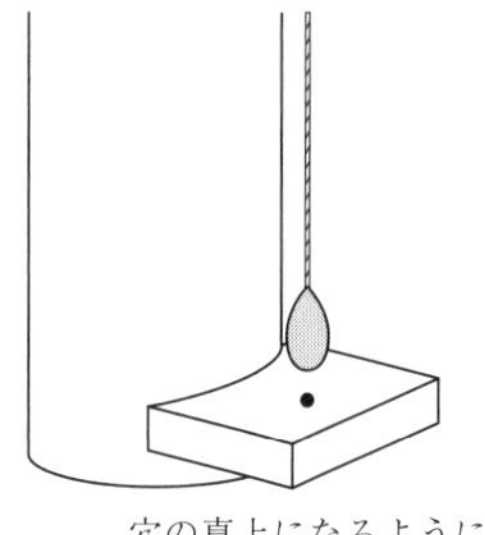
穴の真上になるように

④ シリンダーの側面に固定されているメジャーで3つのセンサーの位置を読みとり，記録する（測定例②を参照）．なお，測定に際し，センサーを円柱形状とみなし，その中心軸の位置を測ること．

⑤ 測定前の最終確認をする．コック閉状態，圧力センサーの値，シリンダーの鉛直具合としっかり固定されているかを確認し，異常がなければ，実験を開始する．

⑥ 第1回測定[1]：水を注入する．**このとき，必ずロートを使うこと．**水面の高さは，最も高い位置にあるセンサーcより400 mm程度高い位置まで入れる．水の揺れが十分におさまった後，水面の位置を読みとり，記録する．次に，センサーa, b, cの圧力を記録し，⑦へ進む．

⑦ 第2回測定：水を水抜きコックから抜く．このとき，水面の高さが，センサーcより50 mm程度高い位置になるようにし，抜いた水は手付きビーカーで受ける．センサーの圧力データと水面の位置を記録したら，測定例②の表を完成する．次に，グラフを作成する．グラフに測定点を書き加える際，センサーaの測定点については○で記入し，bは□で，cは×で記入するなどして，センサーごとにプロットタイプを変えること．

1) 天候が悪いときは測定中に気圧が変わってしまう．第1, 2回測定は手早く行うこと．

⑧　データの直線性の確認：作成したグラフを見て，センサー a, b, c の2つの測定点を結ぶ3本の直線の傾きが互いに大体同じであれば，次の⑨に進む．あきらかに違えば再実験する必要がある．シリンダーに水を再補充し，⑥から実験を再開する．グラフへのデータ書き込みについて，すでに記入した測定点などを消してはならない．再実験のデータは，色を変えて記入する．

⑨　水抜きコックを開いてビーカーに水を移しながら，シリンダー内の水を全て処理する．シリンダー内部の底に若干の水が残るが，そのままにしておいてよい．

⑩　卓上のデータロガーから室温，気圧を記録する．水圧測定では，室温と水温が同じであると仮定してこれらの値を使用し，水の密度を求める．

⑪　以上で水圧実験は終了である．気圧表示機の主電源は入れたままでよい．

4.3　気圧測定

①　事前準備：コースの行程と計測地点を確認する．全コースと測定地点は，図6と表1に示されているが，課題のコースが不明な場合，教員にきくこと．班のメンバー全員とも，計測地点ごとにデータを記入できる記録表をノートに準備する(ただし，下の②に記すように，測定にもっていくノートは，記録係のものだけとする)．次に，以下の②～④の通り，役割分担をする．

②　**記録係**を決める．記録係の役目は，自分のノートを携行し，記録作業を行うことである．

③　**時計係**を決める．時計係の役目は，自分の時計と共用のデータロガーが接続された PC に表示されている時刻との時間差を，分単位で把握し，測定時には，記録係に PC の時計での時刻を伝えることにある．共用データロガーには，時刻，気圧，温湿度が1分おきに自動で記録されており，帰着後，実験室内の気圧を，さかのぼって参照することができる．

④　**データロガー係**を決める．データロガー係の役目のひとつは，携行パックを持ち運び，測定地点では，記録係に圧力の値を伝えることである．この際，室内外どちらの場合でも圧力測定のときには，常に，**携行パックは，およそ実験机の高さにくるようにし，地面(または床面)からの高さがばらばらにならないよう注意する．**

⑤　補正値を測定する．データロガー係は，携行パックと

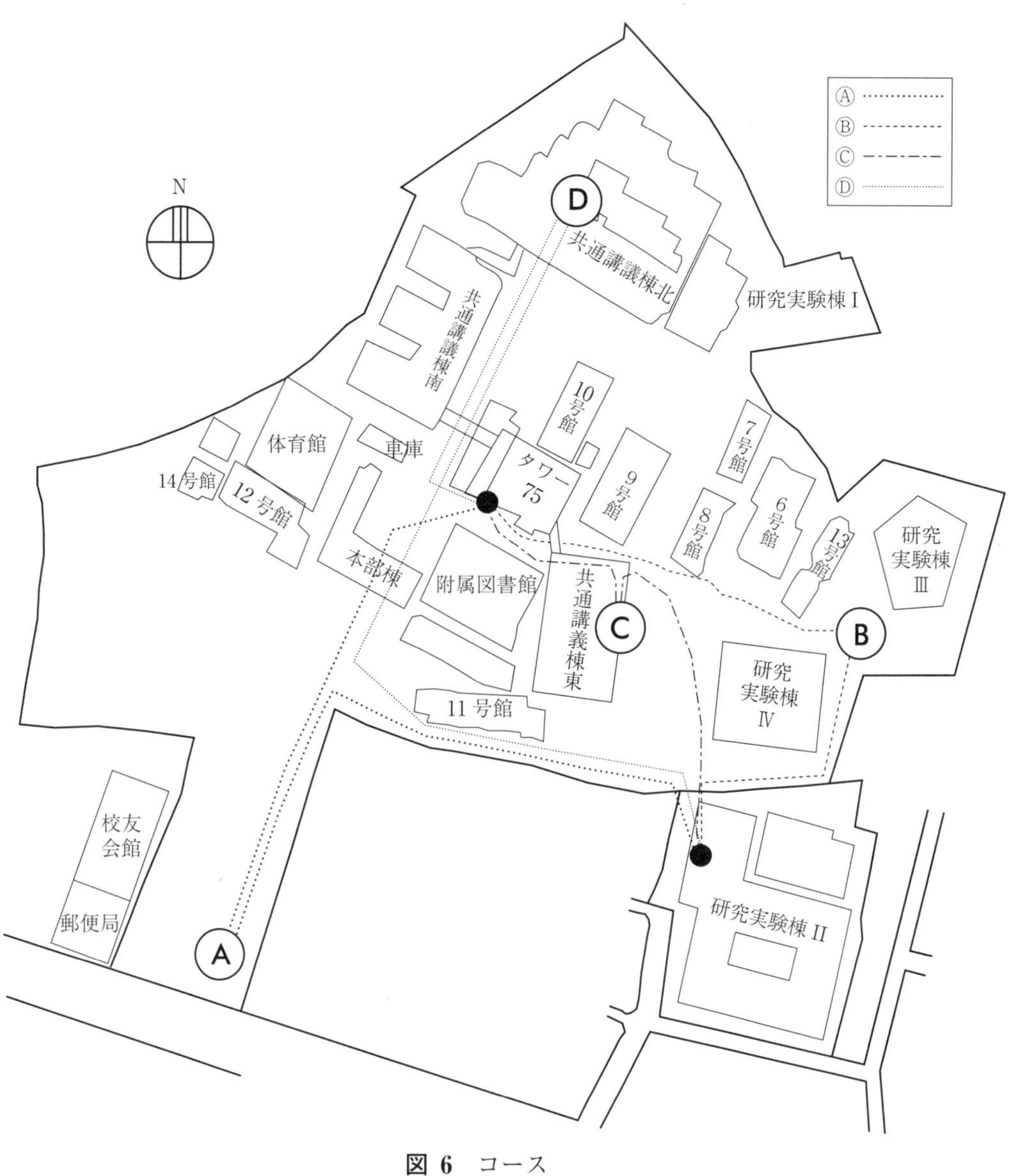

図 6　コース

表 1　コース

1, 5 班	A：実験室 →	T 75-1 階エレベータ前* →	T 75-15 階 →	正門：LED 時計塔の前	→ ⑧「R2 の前」
2, 6 班	B：実験室 →	T 75-1 階エレベータ前* →	T 75-15 階 →	東門：北側の門扉の前	→ ⑧「R2 の前」
3, 7 班	C：実験室 →	T 75-1 階エレベータ前* →	T 75-15 階 →	共通講義棟東 7 階	→ ⑧「R2 の前」
4, 8 班	D：実験室 →	T 75-1 階エレベータ前* →	T 75-15 階 →	共通講義棟北 5 階	→ ⑧「R2 の前」

＊　1 階は食堂や購買のあるフロア．2 階と間違えないように．

共用のデータロガーをテーブルに並べて置き，2つの圧力を記録係に伝える．2つの圧力差を補正値とし，高度差の解析を実施する．

＊　班の人数に過不足がある場合には，1人が2つの係を兼任したり，2人で1つの係りを協力して行うなどして，適宜，対応する．

⑥　全員が気圧測定の手順①～⑨の流れを理解してから，出発する．データロガー係は，機器を濡らさない準備を徹底する(ただし，ビニール袋などで密閉してはいけない)．

⑦　各班課せられたコースに沿い移動し，測定地点についたら，必ず，(1) **最低45秒間は立ち止まり，データロガーの数値を安定させ，気圧と測定時刻を記入する**．特に，エレベータなどを使った直後は，実際の数値を見ながら，安定した値を記録する．なお，移動中も含めて，(2) **決してデータロガーを直接日光に当ててはいけない**．不正確なデータがでる原因となる．

注意：大学の敷地から外へ出ないこと．
　　　建物内では，他の講義などの邪魔にならないように静かに測定すること．

⑧　コースを周り，研究実験棟II内に入る前に，屋外で気温，湿度，気圧を記録する*．気圧測定では，これらの値を使用し，空気の密度を求める．

＊参考のために，屋外(2Fテラス)と屋内(ロビー2F)の両方で気圧を測定しておくとよい．

⑨　実験室に帰着後，共用データロガーに接続のPCで，外出時のデータを読み取ることができるので，測定時刻の気圧を記録する．

5.　測定値の整理と計算

5.1　水 圧 測 定

①　測定例にならって，(3)式を用いて空気の密度を求める．ここで，空気は乾燥空気とせよ．

②　水圧のデータを表にまとめる．

③　水圧のデータのグラフを作成する．

④　(6)式を用いて水の密度を求める．

付録IV 諸表の水の密度の文献値と比べ，今回の実験精度について，考察に書く内容を考える．

5.2　気 圧 測 定

⑤　(3)式を用いて気圧測定での空気の密度を求める．こ

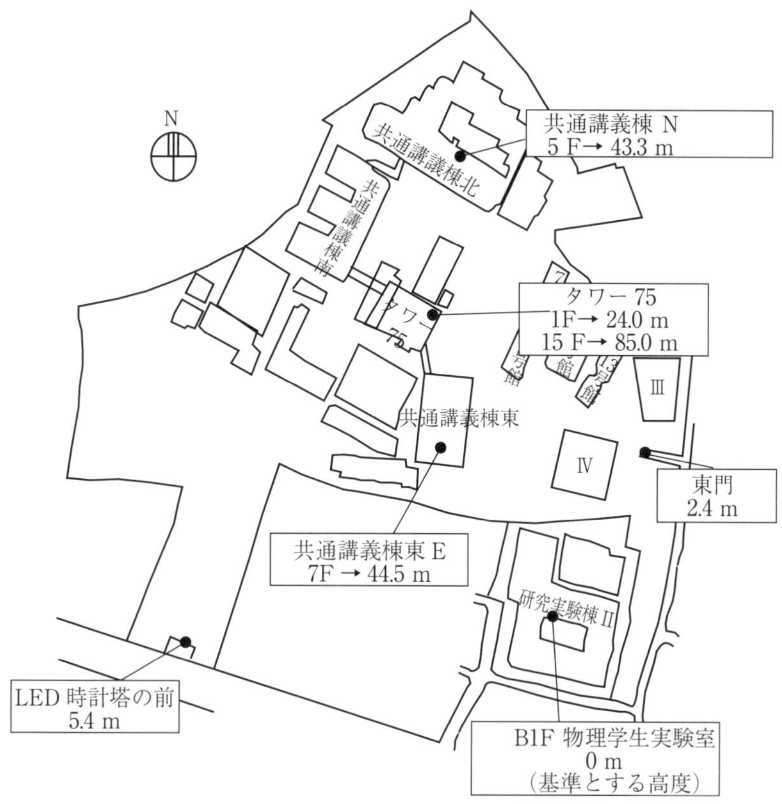

図 7　学内の高度（研究実験棟 B1 物理実験室床面を基準とする）

こで，空気は乾燥空気とせよ．

⑥　気圧測定のデータを表にまとめる．

⑦　気圧測定において，今回の高度差において，空気の密度は一定であるとみなせるものとして，実験室の高さを基準としたときの測定地点の高度を ρ_{da} と (7) 式を用いて求める．結果を ⑥ の表に追記する．誤差も算出し，⑥ の表を完成させる．

考察では，測量による高度と比較して，実験精度について検討する．

場所	実験室との高度差	場所	実験室との高度差
T 75-1 F	24.0 m	T 75-15 F	85.0 m
LED 時計塔の前	5.4 m	東門	2.4 m
E 棟 7 F	44.5 m	N 館 5 F	43.3 m

この値は正しいものとして，誤差の原因について考察を書くこと．

【自由課題】

付録Aから湿潤空気の密度を求め，乾燥空気と湿潤空気の違いでどれほどの誤差が生じるか検討し，誤差の主要因になりうるかを述べてもよい．ただし，使用する湿度は研究実験棟IIに戻る直前に屋外で測定した値を用いる．

付録Bの指数関数を用いた高度差の計算も行い，どの程度の違いが生じるかについても考察するとよい．

6. 測定例

① 室温　25.1 ℃ = 25.1 + 273.15 = 298.25 K

気圧　997.5 hPa = 99750 Pa

$$\rho_{\mathrm{da}} = \frac{p/p_0}{T/T_0}\rho_{\mathrm{da,0}} = \frac{\dfrac{99750}{101325}}{\dfrac{298.25}{288.15}}\times 1.2250$$

$$= \frac{0.98446}{1.0351}\times 1.2250$$

$$= 1.16507 = 1.165\ \mathrm{kg/m^3}$$

② 各センサーの位置 a：3002.0 mm，b：3252.0 mm，c：3502.0 mm

		センサーa		センサーb		センサーc	
測定番号	水面の位置〔mm〕	深さ〔mm〕	圧力〔hPa〕	深さ〔mm〕	圧力〔hPa〕	深さ〔mm〕	圧力〔hPa〕
1	3953.3	951.3	1090.4	701.3	1065.9	451.3	1041.5
2	3548.1	546.1	1050.8	296.1	1026.4	46.1	1002.0

③

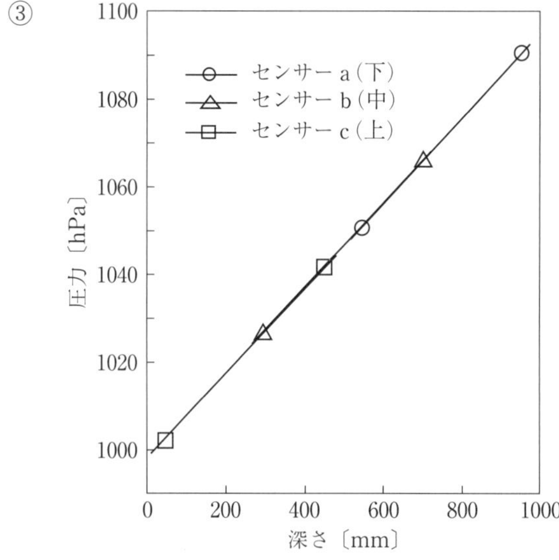

図 8　深さと水圧の関係

④

a 傾き：　$\dfrac{109040-105080}{0.9513-0.5461}=\dfrac{3960}{0.4052}=9773.0\ \mathrm{Pa/m}$

b 〃 ：　$\dfrac{106590-102640}{0.7013-0.2961}=\dfrac{3950}{0.4052}=9748.3\ \mathrm{Pa/m}$

c 〃 ：　$\dfrac{104150-100200}{0.4513-0.0461}=\dfrac{3950}{0.4052}=9748.3\ \mathrm{Pa/m}$

平均　9756.5 Pa/m

$$\rho_l-\rho_{\mathrm{da}}=\frac{9756.5\ \mathrm{Pa/m}}{9.7973254\ \mathrm{m/s^2}}=995.83\cdots=995.8\ \mathrm{kg/m^3}\ *$$

水の密度

$$\rho_l=995.83+1.165=996.995=997.0\ \mathrm{kg/m^3}$$

$$*\ \frac{\mathrm{Pa/m}}{\mathrm{m/s^2}}=\mathrm{Pa}\cdot\frac{1}{\mathrm{m^2}}\cdot\mathrm{s^2}=\left(\mathrm{kg}\frac{\mathrm{m}}{\mathrm{s^2}}\frac{1}{\mathrm{m^2}}\right)\cdot\frac{1}{\mathrm{m^2}}\cdot\mathrm{s^2}=\mathrm{kg/m^3}$$

⑤　屋外の気温 26.2 ℃ = 299.35 K,
気圧 997.6 hPa = 99760 Pa

$$\rho_{\mathrm{da}}(\text{屋外}) = \frac{(99760/101325)}{(299.35/288.15)} \times 1.2250$$
$$= \frac{0.98455}{1.03887} \times 1.2250 = 1.161\ \mathrm{kg/m^3}$$

⑥　日時：2023 年 9 月 12 日 11：00〜11：40
コース：A
出発前圧力：共用データロガー　997.5 hPa
携行データロガー　997.6 hPa
補正量 −0.1 hPa

時刻	測定地点	気圧〔hPa〕	気圧（補正後）〔hPa〕	実験室内気圧〔hPa〕	圧力差 Δp〔hPa〕	高度差（測定値）〔m〕	高度差（測量値）〔m〕	誤差〔m〕
11：07	実験室	997.6	997.5	997.5	0	0	0	0
11：09	T 75-1 F	994.9	994.8	997.5	2.7	23.7	24.0	−0.3
11：14	T 75-15 F	988.0	987.9	997.5	9.6	84.4	85.0	−0.6
11：28	正門	997.0	996.9	997.4	0.5	4.4	5.4	−1.0

⑦　（T 75-15 F を例にする）

$$h = \frac{\Delta p}{\rho_{\mathrm{da}} g}$$
$$= \frac{9.6 \times 100}{1.161 \times 9.7973254} = 84.40\cdots$$
$$= 84.4\ \mathrm{m}$$

他の地点も同様に求める.

付録 A　湿潤空気の密度

天気予報などでよく耳にする湿度とは，**相対湿度**のことである．相対湿度 U〔%〕は，そのときの水の**蒸気圧**（飽和蒸気圧ともいう．【英】vapor pressure）e_{s}〔Pa〕の水蒸気の量に対して，実際に存在する水蒸気の量がその何% に相当するか，を示す割合であり，圧力の比で示される．つまり，空気中の**水蒸気の圧力**（水蒸気の**分圧**）を e〔Pa〕とすると，

$$e = e_{\mathrm{s}} \times \frac{U}{100} \qquad \text{(A.1)}$$

となる．「湿度 100%」とは，水の蒸気圧 e_{s}〔Pa〕で水蒸気が存在する状態であり，**過飽和状態**を除けば，水蒸気が最も多く存在する状態である．水の蒸気圧は温度の関数であり，付録IV 諸表の飽和水蒸気圧表に各温度 t〔℃〕に対する値が hPa 単位で示されている．

温度 t〔℃〕，湿度 U〔%〕，圧力 P〔Pa〕の空気の密度を求める．まず，温度 t〔℃〕から付録Ⅳの表により水の蒸気圧を Pa 単位(表の値は hPa であることに注意せよ)で知ることができ，その値を，e_s とする．いま，湿度 U〔%〕がわかっているので，(A.1)式でその空気に含まれる水蒸気の分圧 e〔Pa〕を求めることができる．次に，水蒸気を理想気体とみなし，気体の状態方程式“$pV = nRT$”を，圧力 $p = e$〔Pa〕，物質量 $n = 1$ mol の水蒸気に適用すると，この水蒸気の状態方程式は，

$$ev = RT$$

となる．ここで，v〔m^3〕は水蒸気の体積，R は理想気体の気体定数で，$R = 8.3144621$ J/(mol･K) である．水のモル質量 M_v (= 18.01528 g/mol) を用いると，水蒸気の密度 ρ_v〔kg/m^3〕(下付き文字 v は，vapor (蒸気) の略) を，

$$\rho_v = \frac{M_v}{v} = e\frac{M_v}{RT}$$

と表すことができ，さらに，実際の値を代入し，その密度を算出できる．

乾燥空気の密度は次のようにして求められる．圧力 P〔Pa〕の空気のうち，乾燥空気の分圧 p_{da}〔Pa〕は，

$$p_{da} = P - e$$

である．(3) 式より乾燥空気の密度は

$$\rho_{da}' = \frac{((P-e)/p_0)}{(T/T_0)}\rho_{da,0}$$

となる．以上の結果をまとめて，空気の密度 ρ_{ma} (ma は，moist air の略) は，

$$\rho_{ma} = \rho_{da}' + \rho_v$$

により，求めることができる．

付録 B　　大気圧の高さによる変化

液体の圧力は，隣り合う液体の分子どうしで力を伝えることによって生じるものであるため，固体と同じように，外力に対して液体はほとんど膨張・圧縮せず，体積はほとんど変わらない．しかし，気体の圧力は，自由に運動している多数の分子が容器の壁面に衝突することによって生じるものであるため，気体の体積は外力を加えると容易に変化する．したがって密度も変化する．本文中にある

$$p_2 = p_1 + \rho gh$$

という関係式は，密度が一定という前提で成立しているため，気体に対してはそれほど正確ではない．

気体の圧力 p，容器の体積 V，温度を T とすると，

$$pV = nRT$$

という気体の状態方程式が成り立つことを，高校で学んだ者も多

いであろう．ここで n はモル数，R は気体定数である．モル数 n は気体の物質量を表すので，質量に比例する．したがって，n/V は密度に比例する量になる．温度 T が一定であるとすると，

$$p = \left(\frac{n}{V}\right)RT \propto \rho$$

のように，圧力と密度が比例関係にあることがわかる（圧力が 2 倍になれば体積が 1/2 になり，密度は 2 倍になる，という関係である）．この式に比例係数 H を導入して

$$p = \rho g H$$

とおくことにする．

高さを変数 x で表し（$x = 0$ が地面），高さの変化 h の代わりに Δx，圧力の変化を Δp と書くと

$$\Delta p = p_1 - p_2 = -\rho g \Delta x = -\frac{p}{H}\Delta x$$

と変形できる．$\Delta x, \Delta p$ が微小量だとして微分に置き換えると

$$\frac{\mathrm{d}p}{\mathrm{d}x} = -\frac{p}{H}$$

となる．この微分方程式は簡単に解くことができ

$$p = p_0 \mathrm{e}^{-x/H}$$

が得られる．p_0 は地面 $x = 0$ の位置での気圧である．すなわち，大気圧は高さに対して指数関数的に減少することがわかる．大気に対する H の値は 8 km 程度である．したがって，高さ 8 km で大気圧は $1/e$ になる．

この式は地上と上空に限らず，高さが x だけ異なる 2 か所の圧力を p_0 と p とすれば，常に成立する．時間に余裕のある者は，上式を自然対数で書き直した

$$\ln\frac{p_0}{p} = \frac{x}{H}$$

に測定結果を適用してみて，高度差 x がどの程度変わるかについても検討するとよい．

§7　ユーイングの装置によるヤング率の測定

1．目　　的

ユーイング(Ewing)の装置を用いて，水平に両端を支持した金属棒におもりをかけてたわみを生じさせ，その中点降下量を光のてこによって測定し，棒のヤング(Young)率を算出する．

2．解　　説

物体に力を加えると，弾性限度内では力に比例した変形(ひずみ)が生じる．この力と変形の関係は，バネに加える力と伸び縮みの関係に似ていて，3つの定数の組み合わせで表される．その1つの組み合わせが，ヤング率，剛性率，体積弾性率であり，それぞれ，一方向の引っ張りまたは圧縮を生じさせる力，ずれを生じさせる力(せん断力)，等方的な圧力に対する変形の大きさを表す量である．棒を曲げようとすると，内側(図1の上側)には圧縮させる力が働き，外側(図1の下側)には引っ張る力が働く．したがって，加えた力に対する変形の大きさはヤング率で表されることになる(剛性率については§8を参照)．

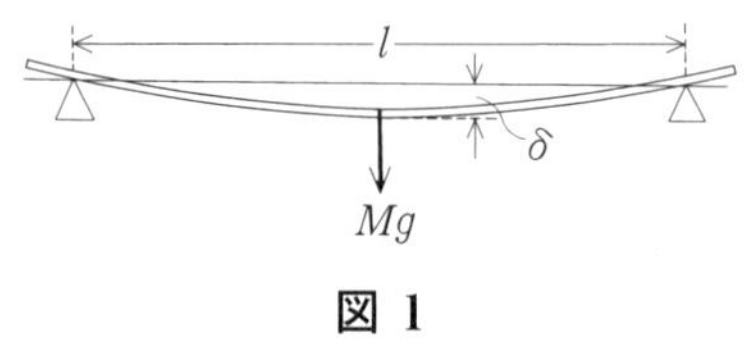

図 1

図1のように，一様な棒の両端を水平な2支点(距離 l)にのせ，中点に質量 M のおもりをかけると，棒にたわみを生じる．その中点は次式で与えられる δ(これを“中点降下量”という)だけ降下してつり合う(付録参照)．

$$\delta = \frac{Mgl^3}{48EI} \tag{1}$$

ただしここで，E は棒の材料のヤング率，g は重力加速度の大きさで，また I は棒の断面の形によって定まる“断面の2次モーメント”といわれる量である．厚さ a，幅 b の長方形断面のばあいには，断面の2次モーメント I は

$$I = \frac{1}{12}a^3b \tag{2}$$

となる．

したがって，上記の長方形断面の棒を用い，中点降下量 δ を測定すれば，棒の材料のヤング率は，

$$E = \frac{Mgl^3}{4a^3b\delta} \tag{3}$$

の式によって算出される．

中点降下量 δ は特に微小な量なので，“光のてこ”を用いて拡大して測定する．光のてことは，図2のように，三脚台つきの鏡Gと，尺度S，望遠鏡Tを配置し，三脚台の微小な変位による鏡Gの傾きを測定する装置である．その原理を示したのが図3である．

はじめ，望遠鏡Tにより，尺度Sの目盛 y_0 が鏡Gに映って見えたとする．脚Cが微小距離 δ だけ下に変位してC′の位置に来ると，Gは微小角 α だけ傾きG′の位置となる．脚

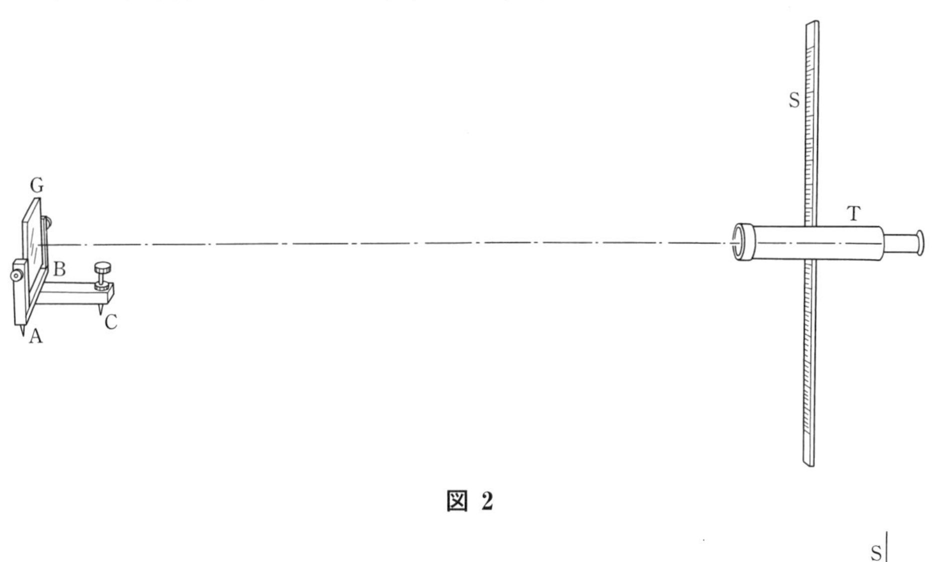

図 2

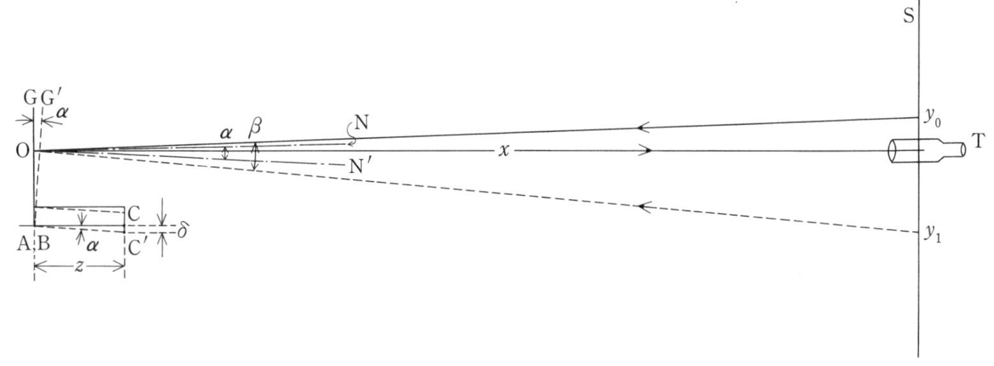

図 3

A, B を結ぶ直線と C との垂直距離を z とすると，

$$\delta \fallingdotseq z\alpha$$

である．すると，鏡の法線 ON も α だけ傾いて ON′ となり，G′ で反射して望遠鏡 T に入る光線は，y_0O から y_1O に変わる．すなわち T で見える目盛は y_1 になり，S と G の距離 x を測れば，$\beta = \angle y_1 \mathrm{O} y_0 \fallingdotseq \dfrac{|y_0 - y_1|}{x}$ が求められる．反射の法則により，$\beta = 2\alpha$ だから，結局

$$\delta \fallingdotseq z\alpha = z\frac{\beta}{2} = \frac{z|y_0 - y_1|}{2x} \tag{4}$$

となって，δ が算出できる．

3．実験装置

① **ユーイング(Ewing)の装置**：2 個のナイフ・エッジ状の支点を備えた台枠，試料棒と補助棒，200 g のおもり 7 個，おもりをのせて試料棒の中点につるすための支持具，光のてこに用いる三脚台つきの鏡から構成されている．置いてあるテーブルから移動しないこと．

② **尺度つき望遠鏡**：光のてこに用いる．尺度は鏡に映った像を読みやすくするため，左右を反転した数字が記されている．

③ **巻尺**：鏡と尺度の間の距離（図 3 の x）を測るのに用いる．

④ **マイクロメーター**：試料棒の厚さを精度よく測るのに用いる．第II章§3(p. 13)参照．

⑤ **ノギス**：三脚台の脚の間の距離と，試料棒の幅を測る．第II章§2(p. 12)参照．

⑥ **金尺**：台枠の支点間の距離を測る．

⑦ **電気スタンド**：尺度を照明する．望遠鏡には光が入らないように注意する．

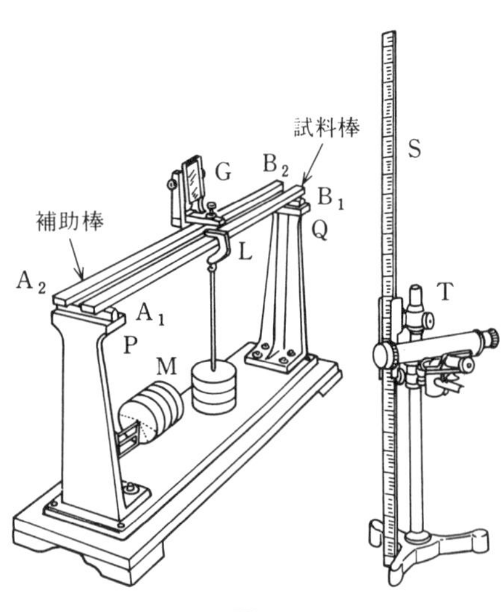

図 4

4．実験方法

① ユーイングの装置の台枠のひとつの足の高さを調整して，台がガタつかないようにする．台枠には，水平な 2 個の支点 P, Q がある．この上に試料棒 A_1B_1 と補助棒 A_2B_2 とを平行にならべる．支点はナイフ・エッジ状になっており，棒の面をこのエッジにガタつきのないように密着させる．試料

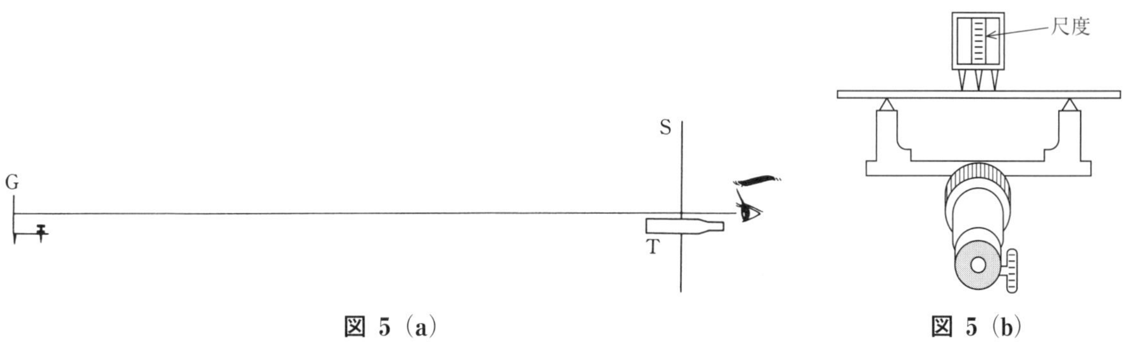

図 5 (a)　　図 5 (b)

棒の材料は銅・しんちゅう・アルミなど，補助棒は鉄などが用いられているが，いま，ヤング率を測定しようとしている材料は何かを確認せよ．

② 試料棒 A_1B_1 の中点（正確には支点 PQ の中点）に，おもり支持具 L の上端をのせ，補助おもりとしておもり 2 個をおもり受けにのせる．つぎに三脚台つき鏡 G を，鏡の面がほぼ試料棒 A_1B_1 に平行な鉛直面となるように，2 本の棒にまたがらせてのせる．すなわち後脚 A と B を補助棒上に，前脚 C はおもり支持具 L の上端にあけられた穴を通して試料棒にのせる．<u>このとき脚 C が穴の周囲に触れないように注意する．(触れていると，おもりをのせたりはずしたりする度に鏡が動いて測定できない)</u>．鏡 G について，固定用のねじにゆるみがないかなどを注意せよ．

③ ユーイングの装置とは別のテーブルに，尺度つき望遠鏡が置いてある．まず，尺度が鉛直になるように調整する．鏡にうつる尺度の目盛を望遠鏡で読みとるため，以下の順序に従って調節する．

（a） <u>望遠鏡 T を鏡 G の正面で同じ高さの位置に置く</u>．

（b） 望遠鏡 T のわずか上に眼をおき，肉眼で鏡を見たとき（図 5），鏡に尺度がうつって見えるように，鏡の向きと望遠鏡の位置を調節する．

（c） つぎに望遠鏡を通して鏡を見て，鏡がほぼ視野の中央に見えるように望遠鏡 T の向きを調節する．

（d） 尺度の像は鏡 G までの距離のほぼ 2 倍の距離の位置にできることを考えて，ピントつまみを調節し，尺度の像がはっきり見えるようにピントを合わせる（図 6）．

（e） 望遠鏡の接眼鏡のレンズをひねりながら抜き差しして，中の十字線がはっきり見えるようにする．両目を開いて遠くを見るようにしてやると合わせやすい．

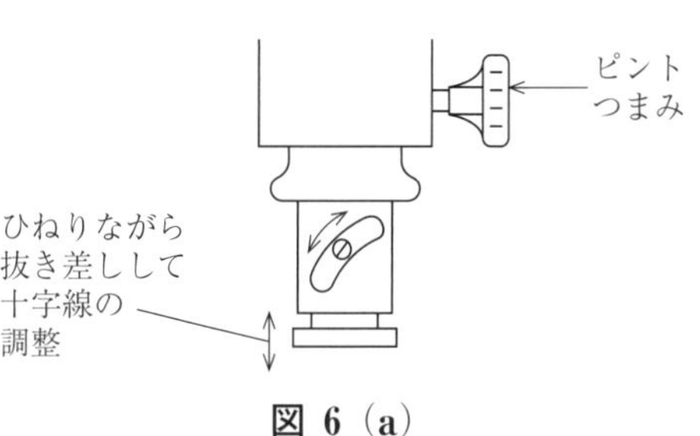

図 6 (a)

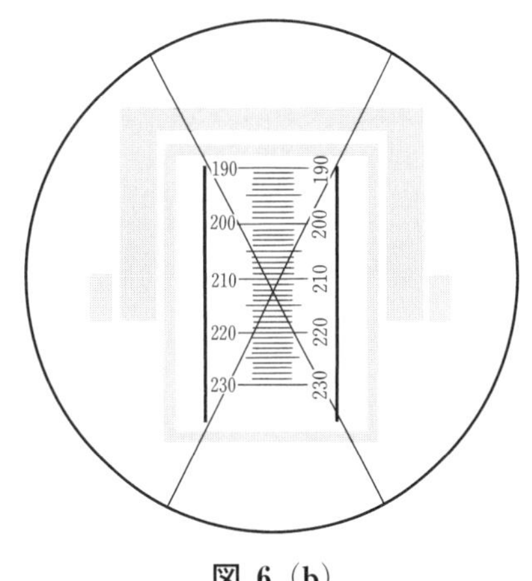

図 6 (b)

（f）（d）と（e）の手順をくり返して，十字線と尺度の像がはっきり見えるようにすると，目を左右に移動させても十字線と尺度の像とが相対的に動かないようになる．このとき十字線と一致する目盛の像が y_0 であるが，y_0 は望遠鏡Tの真横の目盛から上下に余り離れていないように注意する．

④　y_0 を測定したら，補助おもりにおもり1個を加えて尺度の像の目盛を読み，それを y_1 とする（振動をよく止めてから読みとれ）．さらに，おもり1個ずつを加えて，その度に尺度の像の目盛を読み，y_2, y_3, y_4, y_5 を得る（補助おもりも加えて，全部で7個のおもりをのせた状態になる）．また，測定中は，ユーイングの装置に振動を与えないように，置いてあるテーブルに触れないようにする．

測定の途中で測定値の差 $y_1 - y_0$, $y_2 - y_1$, … を計算し，ほぼ一定であることを確認する．大きくずれた値が得られたときは，④からやり直すこと．

⑤　おもり7個のときの目盛を再度読み，それを y_5' とする．つぎにおもりを1個ずつ減らして，その度に目盛を読み，y_4', y_3', y_2', y_1', y_0' を得る（このとき補助おもりだけ残っている）．

⑥　鏡Gと尺度Sとの距離を巻尺で測って x を得る．巻尺がたるまないように注意せよ．

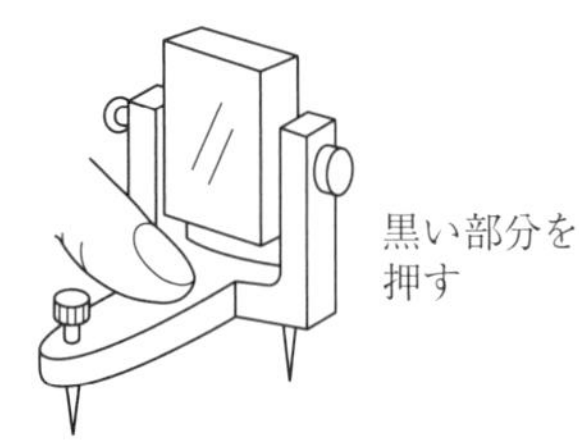

鏡やねじに力を加えないこと

⑦　鏡Gの前脚Cと，後脚AとBを結ぶ線分との垂直距離 z を測る．それには図のように実験ノートに三脚を押しつけて垂線を引き（図7），垂直距離をノギスで測ればよい（とがったクチバシ側の方が測りやすい）．三脚を押しつけたときに，ねじや脚が曲がってしまったら，すぐに担当者に申し出ること．

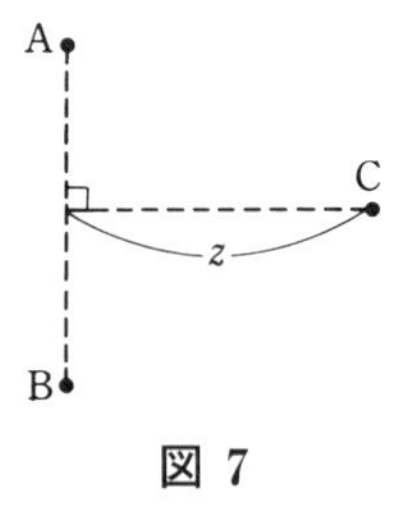

図 7

⑧　試料棒の厚さ a をマイクロメーターで5カ所測り，零点補正の値とともに記録する（第II章§3参照）．幅 b はノギスで5カ所測る（第II章§2参照）．両方とも平均値を計算する．

⑨　支点P, Q間の距離 l を金尺で測る．これも5回測り，平均する．

5．測定値の整理と計算

①　測定例にならって y_i および y_i' $(i = 0, 1, \cdots, 5)$ の測定値とそれらの平均 $\bar{y}_i$ を表にまとめる．

②　試料棒などの測定値を表にまとめる．

③　おもりの増加 $M=0.600\,\mathrm{kg}$ に対する目盛の移動を $|\bar{y}_0-\bar{y}_3|$, $|\bar{y}_1-\bar{y}_4|$, $|\bar{y}_2-\bar{y}_5|$ から計算し，(4) 式を用いて δ を算出する．

④　(3) 式を用いてヤング率 E を計算する．なお，名古屋では $g=9.7973254\,\mathrm{m/s^2}$ である．

考察では，付録のヤング率の値と比較する．また，実験精度をできるだけよくするためには，何の量の測定に最も注意しなければならないかを考察する．何の量の測定値が最も精度が低いか，それが実験結果にどんな影響を与えるかも検討する．

6．測　定　例

①　試料棒の材料：しんちゅう

おもり〔g〕	目盛〔mm〕					
	おもり増加時		おもり減少時		平均	
0	y_0	324.2	y_0'	324.8	$\bar{y}_0$	324.5
200	y_1	289.8	y_1'	289.4	$\bar{y}_1$	289.6
400	y_2	254.7	y_2'	254.0	$\bar{y}_2$	254.4
600	y_3	219.4	y_3'	219.1	$\bar{y}_3$	219.3
800	y_4	184.8	y_4'	184.3	$\bar{y}_4$	184.6
1000	y_5	149.7	y_5'	149.6	$\bar{y}_5$	149.7

②　試料棒の測定値

マイクロメータによる厚さの測定

回数	零点の読み取り値〔mm〕	試料棒の厚さの読み取り値〔mm〕	測定値〔mm〕
1回目	+0.001	4.513	4.512
2回目	+0.002	4.511	4.509
3回目	−0.002	4.508	4.510
4回目	−0.001	4.510	4.511
5回目	0.000	4.509	4.509
		平均	4.510 mm

ノギスによる幅の測定

回数	零点の読み取り値〔mm〕	試料棒の幅の読み取り値〔mm〕	測定値〔mm〕
1回目	0.00	16.20	16.20
2回目	0.00	16.25	16.25
3回目	0.00	16.25	16.25
4回目	0.00	16.20	16.20
5回目	0.00	16.20	16.20
		平均	16.22 mm

金尺による支点間の距離の測定

回数	左側の読み〔mm〕	右側の読み〔mm〕	測定値〔mm〕
1回目	102.2	502.4	400.2
2回目	113.5	514.2	400.7
3回目	104.6	504.4	399.8
4回目	107.8	507.8	400.0
5回目	111.2	511.5	400.3
		平均	400.2 mm

③　おもりの増加 $M = 0.600$ kg に対する目盛の移動

$$\bar{y}_0 - \bar{y}_3 = 105.2\ \text{mm}$$

$$\bar{y}_1 - \bar{y}_4 = 105.0\ \text{mm}$$

$$\bar{y}_2 - \bar{y}_5 = 104.7\ \text{mm}$$

平均 $\Delta y = 105.0\ \text{mm} = 1.050\times10^{-1}\ \text{m}$

尺度と鏡との距離　$x = 263.3\ \text{cm} = 2.633\ \text{m}$

試料棒の厚さ（5カ所平均）　$a = 4.510\ \text{mm} = 4.510\times10^{-3}\ \text{m}$

試料棒の幅（5カ所平均）　$b = 16.22\ \text{mm} = 1.622\times10^{-2}\ \text{m}$

2支点間の距離（5回平均）　$l = 400.2\ \text{mm} = 4.002\times10^{-1}\ \text{m}$

鏡の前後脚間の垂直距離　$z = 30.55\ \text{mm} = 3.055\times10^{-2}\ \text{m}$

600 g のおもりに対する中点降下量

$$\delta = \frac{z\,\Delta y}{2x} = \frac{3.055\times10^{-2}\times1.050\times10^{-1}}{2\times2.633}$$

$$= 6.091\times10^{-4}\ \text{m}$$

④　しんちゅうのヤング率

$$E = \frac{l^3 Mg}{4\,a^3 b\delta}$$

$$= \frac{(4.002\times10^{-1})^3\times0.600\times9.7973254}{4\times(4.510\times10^{-3})^3\times1.622\times10^{-2}\times6.091\times10^{-4}}$$
$$= 10.39\times10^{10}\ \mathrm{N/m^2}$$

付録A　棒のたわみについて

簡単のため厚さ a，幅 b の長方形断面の棒を考える．距離 l の2支点間で，質量 M のおもりを中点にかけられ，たわみを生じている状態（図8(a)）は，左右対称だから，中点で切断したとすると，長さ $l/2$ の棒 AO の端 O を水平に固定し，端 A に $Mg/2$ の力を上向きに加えた状態（図8(b)）と見なすことができる．

そこで，O を原点とし水平に x 軸をとり，座標 x の点 P の棒のたわみによる変位を y としよう（図9）．P から端 A までの棒の部分にはたらく力のモーメントは，図9で明らかなように，

$$N = \frac{Mg}{2}\left(\frac{l}{2}-x\right) \tag{5}$$

だから，PA 部分を支えるため，OP 部分が P の断面を通して PA 部分に，同じ大きさ N で逆向きのモーメントを加えているはずである．

この逆向きのモーメントはどのようにして生じるのかを長さ Δx の微小部分 PQ をとり出して考えてみよう（図10）．たわみは非常に小さいから，もとの長さ Δx の直方体の，上半分が縮み，下半分が伸びたと考えてよい．ちょうど上下の中央に伸び縮みしない面があり，“中立層”とよばれている．

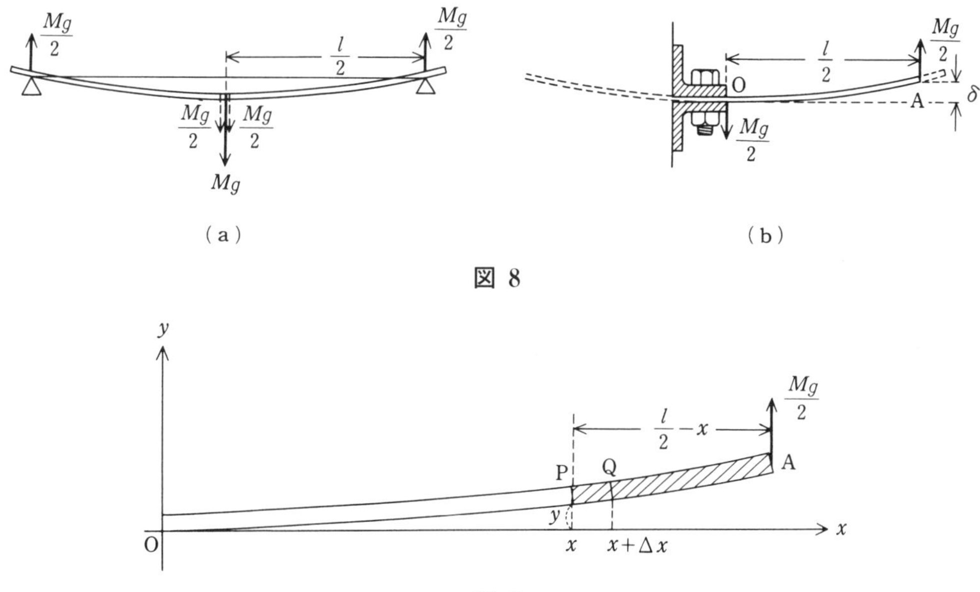

図 8

図 9

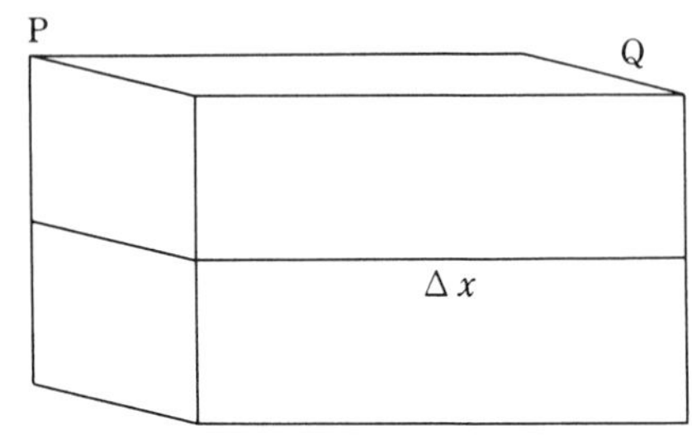

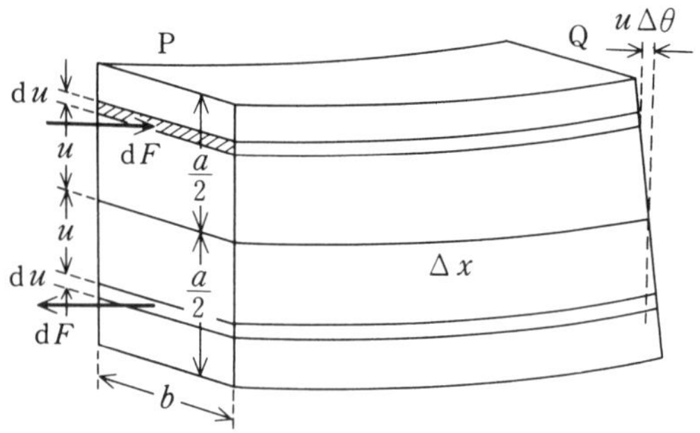

図 10

くわしく考えると，Q の断面が P の断面より角 $\Delta\theta$ だけ傾いたとすれば，中立層から上に u だけ離れた層は長さが $u\,\Delta\theta$ だけ縮まっている．これは隣接する OP の部分から圧力を受けているためで，もとの長さ Δx の部分が $u\,\Delta\theta$ だけ縮まったため縮みひずみは $u\,\Delta\theta/\Delta x$ だから，この圧力はヤング率 E を用いて，$Eu\,\Delta\theta/\Delta x$ と表せる．図 10 のように，微小厚さ $\mathrm{d}u$ の層を考えると，その層の断面(厚さ $\mathrm{d}u$，幅 b)に働く全圧力は，

$$\mathrm{d}F = Eu\,\frac{\Delta\theta}{\Delta x}\,b\,\mathrm{d}u \tag{6}$$

となる．

また，中立層から下に u だけ離れた層は，逆に，$u\,\Delta\theta$ だけ伸びており，そこの厚さ $\mathrm{d}u$ の層は，同じく大きさ $\mathrm{d}F$ の張力を OP 部分から受けていることになる．

これらの 2 つの層に働く圧力と張力は偶力になっていて，そのモーメントは，

$$\mathrm{d}N = 2u\,\mathrm{d}F = 2E\,\frac{\Delta\theta}{\Delta x}\,bu^2\,\mathrm{d}u \tag{7}$$

したがって，断面全体をこのように薄い層の断面に分けて，その和をとれば，

$$N' = \int \mathrm{d}N = E\,\frac{\Delta\theta}{\Delta x}\cdot 2\int_0^{\frac{a}{2}} bu^2\,\mathrm{d}u \tag{8}$$

となる．

ここで，棒の断面を長方形と限らず，中立層に関して上下対称な任意の形を考えてみる．それには，中立層から距離 u の層の幅 b を定数でなく u の関数 $b(u)$ とすればよく(図 11)，その断面に対し，

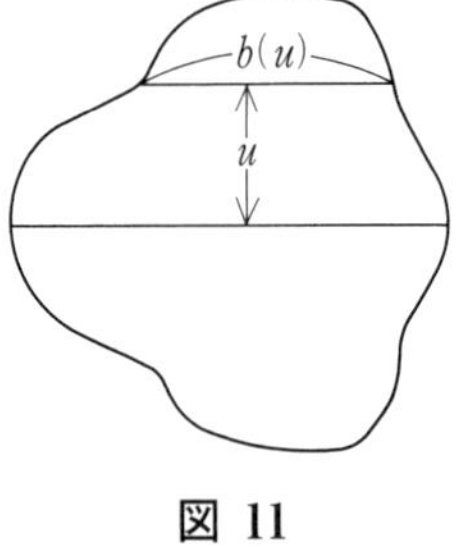

図 11

$$I = 2\int_0^{\frac{a}{2}} b(u)u^2\,\mathrm{d}u \tag{9}$$

とおいて，これを**断面の 2 次モーメント***) という．これを用い

*) 断面と同じ形で単位面密度の薄板があったとし，それに中立層の切り口と一致する回転軸をつけたとすると，その軸のまわりの慣性モーメントがちょうど(9)式と一致する．

ると，一般に上下対称な断面に対して，Pの断面を通して働く応力のモーメントが，(8)式を拡張して

$$N' = E\frac{\Delta\theta}{\Delta x}I \qquad (10)$$

と表される．これが(5)式の N をつり合わせるモーメントなのである．

ところで，P点での棒の曲線の接線が x 軸となす角を θ とすると(図12)，

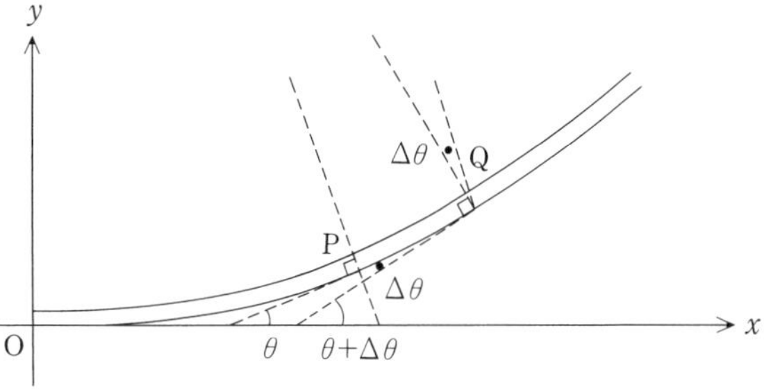

図 12

$$\theta \fallingdotseq \tan\theta = \frac{\mathrm{d}y}{\mathrm{d}x} \qquad (11)$$

である．PとQにおける断面のなす角 $\Delta\theta$ は，法線どうしのなす角，したがって接線どうしのなす角に等しいから，(11)式の θ の，PからQへの変位 Δx に対する増分と考えてよい．すなわち，

$$\frac{\Delta\theta}{\Delta x} \fallingdotseq \frac{\mathrm{d}\theta}{\mathrm{d}x} \fallingdotseq \frac{\mathrm{d}}{\mathrm{d}x}\left(\frac{\mathrm{d}y}{\mathrm{d}x}\right) = \frac{\mathrm{d}^2y}{\mathrm{d}x^2} \qquad (12)$$

としてよい．(10)式にこれを代入すると，

$$N' = EI\frac{\mathrm{d}^2y}{\mathrm{d}x^2} \qquad (13)$$

これが(5)式の N とつり合うのだから，

$$EI\frac{\mathrm{d}^2y}{\mathrm{d}x^2} = \frac{Mg}{2}\left(\frac{l}{2} - x\right) \qquad (14)$$

という微分方程式が得られる．これを解けば棒のたわみの曲線が定まる．

(14)式の両辺を積分して，$x = 0$ で $\mathrm{d}y/\mathrm{d}x = 0$（O点で接線は水平）とおくと，

$$\frac{\mathrm{d}y}{\mathrm{d}x} = \frac{Mg}{2EI}\left(\frac{l}{2}x - \frac{x^2}{2}\right) \qquad (15)$$

再び積分して，$x = 0$ で $y = 0$ とおくと，

$$y = \frac{Mg}{2EI}\left(\frac{l}{4}x^2 - \frac{x^3}{6}\right) \qquad (16)$$

これが，たわみ曲線の方程式である．中点降下量 δ は，$x = \dfrac{l}{2}$ の点の y に等しいから

$$\delta = \frac{Mg}{2EI}\left[\frac{l}{4}\left(\frac{l}{2}\right)^2 - \frac{1}{6}\left(\frac{l}{2}\right)^3\right] = \frac{Mgl^3}{48EI} \qquad (17)$$

として，(1)式が得られる．

長方形断面に対する2次モーメントは，(9)式で b を定数とすれば，

$$I = 2b\int_0^{\frac{a}{2}} u^2\,\mathrm{d}u = 2b\cdot\frac{1}{3}\left(\frac{a}{2}\right)^3 = \frac{1}{12}a^3b \qquad (18)$$

となり，(2)式が得られる．

§8　ねじれ振子による剛性率の測定

1. 目　　的

ねじれ振子の周期を測定して金属の剛性率を求める．

2. 解　　説

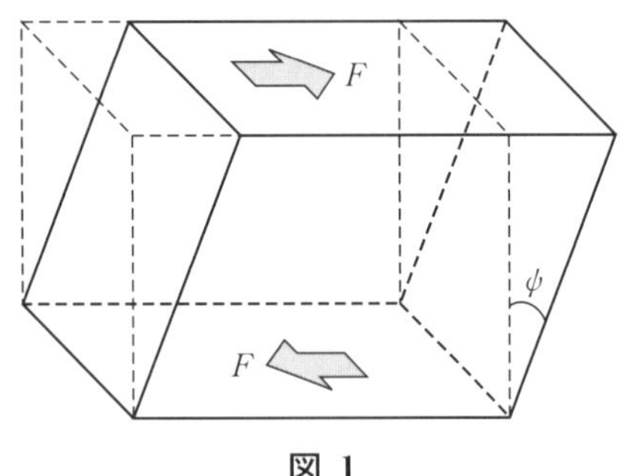

図 1

図1に示すような直方体の相対する2つの面に，面と平行に反対方向の一組の力を加えると，物体は変形する．変形の大きさを角度 ϕ で表すと，ϕ は弾性限度内では加えた F に比例する．τ を単位面積あたりの力の大きさとすると

$$\tau = G\phi \tag{1}$$

と表される（フックの法則）．ここで，G を剛性率，ϕ を（せん断）ひずみという．剛性率は物体の材料の種類によって一定の値を取ることが一般に知られている．ここでは，細長い円形の針金を用いて剛性率を求めてみよう（ねじれ振子による剛性率）．

長さ l，半径 a，剛性率 G の針金の一端 P を固定し，他端 Q を中心軸の周りに力のモーメント L を加えると，Q における針金はねじれ，その角 θ は L に比例する（図2(a)）．

このねじれた円柱の一部を図2(b)のように切り出し，広げると図2(c)のようになる．ここで直方体の傾き ϕ は $r\theta/l$ となりひずみである．単位面積あたりの力（応力という）の大きさは $\mathrm{d}F/2\pi r\,\mathrm{d}r$ であるから，このひずみと応力を(1)式に代入すると剛性率 G は

$$G = \frac{\dfrac{\mathrm{d}F}{2\pi r\,\mathrm{d}r}}{\dfrac{r\theta}{l}}$$

と求めることができる．

したがって，円筒管に作用するねじれの力のモーメント $\mathrm{d}L$ は

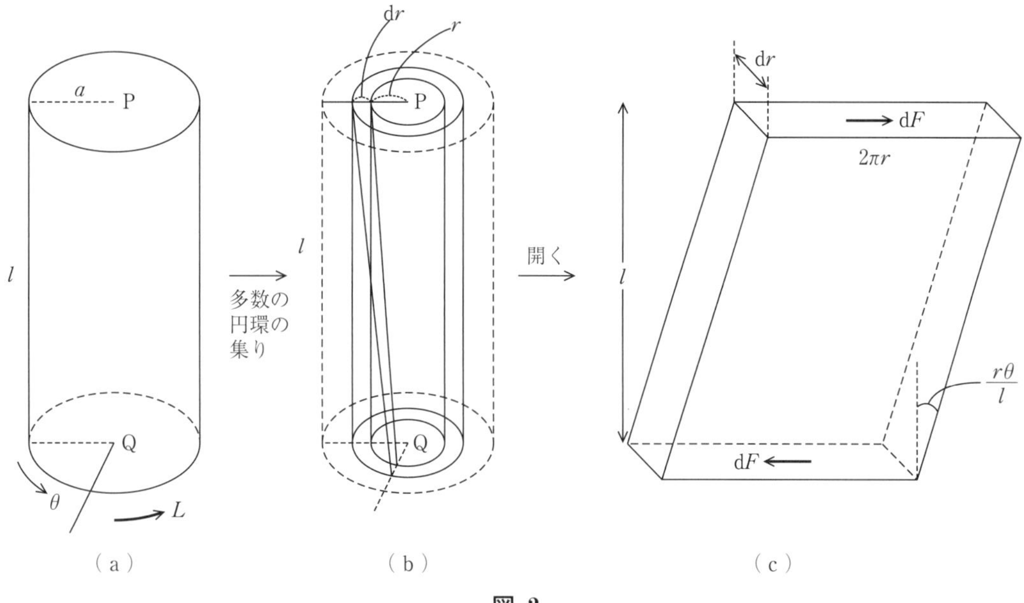

図 2

$$\mathrm{d}L = r\,\mathrm{d}F = \frac{2\pi G\theta r^3\,\mathrm{d}r}{l}$$

となるので，半径 a の針金に作用する力のモーメント L は

$$L = \int \mathrm{d}L = \frac{2\pi G\theta \int r^3\,\mathrm{d}r}{l} = \frac{\pi G a^4 \theta}{2l}$$

と求まる．ここで

$$\frac{\pi G a^4 \theta}{2l} = k\theta$$

とおくと，k は

$$k = \frac{\pi G a^4}{2l} \tag{2}$$

と表される．ここで，k はねじれ剛性率である．

一方，半径 a，長さ l，剛性率 G の針金に慣性モーメント I の剛体をつるして，ねじれ振動を行うときの運動方程式は

$$I\frac{\mathrm{d}^2\theta}{\mathrm{d}t^2} = -k\theta$$

で表されるので，その周期 T は

$$T = 2\pi\sqrt{\frac{I}{k}} \tag{3}$$

となる．(3) 式と (2) 式より剛性率 G は

$$G = \frac{2lk}{\pi a^4} = \frac{8\pi l I}{a^4 T^2} \tag{4}$$

となり，物体の慣性モーメント I と周期 T より剛性率 G を求めることができる．

通常取り付け装置は複雑な形を持っており，直接慣性モーメントを求めるのは困難である．そこで，以下に記す慣性モーメントが容易に計算できる2種類の状態で測定し，比較することより求める方法が通常行われる．いま取り付け金具の慣性モーメントを I_0，2種類のそれを I_1, I_2 とすると (3) 式よりねじれ振動の周期はそれぞれ

$$T_1 = 2\pi\sqrt{\frac{I_0+I_1}{k}}, \qquad T_2 = 2\pi\sqrt{\frac{I_0+I_2}{k}} \tag{5}$$

となる．この2式より I_0 を消去すると

$$T_1{}^2 - T_2{}^2 = \frac{4\pi^2(I_1-I_2)}{k}$$

となり，(4), (5) 式より G は

$$G = 8\pi l \frac{I_1-I_2}{a^4(T_1{}^2-T_2{}^2)} \tag{6}$$

と求めることができる．

I_1 および I_2 は図 3(a), (b) に示すように，円環の物体を水平，垂直に取り付けると以下のように簡単に計算できる．

円環の質量を M，外半径を r_1，内半径を r_2，および円環の厚さを h とすると

$$I_1 = \frac{M(r_1{}^2+r_2{}^2)}{2}, \qquad I_2 = M\left(\frac{r_1{}^2+r_2{}^2}{4}+\frac{h^2}{12}\right) \tag{7}$$

である．(7) 式を (6) 式に代入すると

$$G = 8\pi l M \frac{\dfrac{r_1{}^2+r_2{}^2}{4}-\dfrac{h^2}{12}}{a^4(T_1{}^2-T_2{}^2)} \tag{8}$$

となる．

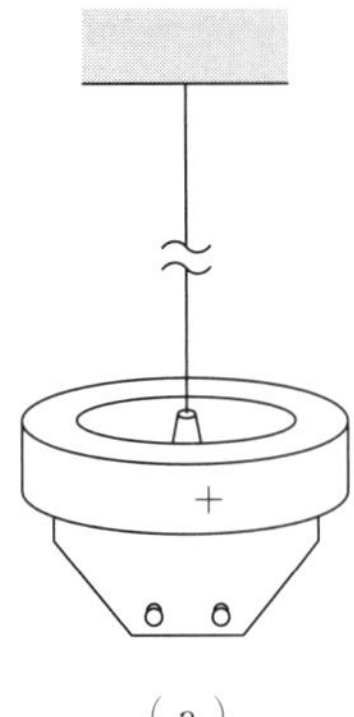

（a）

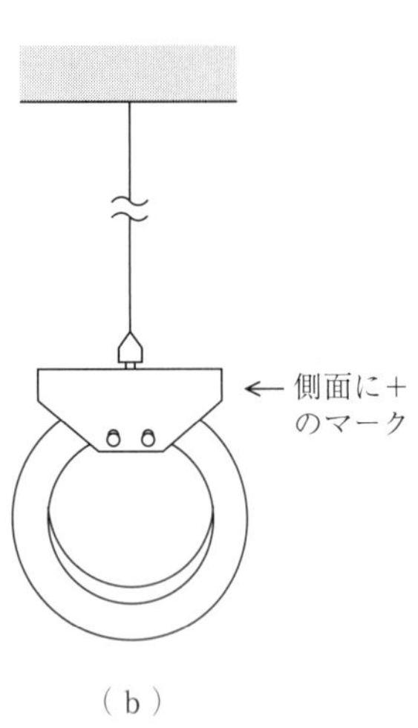

（b）

図 3

3. 実 験 装 置

① **ねじれ振子**：取り付け装置，針金，円環からできている．針金の材質はしんちゅう，または鋼鉄である．なお，円環の質量は環に記入してある．

② **巻尺**：針金の長さを測る．

③ **ノギス**：円環の内半径，外半径および厚さを測る．

④ **秒時計**：ねじれ振子の周期を測る．

⑤ **マイクロメーター**：針金の直径を精度よく測る．

4. 実 験 方 法

① まず，図 3(a) のように円環を水平な位置に支え，それが完全に静止した状態において図 3 に見られるように側面の適当な位置にマークをつけ，そのマークの位置を原点として左，または右に 90° ほどねじってはなし，ねじれ振動をさせる．あくまでもねじって回転振動を与えることに注意する．この場合，横振れがはいりやすいから，たとえば針金の下端にしばらく鉛筆を軽く押しあてるなどして，純粋なねじれ振動の状態になってから測定を開始する．

② 周期を測定するには，マークが原点を左から右に通過する瞬間を一人が直接に観察して，10 回目ごとに合図をし，他の一人は時計を見て 1/10 秒の精度で記録する．この時，観察者は目の位置に変化があってはならない．秒時計は測定開始と同時に動かし始めるのではなく，前もって動かしておく．マークが原点を通過するときの合図は木片などを打って音を出すのがよいが，マークの通過の少し前に手を動かしはじめて，通過の瞬間に音が出るようにしなければならない．とにかく瞬間のできごとを遅滞なく計時者に知らせねばならない．このようにして 90 回まで測定する．50 周期で 3 秒以上の誤差がでた時は回数の数えまちがいの可能性が大きいのではじめから測定しなおすこと．

③ 同様な方法で円環を鉛直につるした場合についても測定する．

④ 針金の長さ l を巻尺で mm まで，その直径 $2a$ をマイクロメーターで 1/1000 mm まで測定する．この直径は剛性率の計算式を見てもわかるように高い精度を必要とするから特に慎重に測定すること．一般にこのような針金の直径を測定するには，曲がっていない位置を数カ所えらび，各場所で互いに直角な 2 方向から測定を行って平均する．これは各位置における直径の微小な差および断面が完全な円でないことによる誤差を除くためである．また円環の外径，内径および厚さをノギスによって 1/20 mm までも数カ所で測定して平均値をとる．なお，円環 M の質量はすでに測定して円環に記入してある．

5. ま と め

① 図3(a), (b)のように円環を水平にした場合と鉛直にした場合のねじれ振動の周期を10回ごとに90回まで測定する．

② 測定例にならって50回ごとの平均値を求め，周期を決める．この方法は10回ごとよりも誤差を小さくできる．

③ 円環の外半径(r_1)，内半径(r_2)，厚さ(h)および針金の半径(a)を計器の精度で各5カ所計測する．

④ (8)式を用いて，剛性率Gを求める．

⑤ 材質を肉眼で確認し(黄色ならしんちゅう，黒ずんだ茶色のさびがついていれば鋼鉄である)，巻末の定数と比較して吟味する．

6. 測 定 例

鋼鉄線の剛性率

円環が水平のとき T_1

回数	時　刻　(1)		回数	時　刻　(2)		50周期(2)−(1)	
0	3 min	10.1 s	50	12 min	25.7 s	9 min	15.6 s
10	5	0.9	60	14	17.0	9	16.1
20	6	52.3	70	16	8.2	9	15.9
30	8	43.2	80	17	59.6	9	16.4
40	10	34.4	90	19	50.9	9	16.5

50周期　平均9 min 16.1 s，$\therefore$　$50\,T_1 = 556.1$ s,

$T_1 = 11.12$ s

円環が鉛直のとき T_2

回数	時　刻　(1)		回数	時　刻　(2)		50周期(2)−(1)	
0	2 min	30.0 s	50	9 min	20.4 s	6 min	50.4 s
10	3	52.3	60	10	42.5	6	50.2
20	5	14.2	70	12	4.3	6	50.1
30	6	36.3	80	13	26.4	6	50.1
40	7	58.0	90	14	48.6	6	50.6

50周期　平均6 min 50.3 s，$\therefore$　$50\,T_2 = 410.3$ s,

$T_2 = 8.206$ s

針金の長さ　　$l = 132.2$ cm $= 1.322$ m

針金の半径（5カ所平均）　$a = 0.510\ \mathrm{mm}$
$= 5.10\times10^{-4}\ \mathrm{m}$

円環の質量　$M = 2978\ \mathrm{g} = 2.978\ \mathrm{kg}$

円環の外半径（5カ所平均）$r_1 = 9.45\ \mathrm{cm} = 9.45\times10^{-2}\ \mathrm{m}$

円環の内半径（5カ所平均）$r_2 = 6.49\ \mathrm{cm} = 6.49\times10^{-2}\ \mathrm{m}$

円環の厚さ（5カ所平均）　$h = 2.84\ \mathrm{cm} = 2.84\times10^{-2}\ \mathrm{m}$

$$G = \frac{8\pi lM}{a^4}\frac{\dfrac{{r_1}^2+{r_2}^2}{4}-\dfrac{h^2}{12}}{{T_1}^2-{T_2}^2}$$

$$= \frac{8\times3.14\times1.322\times2.978}{(5.10\times10^{-4})^4}$$

$$\times\frac{\dfrac{(9.45\times10^{-2})^2+(6.49\times10^{-2})^2}{4}-\dfrac{(2.84\times10^{-2})^2}{12}}{(11.12)^2-(8.206)^2}$$

$$= 8.38\times10^{10}\ \mathrm{N/m^2}$$

［**問**］　ねじれ振子を用いて不規則な剛体の慣性能率を測定する方法を述べよ．

§ 9　熱電対の熱起電力

1．目　　的

金属（すず）の融点と水の沸点とを利用して，銅—コンスタンタン熱電対の熱起電力と温度との関係を求める．

2．解　　説

2 種類の金属を 2 カ所で接合して，これらの点を異なる温度に保つと回路に電流が流れる．これは回路に起電力が生じているためである．この起電力を熱起電力，流れる電流を熱電流という．この現象は，1821 年にゼーベックが発見したものであり，ゼーベック効果ともいう．これを利用して 2 種類の金属を接合して，温度などを測定できるようにした素子を**熱電対**（つい）という．

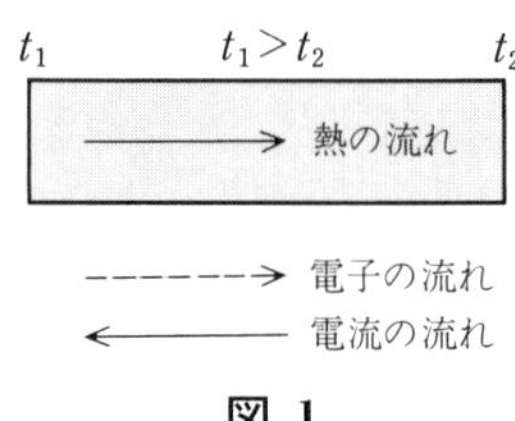

図 1

金属内部に温度勾配があると熱の流れが生じ，熱の流れによって電荷の流れが生じる．この現象は金属の自由電子の運動を考えると定性的に説明できる．図 1 で金属の一端の温度を t_1，他端の温度を $t_2(t_1 > t_2)$としよう．高温部では自由電子の運動がはげしく，低温部ではそれほどはげしくない．そのため，高温部から低温部に向って自由電子の流れが生じる．これが熱電流である．自由電子の移動により，低温部は電子密度が大になり，電気的に負に帯電する．反対に高温部では電子密度は小になり，正に帯電する．この電荷によって逆方向に電位差を生じ，電流を流そうとする熱的な力とつり合う．

いま，金属に沿って低温部から高温部に向って x 軸をとり，熱起電力の勾配を $\mathrm{d}E/\mathrm{d}x$，温度勾配を $\mathrm{d}t/\mathrm{d}x$ とすると，$\mathrm{d}E/\mathrm{d}x$ は $\mathrm{d}t/\mathrm{d}x$ に比例する．すなわち

$$\frac{\mathrm{d}E}{\mathrm{d}x} = e(t)\frac{\mathrm{d}t}{\mathrm{d}x} \tag{1}$$

ここに，比例係数 $e(t)$ を**熱電能**とよぶ．熱電能は金属の種類によって異なり，数百度の温度範囲内で，$e(t) = \alpha' + \beta' t$ のように温度の 1 次式で表されることが知られている．(1)

式を t_2 から t_1 まで積分すると

$$E=\int_{t_2}^{t_1} e(t)\,\mathrm{d}t=\alpha'(t_1-t_2)+\frac{1}{2}\beta'(t_1{}^2-t_2{}^2) \qquad (2)$$

と求まる．

さて，熱電対を作るには，2種類の金属を必要とするが，これらをA, Bとし，それぞれの熱電能を $e_A(t)=\alpha_A'+\beta_A't$，$e_B(t)=\alpha_B'+\beta_B't$ とすると，この熱電対の起電力 E_{AB} は

$$\begin{aligned}E_{AB}&=\int_{t_2}^{t_1}\{e_A(t)-e_B(t)\}\,\mathrm{d}t\\&=(\alpha_A'-\alpha_B')(t_1-t_2)\\&\quad+\frac{1}{2}(\beta_A'-\beta_B')(t_1{}^2-t_2{}^2)\end{aligned}$$

と表せる．熱電対を使用する場合，普通低温部を0℃にして使用するので，$t_2=0$ とおく（Kは使用しない）．また，$\alpha\equiv\alpha_A'-\alpha_B'$，$\beta\equiv\beta_A'-\beta_B'$，さらに $t\equiv t_1$，$E\equiv E_{AB}$ と書き改めると

$$E=\alpha t+\frac{1}{2}\beta t^2 \qquad (3)$$

となる．なお，金属の熱起電力は金属内部の性質であるので，金属の表面の状態や接合部の不純物には影響されない．

(3)式において，2つ以上の温度の異なる点で熱起電力を測定すれば，α および β の値を決定することができる．ただし，われわれの実験では，熱電対として銅(+)—コンスタンタン(−)(Ni 45%，Cu 55%の合金)を用いるので α と β の値は銅のコンスタンタンに対する相対値ということになる．

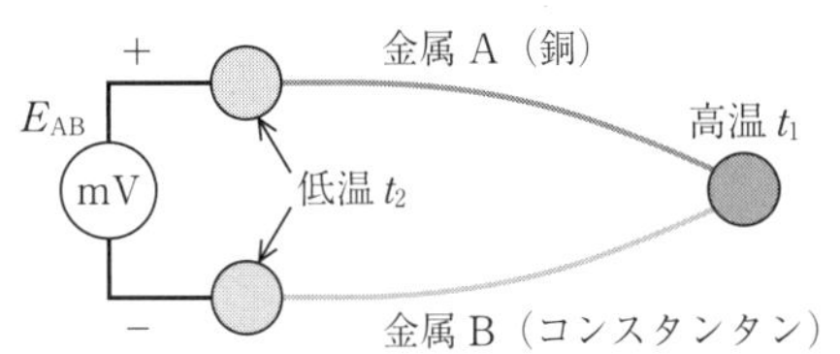

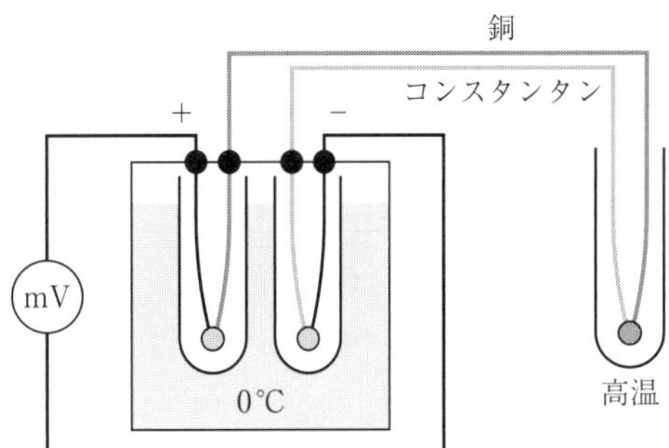

熱電対の模式図

図2 (a)

3. 実験装置

① **熱電対**：銅とコンスタンタンを一端で溶接したもので，2本の線が途中で接触しないように絶縁性かつ耐熱性のグラスウールに通してある．

② **冷接点装置**：熱電対の溶接されていない方の端を0℃に保つ装置．外側をベークライトで保護したガラス製の魔法びんを木わくの中に組み込んである．魔法びんの中に水と氷とを共存させて使用する．この共存状態の温度（約0℃）を測るために，ふたに空けた穴から温度計がさし込んである．（図2(a),(b)参照）

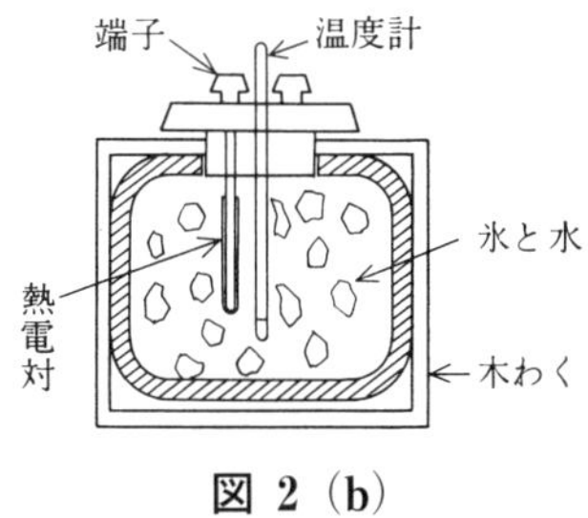

図2 (b)

③ **加熱装置**：すずを溶かすための電気炉で，100Vの電圧で使用する．

④　**ミリボルトメーター**：熱電対の起電力を測定するのに使用する．

⑤　**ビーカー**：水の沸点に相当する起電力を測定するために水を入れる容器として使用する．

⑥　**電熱器**：ビーカーに入れた水を加熱するのに使用するもので，消費電力は600 W である．

4. 実験方法

測定を行う前に，次の①から③にのべる準備をする．電気炉のコンセントはまだ差し込まないこと．

①　冷接点装置の木わくの中に組み込んである魔法びんを取り出し，水と氷を入れる．その際，水を魔法びんの半分位まで入れた後に氷を入れること．この手順を逆にすると，氷で魔法びんのガラス内壁を傷つけて割る恐れがあるので十分注意せよ．また，実験終了までに氷が溶けてしまわないように，多めに入れること．

②　ミリボルトメーターの2つの端子をリード線で接続(短絡)し，ミリボルトメーターが0 mV を指し示していることを確かめる．もしずれていたら教員に連絡せよ．

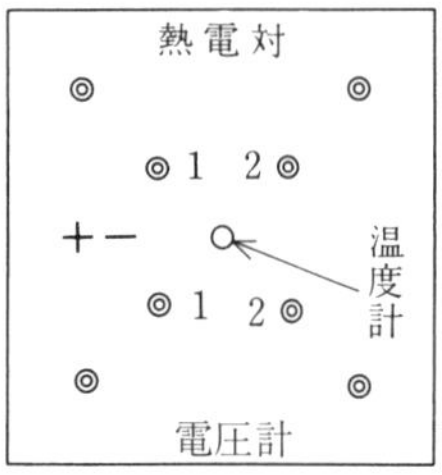

③　冷接点装置のふたには，図3に示すように8個の端子がついている．1および2と印された4個づつの端子を1組として使用するようになっている．この実験では1と印された方の端子を使用する．まず「熱電対」と印された方の2つの端子に熱電対を接続する．その際，熱電対の赤色端子(銅の端子)を＋端子に，白色端子(コンスタンタンの端子)は－端に接続する．「電圧計」と印された側の＋端子には，ミリボルトメーターの＋を，また－端子にはミリボルトメーターの mV 端子を接続する．この状態で室温と0℃の温度差に相当するだけミリボルトメーターはわずかに＋側にふれる．0 mV のまま動かないときは担当者に申し出ること．

④　冷接点装置の温度計を読み，温度を記録する．冷接点の温度は必ずしも0℃にはならないが，そのずれが一定であればよい．

開始時：＋0.75 ℃

など．

熱電対
◎1　2◎
＋－　温度計
◎1　2◎
電圧計

図 3

4.1 すずの融点における熱起電力の測定

実験装置を図4のように配置する．その際，熱電対の先端

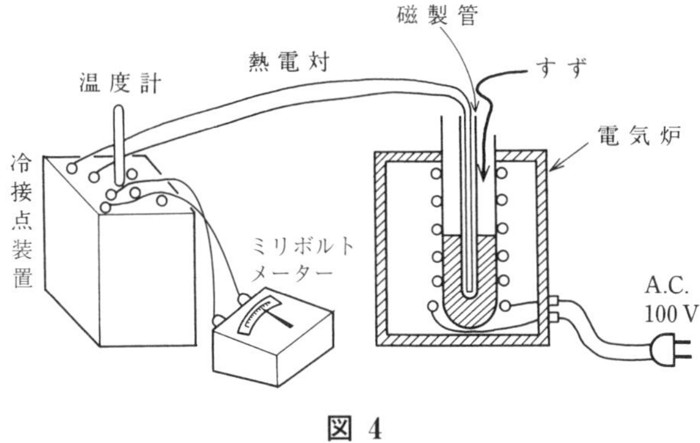

図 4

が磁製管の底に接触するまで熱電対を押し込むこと．ついで，電気炉を 100 V の電源につなぎ電気炉を加熱する．ミリボルトメーターの目盛がまったく上昇しないときは，断線や配線ミスの可能性があるので，直ちに電源を切り，教員に申し出ること．ミリボルトメーターの目盛が約 11 mV を示したら電気炉の電源を切る．メーターの目盛はしばらくの間上昇を続け，やがて下降し始めるので，下降し始めたら 1 分毎にミリボルトメーターの目盛を正確に読みとり記録する．ミリボルトメーターの読みとりには p. 15（図 11）の注意を参照すること．同時に時間を横軸に，起電力を縦軸にとったグラフも作成する．図 5 の D の点のように完全に下降したことがわかったら，測定を終了する．測定が終了すると図 5 のようなグラフが得られる．図 5 の B′C 部分は，金属が液体から固体に変わるときに，固体の方がエネルギー的に低いので，固体になるために余分のエネルギー（潜熱という）を放出している状態である．また，BB′ の部分は，過冷却の状態といわれるもので，B′C の状態に比べてエネルギー的に高い準安定的な状態であって，外部から何らかのかく乱が入ると，安定な B′C の状態に移行する．われわれの実験では BB′ の過冷却の状態は出現しない場合もある．その場合でも今回の実験にはさしつかえない．表 1 にいくつかの物質の沸

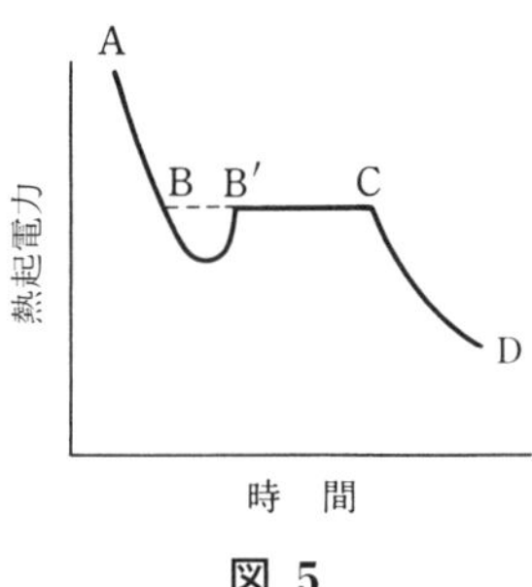

図 5

表 1　沸点および融点〔℃〕

He の沸点	−269.0	Pb の融点	327.3
N_2 の沸点	−195.8	Zn の融点	419.5
O_2 の沸点	−183.0	Sb の融点	630.5
H_2O の融点	0	Ag の融点	960.5
H_2O の沸点	100	Cu の融点	1083
Sn の融点	231.9	Pt の融点	1773

点，融点〔℃〕を示す．

4.2　水の沸点における熱起電力の測定

電熱器の上に金網を置き，さらにその上に約 200 mL の水を入れたビーカーを置く．**4.1** ですずの中にさし込んでいた熱電対の一端をビーカーの水の中に入れる．電熱器に電源をつなぎ，600 W で使用して，1 分毎にミリボルトメーターの目盛を読みとり記録する．水が沸騰すると目盛は一定になるので，一定になったことが明確に認められるまで続ける．その結果を，時間を横軸に，起電力を縦軸にとってグラフにえがく．冷接点装置の温度を再度記録し，最初の温度と変化がないことを確認する．

開始時：+0.75 ℃

終了時：+0.73 ℃

など．

5.　測定値の整理と計算

① 測定例にならってすずの場合の熱起電力を表にまとめる．図 6 に相当したグラフをえがく．グラフの平らな部分の起電力を読みとり E_1〔mV〕とする．

② 水（湯）の場合の起電力をまとめる．図 7 に相当する

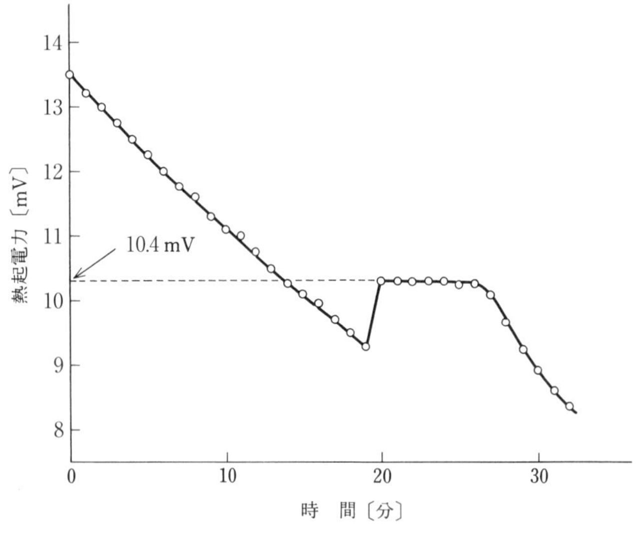

図 6　熱起電力の時間変化（すずの場合）

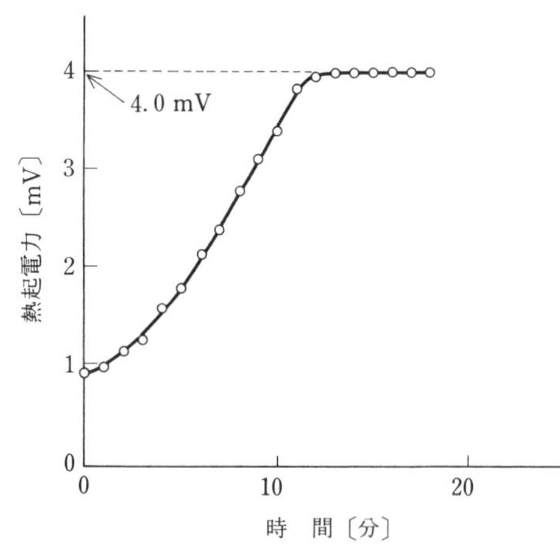

図 7　熱起電力の時間変化（水の場合）

グラフにえがく．グラフの平らな部分の起電力をE_2〔mV〕とする．

③　E_1, E_2の値，およびすずの融点231.9℃と水の沸点100℃を(3)式の左辺に代入して，α, βについての連立1次方程式を作る．これを解いて，α, βの値を求める．

④　③で求めたα, βの値を再び(3)式に入れて

$$E = \alpha t + \frac{1}{2}\beta t^2$$

の式を作る．そして，$t = 0$ ℃，50℃，100℃，150℃，200℃，250℃，300℃に対するEを計算してE-t曲線をえがく．この曲線が銅―コンスタンタン熱電対の較正曲線である．グラフ上に測定値も描き入れ，較正曲線上にあることを確認する．較正曲線は直線ではないことに注意せよ．

考察では求めたEの値を付録にある起電力の値と比較せよ．

6．測　定　例

冷接点装置の温度

開始時：+0.75℃

終了時：+0.73℃

①　起電力の時間変化(すず)

時間〔分〕	起電力〔mV〕	時間〔分〕	起電力〔mV〕
0	13.5	17	9.6
1	13.2	18	9.4
2	13.0	19	9.2
3	12.8	20	10.4
4	12.5	21	10.4
5	12.2	22	10.4
6	12.0	23	10.4
7	11.7	24	10.4
8	11.6	25	10.3
9	11.2	26	10.3
10	11.1	27	10.0
11	11.0	28	9.6
12	10.7	29	9.1
13	10.5	30	8.9
14	10.3	31	8.6
15	10.1	32	8.4
16	9.9		

② 起電力の時間変化（水）

時間〔分〕	起電力〔mV〕	時間〔分〕	起電力〔mV〕
0	0.9	10	3.4
1	1.0	11	3.8
2	1.1	12	3.9
3	1.2	13	4.0
4	1.5	14	4.0
5	1.7	15	4.0
6	2.1	16	4.0
7	2.3	17	4.0
8	2.7	18	4.0
9	3.1		

③ $t_1 = 231.9$ ℃のとき $E_1 = 10.4$ mV，$t_2 = 100$ ℃のとき $E_2 = 4.0$ mV

$$\left.\begin{aligned} 10.4 &= 231.9\alpha + \frac{1}{2}\times(231.9)^2\beta \\ 4.0 &= 100\alpha + \frac{1}{2}\times(100)^2\beta \end{aligned}\right\} \qquad (4)$$

(4) 式を α, β について解いて

$$\begin{cases} \alpha = 3.63\times10^{-2}\ \mathrm{mV/deg} \\ \beta = 7.35\times10^{-5}\ \mathrm{mV/deg^2} \end{cases}$$

④ (3) 式は

$$E = 3.63\times10^{-2}t + \frac{1}{2}\times7.35\times10^{-5}t^2 \qquad (5)$$

$t = 0$ ℃， 50 ℃， 100 ℃， 150 ℃， 200 ℃， 250 ℃， 300 ℃に対する E の値は

$E_0 = 0$ mV，　$E_{50} = 1.91$ mV，　$E_{100} = 4.00$ mV，
$E_{150} = 6.27$ mV，　$E_{200} = 8.73$ mV，
$E_{250} = 11.37$ mV，　$E_{300} = 14.20$ mV

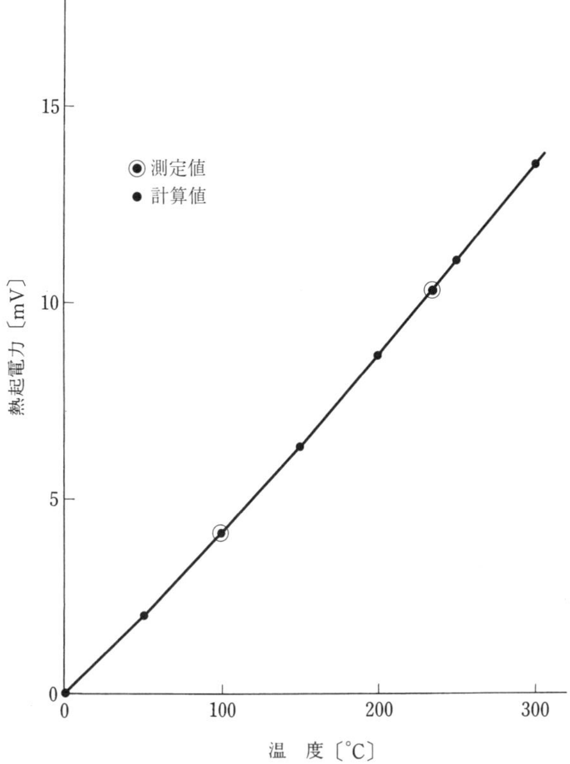

図 8 銅—コンスタンタン熱電対の較正曲線

§ 10　オシロスコープ

1．目　　的

オシロスコープの動作原理を理解し，周期的に変化する電気信号の波形観察，および，リサジュー図形，位相差の測定を行う．

2．解　　説

オシロスコープは時間的に変動している物理量を電気信号に変換し，その波形を直視する装置である．オシロスコープには，機械的に動く部品が組み込まれていないため，高い振動数変化をする現象にも追従できる利点がある．また，その取り扱いが容易であるので，エレクトロニクスのあらゆる分野で使用されている．

図１のブロック図に示すように，オシロスコープは主として，ブラウン管，ブラウン管内の偏向板に印加する電圧を制

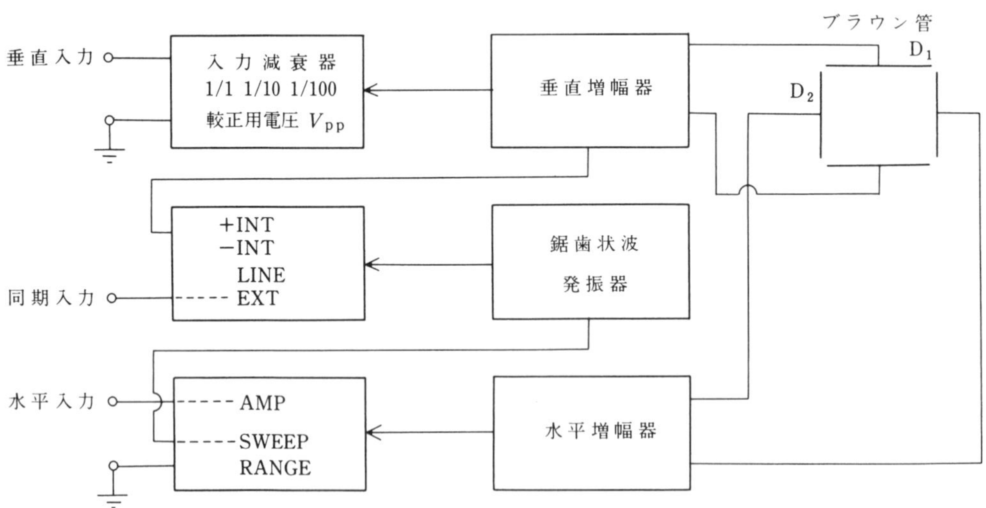

図 1

御するための増幅器・減衰器，また水平軸を時間軸にするための鋸歯状波発信器等から構成されている．

2.1 ブラウン管

図 2(a)において，管内は 10^{-5} Pa 程度の低圧で，フィラメント F に電流を流して陰極 K を加熱すると，陰極からとび出す熱電子流は陽極 A_1, A_2 で加速され，蛍光面に当たって輝点を生ずる．格子 G の電圧を加減することによって電子ビームの強さ(輝度，INTENSITY)を変化させることができる．また，陽極からでてくる電子ビームが，ちょうど蛍光板上の一点で集束するように，A_2 で焦点(FOCUS)を調節することができる．A_1, A_2 を通り抜けたビームは垂直偏向板 D_1，水平偏向板 D_2 の極板間を通るとき，極板にかけられた電圧に比例する「ふれ」を受ける．これによって輝点を上下，左右に振らすことができる．

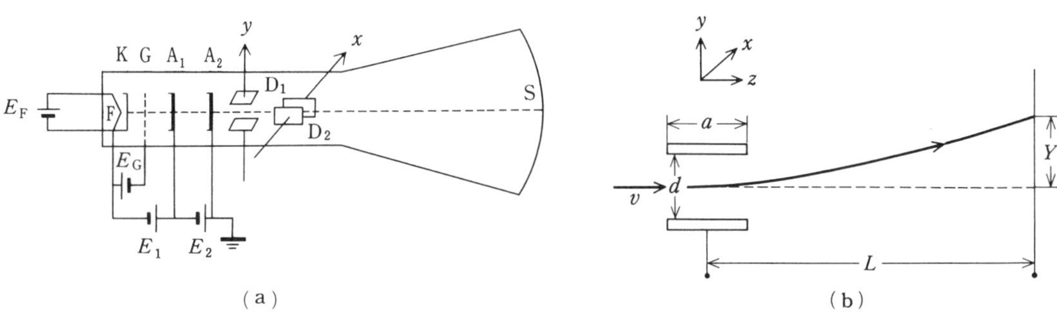

図 2

図 2(b)に示すように，初速 v で z 方向に入射した電子ビームは垂直偏向板(長さ a，間隔 d)の y 方向にかけられた電圧 V_y によって蛍光面上で

$$Y = \frac{La}{2dV_a} V_y = k_y V_y \tag{1}$$

だけの「ふれ」を生じる(付録 1 参照)．ここに，V_a は陽極における加速電圧で，e, m を電子の電荷と質量とすると，初速 v との間に $v = \sqrt{\dfrac{2eV_a}{m}}$ の関係がある．また，k_y は定数である．

同様に，水平偏向板に加えられた電圧 V_x によって電子ビームは x 方向に $X = k_x V_x$ だけのふれを生じる．水平および垂直偏向板に，それぞれ V_x, V_y の信号電圧が同時に印加さ

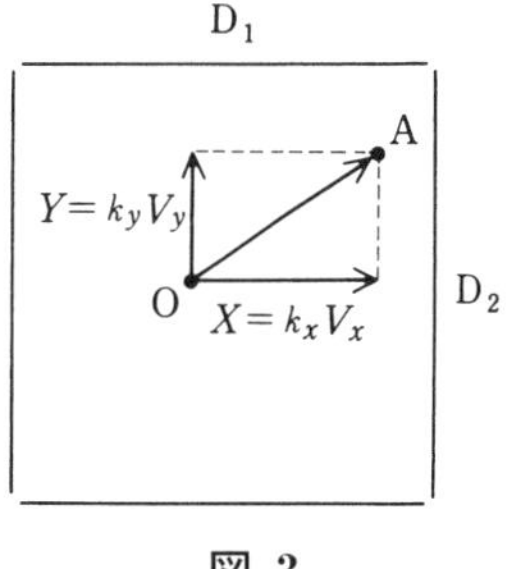

図 3

れるとたとえば，はじめ図3のO点にあった輝点はA点まで移動する．すなわち，輝点はベクトルの合成則に従って変位する．

2.2　垂直入力（VERTICAL INPUT）

波形を観測する場合には，電気信号を垂直偏向板に加える．その際，信号電圧を直接D_1に加えると，20～50 Vで高々1 cm程度の「ふれ」しか生じない．したがって，微小電圧測定のためには増幅器が，また，入力電圧が高い場合には減衰器が必要である．増幅器の増幅度や増幅できる周波数範囲はオシロスコープの設計目的によって定まる．

なお増幅器の出力端子に生じる電圧変化ΔV_pと入力端子での電圧変化ΔV_gとの比$\Delta V_\mathrm{g}/\Delta V_\mathrm{p}$をその増幅器の利得(GAIN)という．

2.3　水平入力（HORIZONTAL INPUT）

水平偏向板D_2には(i)水平増幅器を通して外部から直接に信号電圧を与える場合（回路的には図1でAMPの状態にすればよい）と，(ii)後で述べるように，オシロスコープ内部で発生される鋸歯状波を水平偏向板に加え，垂直入力に印加される信号電圧を直視する場合とがある．どちらを使用するかは目的によって異なる．なお，(ii)の場合には，水平軸における長さが時間に比例するので水平軸（x軸）を時間軸，垂直軸（y軸）を信号軸と呼ぶこともある．

2.4　掃引（SWEEP）

いま，垂直偏向板に正弦波V_yを加え，水平偏向板には電圧を加えない場合を考えてみよう．(1)式よりy軸方向のふれは$Y = k_y V_y$となる．簡単のため，$k_y = 1$とおいて考えると，輝点は図4のように，垂直線分上を上下に振動する．正弦波V_yの振動数が大きい場合には蛍光面の残光作用もあり，肉眼には一本の線分に見える．時間的に変化する信号電圧を直視するためには，水平偏向板D_2に時間に比例して増加する電圧V_xを加えなければならない．これにより輝点に等速の水平方向の運動が加わり，今まで線分上に重なっていた運動が水平方向に引き伸ばされることになり，蛍光面上に信号電圧V_yの時間的変化を示す波形が現れる．したがって，この場合には，水平

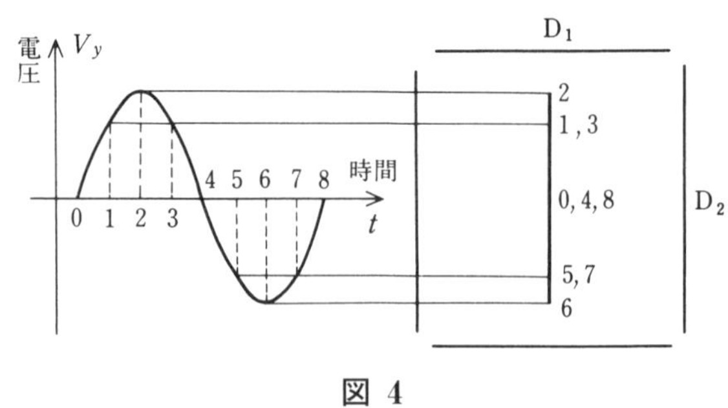

図 4

軸は時間軸の役目をしている．電圧 V_x がある程度以上になると輝点は蛍光面からはみだしてしまうので，実際には，図5に示すような時間 $T_S(=t_1+t_2)$ を周期とするような鋸歯状波電圧をオシロスコープの内部で発振させ，これを水平偏向板にかける．このように輝点に水平方向の一定速度を与えることを**掃引**(SWEEP)という．t_1 を掃引時間(SWEEP TIME)，t_1 の逆数を掃引周波数(SWEEP FREQUENCY)，t_2 を帰線時間という．

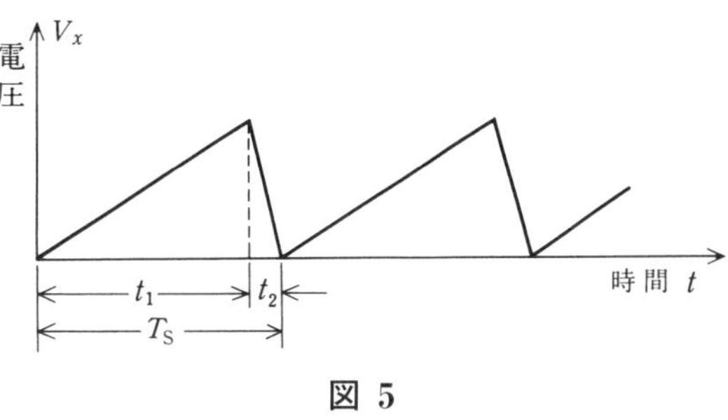

図 5

時間に比例する電圧 V_x としては鋸歯状波電圧の上昇部分(図5の t_1 の部分)を使う．もし V_x と V_y の周期が等しければ波形が繰り返し重なって作られ，静止した像が見られる．図6に，V_y が V_x と同一周期 T_S の正弦振動をするとし，両者の位相差が零である場合の波形を示した．「2.1　ブラウン管」の最後のところで述べた事柄と図3を参考にして，鋸歯状波を水平偏向板に加えると，信号電圧 V_y の時間変化が図6のように直視できるようになることをよく理解せよ．

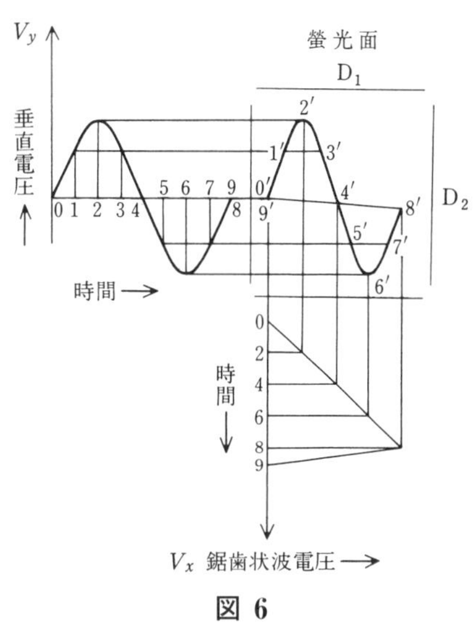

図 6

図6において，鋸歯状波電圧の時間軸に記した番号8と9の間が帰線時間である．帰線時間中は電圧 V_x は下降しているが，これは輝点が水平方向で，元へ戻ることを意味している．したがって，波形の最後の小部分は完成されず右から左方向への横線となって現れる(図6の8′から9′へ帰る線)．これを帰線という．帰線時間はなるべく短いことが望ましいが，完全に0にすることはできない．通常は，帰線消去信号をKかGへ送り，帰線が蛍光面上に現れないようになっている．

2.5　同期(SYNCRONIZATION)

図6において，V_y の周期が $T_S/2$ になれば2波長の波形が，また $T_S/3$ になれば3波形の波形が観察される．一般に，V_x, V_y の周波数 f_x, f_y の間に

$$f_y = nf_x \qquad n：正整数 \qquad (2)$$

の関係があれば n 個の静止波形が得られる．この条件が満されないとき波形は右または左へ流れて静止しない．この条件が成立するように V_x の周期を調整することを<u>同期をとる</u>(SYNCRONIZE)という．外部から入ってくる任意の周波数の入力信号と整数比をなすような掃引波形を独立に発振させることは困難であるから，

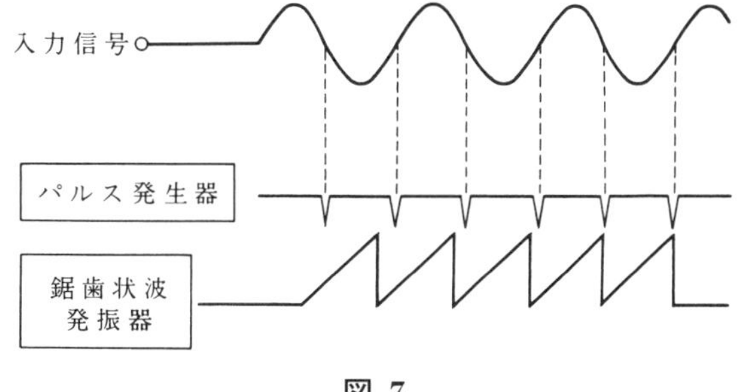

図 7

図7のように，信号電圧 V_y の一部でパルスを作り，これを鋸歯状波発振に加えて，その周期を制御させる．これによって掃引の周期が V_y の周期の整数倍になり，同期調整が容易になる．この方法を内部同期という．同期のかけ方としてはこの他に電源同期，外部同期がある．

3. 実験装置

① **オシロスコープ**：周期的に変化する電気信号の波形観察およびリサジュー図形，位相差の測定に使用する．くわしくは次の「3.1　オシロスコープのパネル面の説明」を参照．

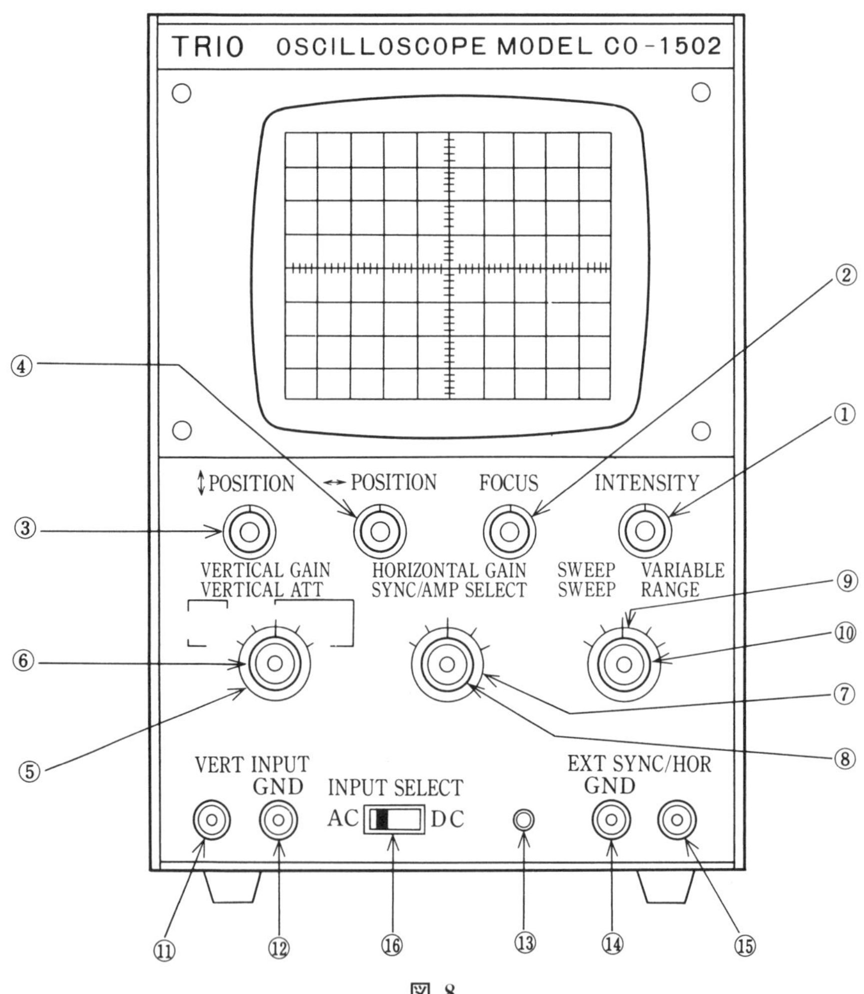

図 8

②　**発振器**：各種の信号波形(正弦波，矩形波)を発生させる．くわしくは「3.2　発振器のパネル面の説明」を参照．

③　**移相器セット**：オシロスコープの垂直軸と水平軸の間に，一定の位相差をもつ信号電圧を与えるための回路．

3.1　オシロスコープのパネル面の説明

図8に正面パネル面の端子と，つまみの位置およびそれらの指示番号を示す．各々のつまみの機能は以下の通りである．

番号	パネル面指示名	動　作　説　明
①	INTENSITY OFF	輝点（スポット）の明るさ，つまり波形の明るさを調整する．右に回すと電源が入る．左へ回すと波形は消え，電源が OFF になる．
②	FOCUS	スポットの焦点を調整する．一度調整すればたびたび調整する必要はない．
③	↕POSITION	波形を上下方向に移動させるためのもので，右回しで上方向へ，左回しで下方向へ移動する．
④	↔POSITION	波形を水平方向に移動させるためのもので，右回しで右方向へ，左回しで左方向へ移動する．
⑤	VERTICAL ATT	垂直増幅器の減衰器で 1，1/10，1/100 の減衰になっており，また周波数に対する補正がなされている．
	CAL (V_{pp})	内部電源からとった周波数 60 Hz，電圧 0.2 または 0.04V_{pp} の正弦波較正電圧が垂直軸増幅器に入る．V_{pp} とは peak to peak，すなわち波形の山と谷の電圧をボルト単位で表した記号である．
⑥	VERTICAL GAIN	垂直増幅器の利得調整器で，右回しで振幅が大きくなり，左回しで振幅は小さくなる． 螢光面の観測波形が大きすぎるときは，左へ回して小さくするが，あまり大きすぎると波形がクリップすることがある．この場合，⑤の減衰器を1段下げて使用する．
⑦	SYNC/AMP SELECT	同期および増幅切換器で，このスイッチは2つの機能をもっている．INT は内部同期の意味である． ＋INT：入力電圧がプラスに変わるとき同期がかかる． －INT：入力電圧がマイナスに変わるとき同期がかかる．

番号	パネル面指示名	動　作　説　明
		観測波形によって同期が制御されるので，波形によって同期のぐあいが変わる．正弦波の場合は＋，－を切り換えると，波形が上下反対に現われる． LINE ：電源同期で観測波形と直接関係なく，電源周波数の 60 Hz によって同期する． EXT ：外部同期で時間軸発振器の同期電圧は全く解放され，無同期状態で発振している．このとき⑮端子より電圧を加えると，その電圧によって同期させることができる． AMP ：時間軸発振（鋸歯状波発振）は停止し，外部入力端子⑮からの入力信号が増幅器を経て，水平偏向板に印加される．リサジュー図形，位相差の実験では，つまみをこの位置にする．
⑧	HORIZONTAL GAIN	水平増幅器の利得調整器で，波形の水平方向の振幅を調整する．左回しで水平振幅は小さくなり，右回しで水平振幅は左右にひろがる．
⑨	SWEEP RANGE	時間軸周波数，すなわち鋸歯状波周波数の切換器で，右に回すほど高い周波数になる． 左端から右端へ回しきるまでの周波数変化は10倍ずつになっている． 10～100，100～1 K，1 K～10 K，10 K～100 K はそれぞれの範囲の周波数を発振している．
⑩	SWEEP VARIABLE	時間軸発振周波数の微調節器で，約10倍の発振周波数範囲を調整できる．
⑪	VERTICAL INPUT	垂直増幅器の入力端子で，観測しようとする電圧を接続する．
⑫	GND	アース端子．本体，シャーシなどに接続されている．
⑬		①によって点灯されるネオンランプ．
⑭	GND	アース端子．本体，シャーシなどに接続されている．
⑮	EXT SYNC/ HOR INPUT	外部同期電圧，または水平増幅器の外部入力端子．
⑯	INPUT SELECT	DC にすると入力端子が増幅器に直結され，直流増幅器になる．AC にするとコンデンサが挿入され，交流増幅器になる．

3.2　発振器のパネル面の説明

図 9 に，正面パネル面の端子とつまみの位置およびそれらの指示番号を示す．つまみの機能は以下の通りである．

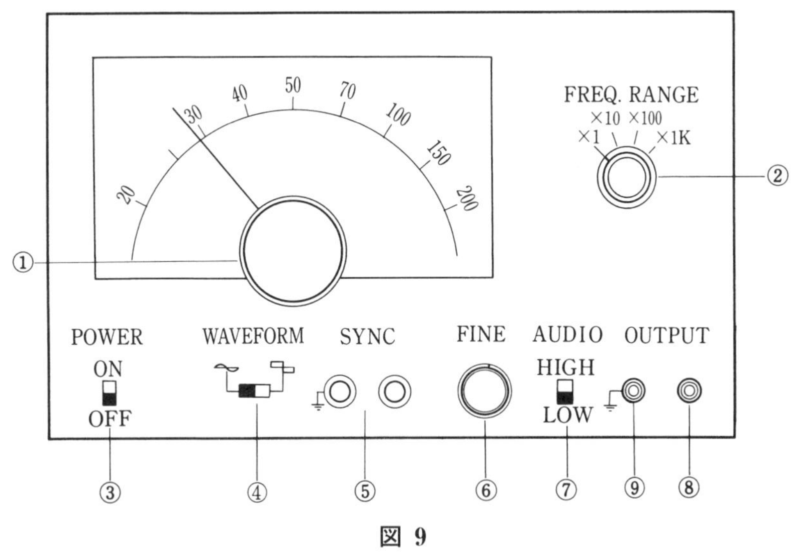

図 9

番号	パネル面指示名	動　作　説　明
①	FREQUENCY	発振周波数を連続的に可変する．
②	FREQ. RANGE	発振周波数切換スイッチ．①のダイアル目盛にこの倍率を乗じた値が，発振周波数である．たとえば，このレンジを×10，周波数ダイアル①を 100 にすれば，発振周波数は 1000 Hz となる．
③	POWER	電源スイッチ．ON の位置で電源が入り，パイロットランプが点灯する．
④	WAVEFORM	出力波形を正弦波（〜）または矩形波（⊓）に切り換えるスイッチ．
⑤	SYNC	同期信号の入力端子．黒端子は接地側を示す．本実験では使用しない．
⑥	FINE	出力電圧の連続可変用調整器．左に回し切ると出力は零．右に回すと出力は増大する．
⑦	AUDIO	出力レベル切換え用減衰器．HIGH で最大出力となり LOW で約 40 dB（1/100）の減衰が得られる．
⑧⑨	OUTPUT	出力端子．⑨端子はアース側．

4. 実 験 方 法

4.1 波 形 の 観 察

オシロスコープおよび発振器のつまみの働きを理解し，発振器からの出力波形を観察する．なお，輝点の輝度を強くかつ鮮明にして同一点に静止させておくと，蛍光面を傷めるので測定しないときは輝点を消すか，焦点をボカしておくこと．実験は以下の (i), (ii), …の手順に従って行うが，オシロスコープと発振器の電源を入れる前に，正面パネルのつまみの位置を次のように設定しておく．

〈オシロスコープ〉

つまみの番号および指示名		つまみの位置
①	INTENSITY	LINE OFF
②	FOCUS	左いっぱいに回す．
③	↕POSITION	白点を真上の位置にする．
④	↔POSITION	白点を真上の位置にする．
⑤	VERTICAL ATT	1/10 の位置にする．
⑥	VERTICAL GAIN	白点を真上の位置にする．
⑦	SYNC/AMP SELECT	＋INT の位置にし，内部同期がかかるようにしておく．
⑧	HORIZONTAL GAIN	白点を真上の位置にする．
⑨	SWEEP RANGE	10-100 の位置にする．
⑩	SWEEP VARIABLE	白点を真上の位置にする．
⑯	INPUT SELECT	AC にする．

〈発振器〉

つまみの番号および指示名		つまみの位置
①	FREQUENCY	ダイアルを 60 Hz の位置にする．
②	FREQ. RANGE	×1 の位置にする．
③	POWER	OFF
④	WAVE FORM	∞の位置にする．
⑥	FINE	白点を真上の位置にする．
⑦	AUDIO	LOW

（i） オシロスコープの垂直入力端子 ⑪, ⑫ と発振器の出力端子 ⑧, ⑨ を図 10 のように結線する．その際，発振器の

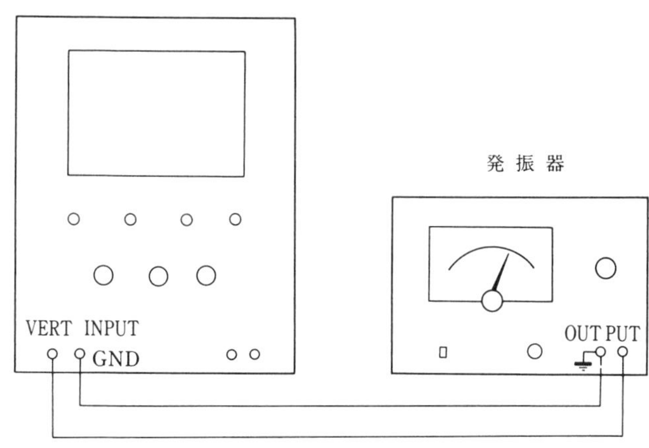

図 10

アース端子 ⑨ は GND 端子 ⑫ の側に接続する．

（ii） INTENSITY ① のつまみを右に回してスイッチを入れると下段のパイロットランプが点灯し，電源が入る．さらにつまみを右へ回し，数秒間待つと，蛍光面のほぼ中央位置にぼけた輝線が現れる．

（iii） FOUCUS ② のつまみを右へ回し，輝線の焦点を合わせ鮮明な像にする．輝線が明瞭に見える範囲内で，できるだけ輝度を弱めた状態で使用することが望ましい．特に輝度が強くなり過ぎないように注意すること．

（iv） POSITION ③ と ④ のつまみを回し，輝線が中央位置にくるよう調節する．

（v） 発振器のつまみ POWER ③ を ON にすると，蛍光面上に正弦波が現れる．波形が左右いずれかに流れている場合には SWEEP VARIABLE ⑩ を左右に回すと波形を静止させることができる．

（vi）「3.2　発振器のパネル面の説明」の項を参照しながら発振器のつまみの位置をいろいろ変え，その働きを理解せよ．たとえば，FREQ. RANGE ② を×10 の位置にすると波形の周波数が 10 倍になること（波形が流れる場合は SWEEP VARIABLE ⑩ で微調整）；WAVE FORM ④ を⊓⊔の位置にすると矩形波が観察されること；FINE ⑥ を右へ回して垂直軸への印加電圧を大きくしていくと，波形の振幅もそれに比例して増大すること；等々．

（vii）「3.1　オシロスコープのパネル面の説明」の項を参

照しながら，オシロスコープのつまみの位置をいろいろ変え，その働きを理解せよ．たとえばGAIN ⑥, ⑧ を右へ回すと波形が拡大されること；⑤ をCALの位置にすると，入力端子のリード線をはずし入力電圧を0にしても正弦波が観察されること；結線を再び図10の状態にもどし，つまみ ⑦ を－INTにすると波形が反転すること；等々．

（viii）表1の左側に記されたような信号電圧をオシロスコープの垂直軸に加え，SWEEP RANGE ⑨ とSWEEP VARIABLE ⑩ を調節して，蛍光面上に指示された波形（表1右側）を出せ．その図形をスケッチし，その際のSWEEP RANGE ⑨ の位置を記せ．また(2)式を用いて，各々の場合の掃引周波数 f_x を計算せよ（「6．測定例」を参照）．

表 1

発振器からの信号電圧		観測すべき波形	
周波数 f_y〔Hz〕	波　形	振幅 a〔cm〕*	静止波形の個数 n
60	正弦波	1	1
60	〃	2	3
500	〃	1	1
500	〃	2	2
2000	矩形波	1	1
2000	〃	2	2

＊ 蛍光面上の1目盛は 1cm

4.2 周波数測定

水平・垂直偏向板にそれぞれ f_x, f_y の周波数の正弦波電圧を加えたとき，f_x と f_y の比が簡単な整数比であれば図形は静止し，図11に示すようないわゆるリサジュー（Lissajous）図形が観察される．図11において位相差 θ は水平軸の正弦波信号に対する垂直軸の正弦波信号の位相の進みを表している．リサジュー図形は一見複雑であるが，「2.1　ブラウン管」の最後のところで述べた事柄に留意すれば，図形を定性的に理解することは容易である．付録2に，$f_y/f_x = 1/2, 1$（$\theta = 0, 45°$）の場合における，リサジュー図形の作図法を示した．作図法の意味するところを各自よく理解せよ．

リサジュー図形から f_x と f_y の比が次のようにして得られる．すなわち図形上の一点から出発して図形をたどり，再びもとの出発点（図形が端点をもつときはそこまで逆行することにして）に戻ったとき，この間の x 軸方向の往復回数を

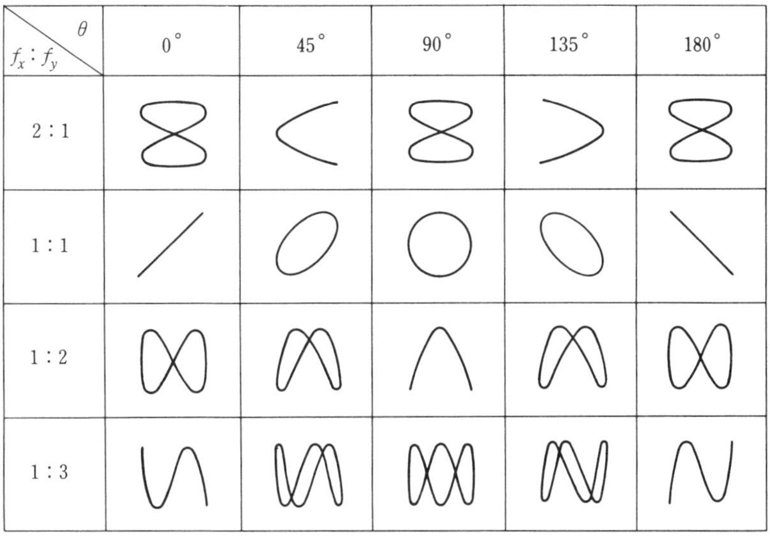

$f_x : f_y$ ＼ θ	0°	45°	90°	135°	180°
2 : 1					
1 : 1					
1 : 2					
1 : 3					

図 11

n_x，y 軸方向の往復回数を n_y とすると

$$f_x : f_y = n_x : n_y \tag{3}$$

が成立していることがわかる．これによって，たとえば，f_y が既知であるとして未知周波数 f_x を知ることができる．ここでは既知周波数 f_y として，オシロスコープの内部電源からとった 60 Hz の正弦波較正電圧を使用し，未知周波数 f_x として発振器の出力信号を使い，これを水平入力端子に加えることにする．

次の手順に従って実験を行う．

（i） オシロスコープの水平入力端子 ⑭,⑮ と発振器の出力端子 ⑧,⑨ を図 12 のように結線し，水平軸に $f_x = 60$ Hz の正弦波を加える．発振器のつまみ AUDIO ⑦ は LOW にしておく．

（ii） オシロスコープのつまみ ⑦ を AMP にする．この状態では時間軸（鋸歯状波）は発振を停止し，発振器からの外部信号が水平偏向板に加わる．次につまみ ⑤ を CAL 0.2 もしくは 0.04 V_{pp} にする．この状態で垂直軸に $f_y = 60$ Hz の正弦波較正電圧が加わっている．

（iii） 発振器の FINE ⑥ とオシロスコープの GAIN ⑥ と ⑧ とを調節して適当な図形の大きさにする．できるだけゆっくり図形が動くように，周波数ダイヤル ① を 60 Hz を中

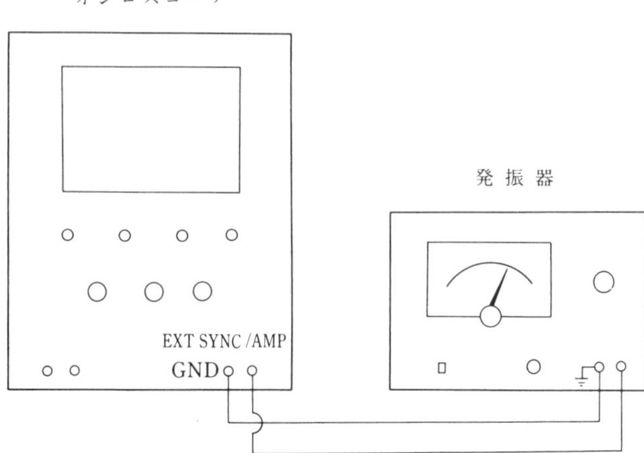

図 12

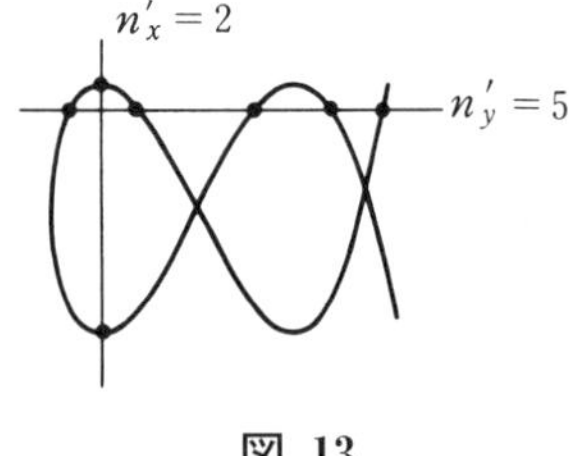

図 13

心としてわずかに左右に回す．このとき観察される図形が $f_y/f_x = 1$ のリサジュー図形である．図 11 の図形と較べてみよ．

（iv）リサジュー図形は f_y/f_x が有理数であれば観察される．f_x を 30, 36, 45, 80, 90, 120, …Hz といろいろ変えてみると，各々の周波数に対応するリサジュー図形が得られる．各図形をスケッチし，$f_y = 60$ Hz が既知，f_x が未知であると考え，(3) 式を用いて各図形の周波数を計算せよ（後述の「6. 測定例」を参照）．スケッチする図形の数は 5 個程度でよい．図形を完全に静止させることは困難なので，図形が最も簡単になる瞬間を記憶し，それを描けばよい．

（v）f_x を計算する際に，往復回数 n_x, n_y を求める必要があるが，その簡単な求め方は次のようである．x 軸および y 軸方向にリサジュー図形と交わるような適当な直線を引き，各直線とリサジュー図形との交点の数を求める．それらの数をそれぞれ n_y', n_x' とすれば，$f_y/f_x = n_y'/n_x'$ となる．図 13 の場合には，$n_y' = 5$，$n_x' = 2$ であり，その周波数は $f_x = \dfrac{2}{5} \times 60 = 24$ Hz となる．n_y'/n_x' が往復回数の比 n_y/n_x と等しくなる理由は各自考えよ．

4.3　位相差測定

水平，垂直偏向板に周波数が等しく，位相が異なる 2 つの正弦波，$V_{x0} \sin \omega t$，$V_{y0} \sin (\omega t + \theta)$ $(\omega = 2\pi f)$ を加えると，

時刻 t における輝点の位置は

$$\left.\begin{aligned} X &= k_x V_{x0} \sin \omega t \\ Y &= k_y V_{y0} \sin(\omega t + \theta) \end{aligned}\right\} \tag{4}$$

で与えられる．上式より t を消去すると輝点の描く軌跡が得られるが，付録 3 に示すように，この軌跡は原点 $X = Y = 0$ に中心をもつ楕円である．

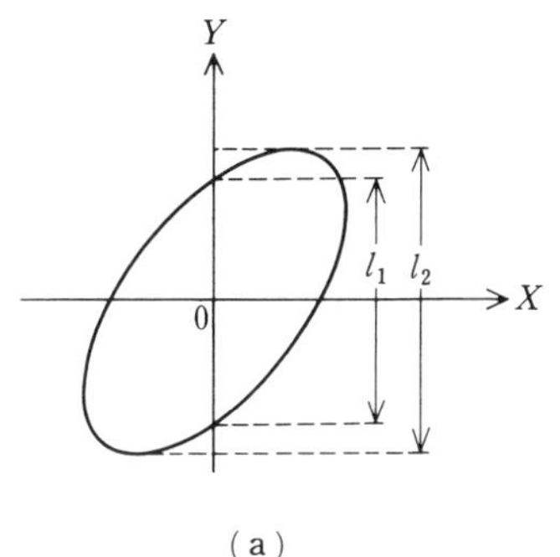

（a）

楕円の中心が原点にある場合には，図 14(a) に示す l_1, l_2 と位相差 θ の間に

$$\theta = \sin^{-1} \frac{l_1}{l_2} \tag{5}$$

の関係がある（付録 3 参照）．

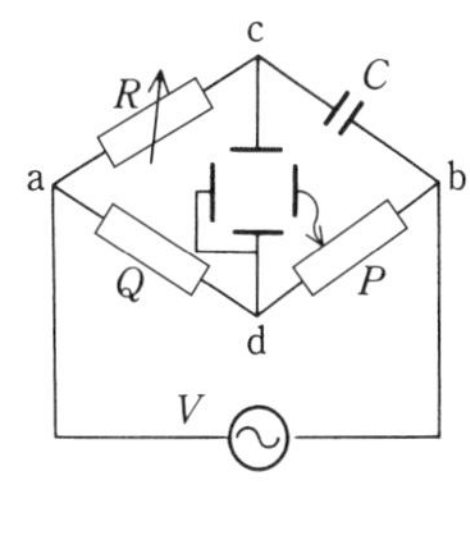

（b）

図 14

図 14(b) に示す移相器（図の abcd の部分）によって，発振器からの信号電圧 V に対して位相差 θ をもつ電圧 V_{cd} を c, d 間に作ることができる．θ と ω, C, R の間には $P = Q$ のとき

$$\theta = 2 \tan^{-1} \frac{1}{\omega CR} \tag{6}$$

の関係がある（付録 4 参照）．この電圧 V_{cd} を垂直偏向板に加え，水平偏向板には信号電圧 V と同位相の電圧を加える．蛍光面上に現れる楕円図形から (5) 式の関係を用いて位相差 θ を求める．また，実測値と (6) 式から計算によって求めた値とを比較する．

次の手順に従って実験を行う．

（i）　移相器セットと発振器およびオシロスコープを図 15 のように結線する．移相器セットの可変抵抗 R を 30 kΩ，容量 C を 0.005 μF の位置にし，可変抵抗 P は右いっぱいに回しておく．

（ii）　発振器からの周波数を 1000 Hz にする．S-N 比（信号対雑音の比）を小さくするため，発振器からの出力電圧はできるだけ大きくする．すなわち AUDIO ⑦ を HIGH，FINE ⑥ を右いっぱいに回す．

（iii）　オシロスコープの SYNC/AMP SELECT ⑦ を AMP にし，VERTICAL ATT ⑤ を 1/10 にする．

（iv）　移相器セットの可変抵抗 P，オシロスコープの POSITION ③, ④ および GAIN ⑥, ⑧ を調節し，上下方向，左右方向の幅がともに 6 目盛（中心軸をはさんで上下・左右に 3 目盛ずつ）の楕円図形を出す（R = 30 kΩ，C = 0.005 μF の場合には，ほぼ真円になる）．この操作により，楕円の中心は蛍光面上の原点と一致する．楕円の右側が切れた図形

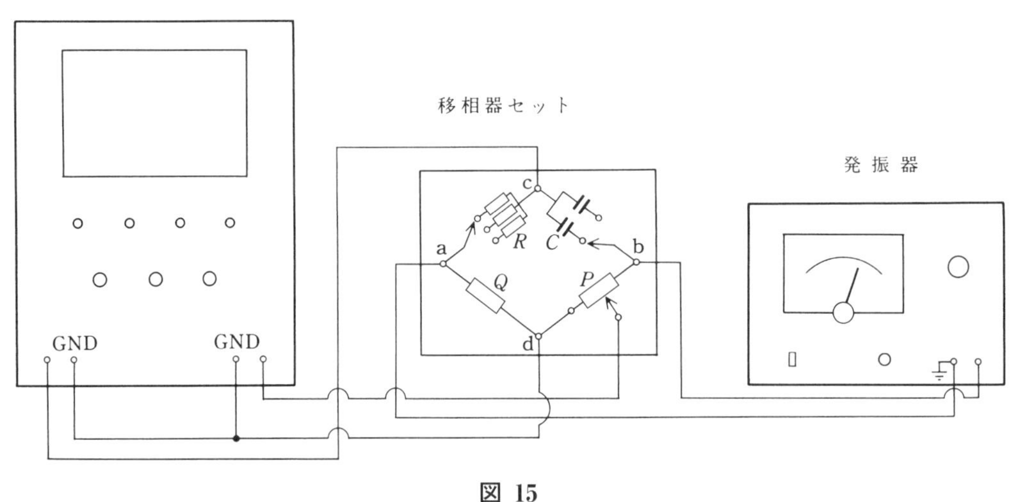

図 15

が現れた場合には，可変抵抗 P で調節した後，再び楕円が 6 目盛の正方形に内接するよう，つまみ③,④,⑥,⑧で調節せよ．

（v） 移相器セットの可変抵抗 R および容量 C の組み合わせをいろ変え，各々の場合において l_1, l_2 を実測し，位相差 θ を(5)式を用いて求めよ．組み合わせの数は，θ が 0°～90° を 2 組，90°($C = 0.005\,\mu\mathrm{F}$, $R = 30\,\mathrm{k\Omega}$)，90°～180° を 2 組，合計 5 組程度でよい(後述の「6．測定例」および次の(vi)を参照)．l_1, l_2 を読みとる際には，目線が蛍光面と垂直になるような位置で読む．次に，(6)式を用いて，各々の場合の θ を計算し，実測値と比較せよ．その際，単位の換算に注意せよ($1\,\mathrm{k\Omega} = 10^3\,\Omega$, $1\,\mu\mathrm{F} = 10^{-6}\,\mathrm{F}$)．

（vi） 水平入力信号は，通常，複数の増幅器を経て，水平偏向板に印加される．本実験で用いたオシロスコープでは，この過程で位相が 180° 反転している．すなわち，水平入力電圧が正のとき，輝点が左方向へ動くような極性になっている．したがって，楕円の長軸の向きも付録 3 の場合とは逆になり，長軸が左上から右下の方向に向いている場合には θ は 90° 以下，左下から右上に向いている場合には θ は 90°

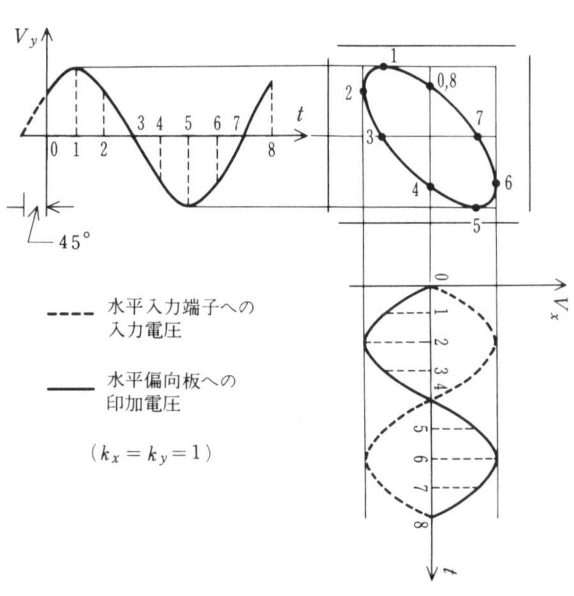

図 16

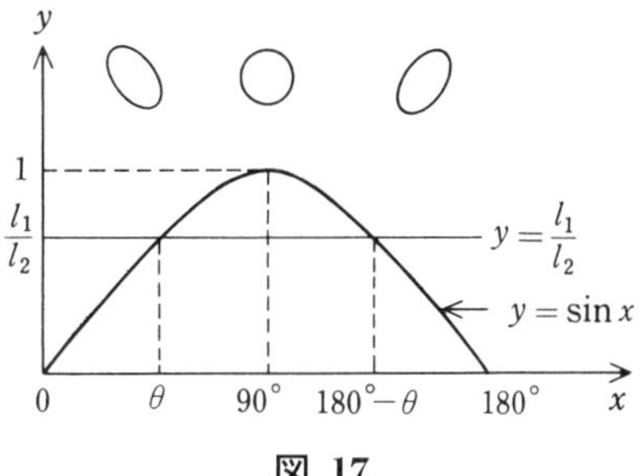

図 17

～180°にある．楕円の主軸の向きが逆になる理由を，作図法をもちいて図 16 に示した．また，l_1/l_2 の値と，位相差 θ および楕円の主軸の向きの関係を図 17 に示した．

5. ま と め

① 「3.1　オシロスコープのパネル面の説明」および「3.2　発振器のパネル面の説明」の項を参照しながら，オシロスコープと発振器のつまみの位置をいろいろ変え，それらの働きを理解する．

② 表 1 に指示された信号波形を蛍光面上に出し，各々の図形をスケッチする．図形を出すのに必要とした掃引周波数を (2) 式を用いて算出する．また，その際使用した SWEEP RANGE ⑨ の位置（パネル面に記された値）を記録する．

③ 発振器からの周波数 f_x を $60/f_x$ が有理数となるような適当な値に調節し，蛍光面上にリサジュー図形を出し，それらをスケッチする．f_x を未知周波数と考え，(3) 式を用いて f_x を算出する．記録するリサジュー図形の個数は 5 個程度でよい．

④ 移相器セットの可変抵抗 R および容量 C の組み合わせをいろいろ変え，各々の場合における位相差 θ を (5) 式を用いて求める．また，(6) 式を用いて θ を計算し，「6．測定例」にならって表にまとめる．組み合わせの数は θ が 0～90°（楕円の長軸の向きが左上から右下の方向）を 2 組，θ が約 90°（$C = 0.005\,\mu\text{F}$，$R = 30\,\text{k}\Omega$），θ が 90°～180°（楕円の長軸の向きが右上から左下の方向）を 2 組，合計 5 組程度でよい．

6．測定例

（1）波形の観察

$f_y = 60$ Hz，$a = 1$ cm　　$f_y = 60$ Hz，$a = 2$ cm

正弦波　$n = 1$　　正弦波　$n = 3$

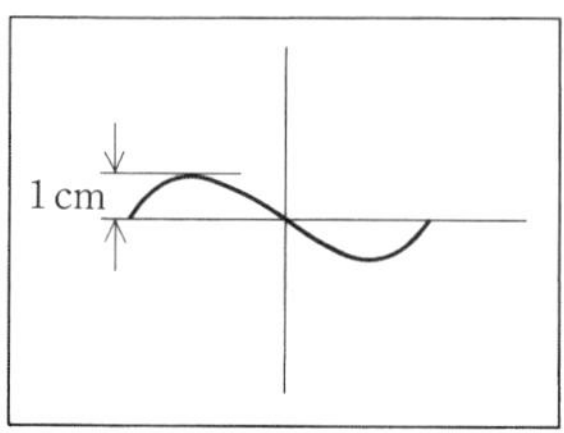

SWEEP RANGE の位置　10〜100　………

掃引周波数　$f_x = 60$ Hz　………

（2）周波数測定　$f_y = 60$ Hz

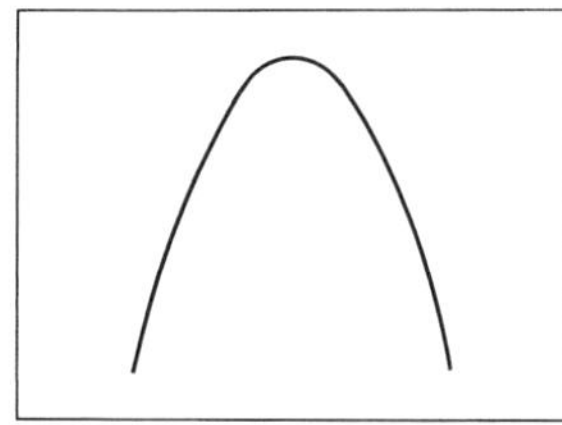

$$\frac{f_y}{f_x} = \frac{2}{1} \qquad f_x = 30 \text{ Hz}$$

………

………

（3）位相差測定

$P = Q = 10$ kΩ，　$f = 1000$ Hz，　$\omega = 2\pi f$

C〔μF〕	R〔kΩ〕	実測値　$\sin^{-1}\frac{l_1}{l_2}$	計算値 $2\cot^{-1}\omega CR$
0.005	120	29°	29°40′
	60	55°	56°00′
	30	90°	93°20′
0.0005	100	144°	145°20′
	20	171°	172°50′

付 録 1　(1)式の導出

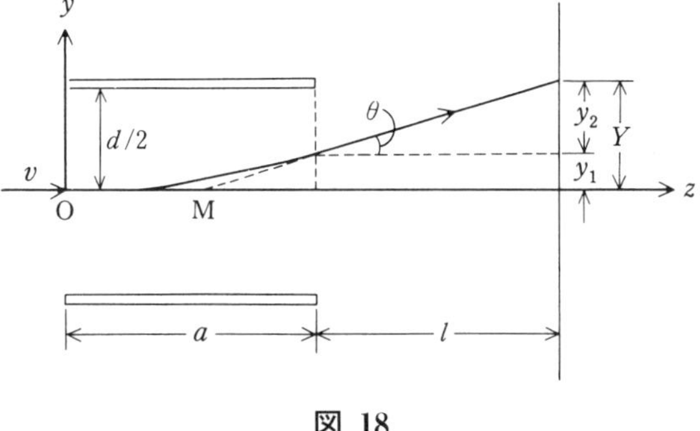

図 18

垂直偏向板(長さ a, 間隔 d)に電圧 V_y を与えて作られた一様電場 V_y/d の中へ，あらかじめ陽極の加速電圧 V_a で加速された電子線が初速 v で偏向板に平行に入射したものとする．電子は偏向板の間を通る間つねにその電場方向に一定の力 eV_y/d を受けるため，重力場で水平に投げた物体のように放物線を描きながら進む．座標軸を図 18 のように選び，電子が原点に入射する時刻を $t=0$ とする．偏向板間における電子の運動は，$m\ddot{y}=eV_y/d$，$mv^2/2=eV_a\,(v=\dot{z})$ より

$$y=\frac{1}{2}\left(\frac{eV_y}{md}\right)t^2, \qquad z=\sqrt{\frac{2eV_a}{m}}\,t$$

となる．したがって，偏向板間における電子線の軌道は

$$y=\frac{V_y}{4dV_a}z^2$$

で与えられる．偏向板の右端($z=a$)における y の値 y_1，および電子線の傾き θ は

$$y_1=\frac{V_y a^2}{4dV_a}, \qquad \tan\theta=\left(\frac{\mathrm{d}y}{\mathrm{d}z}\right)_{z=a}=\frac{V_y a}{2aV_a}$$

である．上式から，偏向板を離れる電子線はちょうど偏向板間の中央点 M から直進してきたように見えることがわかる．偏向板の電場から出た電子線はその後，直進運動をして蛍光面にあたる．蛍光面上での電子線の位置を $Y(=y_1+y_2)$ とおくと，
$y_2=l\cdot\tan\theta$ であるから

$$Y=\frac{V_y a^2}{4dV_a}+\frac{V_y al}{2dV_a}=\frac{V_y a}{2dV_a}\left(l+\frac{a}{2}\right)$$

$L=l+a/2$ とおけば **2.1** の(1)式が得られる．

付 録 2　リサジュー図形の作図法

水平・垂直偏向板へ，それぞれ V_x, V_y の電圧を同時に加えると，最初，蛍光面の原点($X=Y=0$)にあった輝点は，$X=k_xV_x$, $Y=k_yV_y$ で表される (X, Y) 点まで移動する．V_x, V_y が時間的に変化すれば，輝点の位置も上式の関係に従って変化する．V_x, V_y がともに正弦波電圧で，その周波数の比が有理数であれば輝点は閉じた図形を描く．この図形が**リサジュー図形**である．

簡単のため，$k_x=k_y=1$ とおいて，図 19 に $f_y/f_x=1$，図 20 に $f_y/f_x=1/2$ (いずれも図(a)は $\theta=0°$．図(b)は $\theta=45°$)の場合のリサジュー図形を示した．図で t 軸は時間を，D_1, D_2 は，それぞれ，水平，垂直偏向板を表している．また，t 軸およびリサジュー図形上に記した数字 $0, 1, 2, \cdots, 8$ は時刻の目安である．

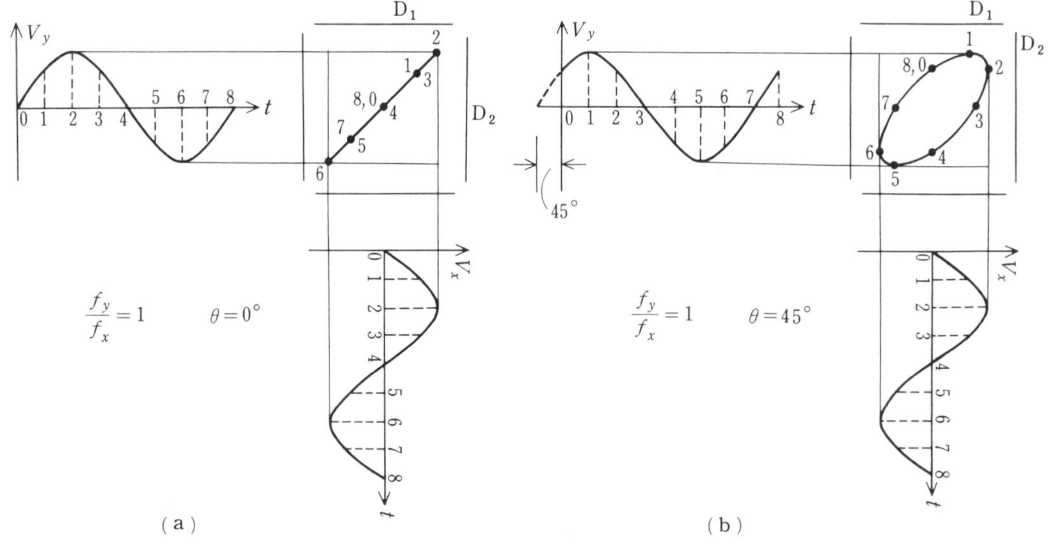

図 19

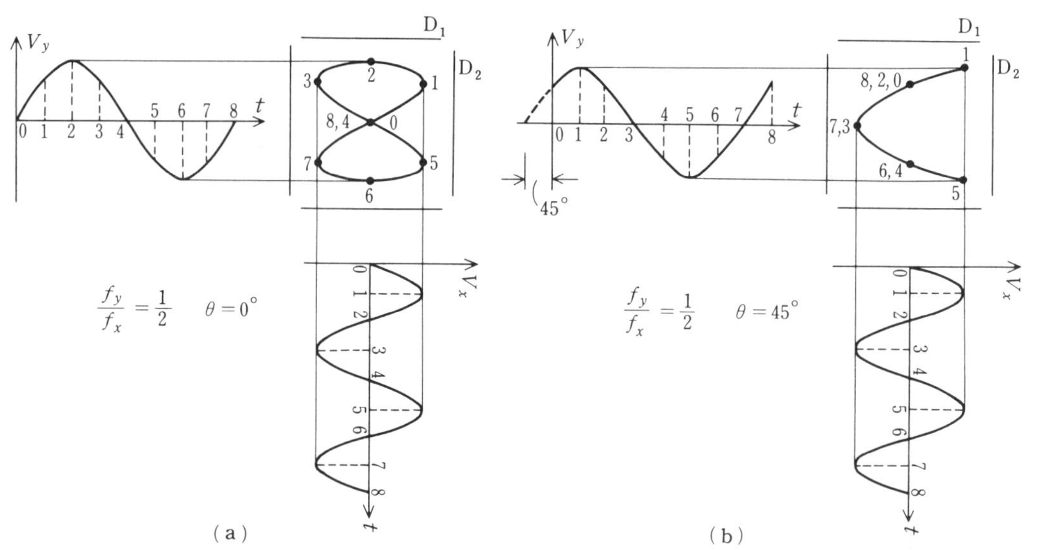

図 20

付 録 3　(5)式の導出

輝点の描く軌跡を調べる前に，有心2次曲線

$$ax^2+2hxy+by^2=c \qquad (ac>0) \tag{7}$$

の性質を簡単にまとめておく．

（i）(7) 式で表される 2 次曲線の中心は原点である．

（ii）(7) 式は，$ab-h^2>0$ なら楕円，$ab-h^2<0$ なら双曲線，$ab-h^2=0$ なら放物線を表す．

（iii）$\tan 2\alpha = h/(a-b)$ を満たす角 $\alpha\left(0<\alpha<\dfrac{\pi}{2}\right)$ だけ座標軸を回転すると，(7) 式は回転座標を $(\bar{x}, \bar{y})$ として $\bar{a}\bar{x}^2+\bar{b}\bar{y}^2=c$ の形で表される．$h>0$ なら $\bar{a}>\bar{b}$（楕円の場合には $\bar{y}$ 軸方向が長軸の向き），$h<0$ なら $\bar{a}<\bar{b}$（楕円の場合には $\bar{x}$ 軸方向が長軸の向き（図 21））である．

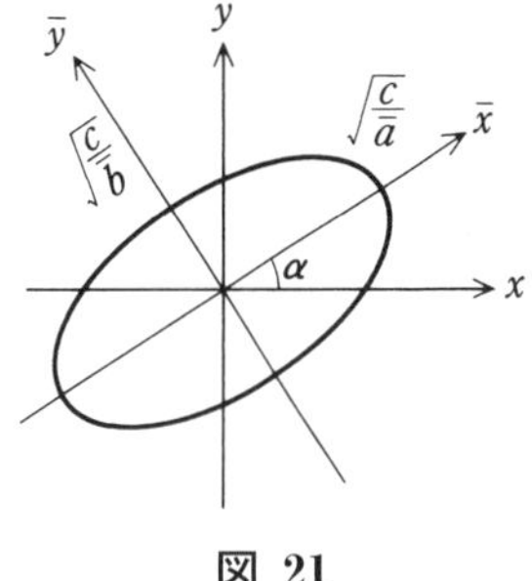

図 21

輝点の描く軌跡は本文 (4) 式より ωt を消去すれば得られる．簡単のため，$k_x V_{x0}=A_x$，$k_y V_{y0}=A_y$ とおくと輝点の位置 (X, Y) は

$$X = A_x \sin \omega t \tag{8}$$

$$Y = A_y \sin(\omega t+\theta) \tag{9}$$

で表される．

(8) 式より $\sin \omega t = X/A_x$，また，(9) 式に三角関数の加法定理をもちいると $\cos \omega t = (Y/A_y - X\cos\theta/A_x)/\sin\theta$ がえられる．上式を $\sin^2 \omega t+\cos^2 \omega t=1$ に代入して整理すれば

$$\frac{X^2}{A_x{}^2}-\frac{2\cos\theta}{A_xA_y}XY+\frac{Y^2}{A_y{}^2}=\sin^2\theta \tag{10}$$

となる．これが軌跡の方程式である．(7) 式と (10) 式を比較すると

$$a=\frac{1}{A_x{}^2},\quad h=\frac{-\cos\theta}{A_xA_y},\quad b=\frac{1}{A_y{}^2},\quad c=\sin^2\theta$$

である．$\cos^2\theta \fallingdotseq 1$ の場合には，$ab-h^2=(1-\cos^2\theta)/A_x{}^2A_y{}^2>0$ であるから，(10) 式は原点に中心をもつ楕円を表している．

$\cos\theta=1$，すなわち $\theta=0°$ の場合は，$\sin\theta=0$ であるから (10) 式は右上がりの直線 $\dfrac{X}{A_x}=\dfrac{Y}{A_y}$ となる．同様に，$\cos\theta=-1$，すなわち $\theta=180°$ の場合は右下がりの直線 $\dfrac{X}{A_x}=-\dfrac{Y}{A_y}$ となる．

(10) 式から明らかなように，$X=0$ における Y の値は $\pm A_y\sin\theta$ であるので，本文中の l_1 は $l_1=2A_y\sin\theta$ となる．l_2 は垂直軸における最大振幅の 2 倍であるから，$l_2=2A_y$．したがって，$\sin\theta=l_1/l_2$ となり，位相差 θ は **4.3** の (5) 式で表される．

l_1/l_2 の値が同じであっても，楕円の傾きが異なる場合には，位相差 θ の値も異なる（たとえば，$\sin\theta=1/\sqrt{2}$ となる θ は 45°，135° と 2 個存在する）．いずれの値をとるかは楕円の長軸の向きにより決まる．長軸が右上から左下方向に向いている場合には，θ の値は 90° 以下，左上から右下方向に向いている場合には，θ の値は 90°～180° の間にある．なぜなら，$0°<\theta<90°$ ($\cos\theta>0$) の場合には，$h=-\cos\theta/A_xA_y<0$，$\bar{a}<\bar{b}$ であるから $\bar{x}$ 軸方

向が長軸の向きになり，$90^\circ < \theta < 180^\circ$ の場合には $h = -\cos\theta/A_xA_y > 0$，$\bar{a} > \bar{b}$ であるから $\bar{y}$ 軸方向が長軸の向きとなるからである．

楕円の長軸の向きと，位相差の関係は付録2に示した作図法を用いても簡単に知ることができる．$f_y/f_x = 1$，$\theta = 135^\circ$ の場合のリサジュー図形を各自作図し，図19(b)と比較してみよ．

付録4　(6)式の導出

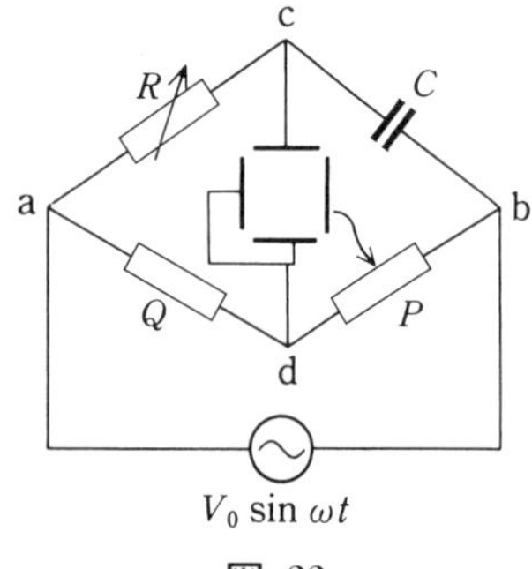

図 22

発振器からの出力電圧を $V_0 \sin \omega t\,(\omega = 2\pi f)$ とする．図22において，a-c-b を流れる電流を i_1，a-d-b を流れる電流を i_2 とする．最初に，電流 i_1 について考える．時刻 t におけるコンデンサ C の電荷を q とすると bc 間の電圧 V_{bc} と i_1 は，それぞれ $V_{\mathrm{bc}} = q/C$，$i_1 = \mathrm{d}q/\mathrm{d}t$ で表される．よって，$i_1R + \dfrac{q}{C} = V_0 \sin \omega t$.

微分して

$$R\frac{\mathrm{d}i_1}{\mathrm{d}t} + \frac{i_1}{C} = V_0\omega \cos \omega t \tag{11}$$

(11)式の定常解を求めるため，$i_1 = I_0 \sin(\omega t + \varphi)$ とおいて(11)式に代入して整理すると，

$$I_0\left(\frac{\cos\varphi}{C} - \omega R \sin\varphi\right)\sin\omega t + \left\{I_0\left(\omega R\cos\varphi + \frac{\sin\varphi}{C}\right) - \omega V_0\right\}\cos\omega t = 0$$

となる．上式は時刻 t の値に関係なく成り立たなければならないが，そのためには $\cos\omega t$，$\sin\omega t$ の係数が別々に0でなければならない．すなわち，

$$\cos\varphi - \omega CR\sin\varphi = 0,$$
$$I_0(\sin\varphi + \omega CR\cos\varphi) - \omega CV_0 = 0 \tag{12}$$

(12)式から

$$I_0 = \frac{\omega CV_0}{\sqrt{1+(\omega CR)^2}}$$

$$\therefore i_1 = \frac{\omega CV_0}{\sqrt{1+(\omega CR)^2}}\sin(\omega t + \varphi)$$

ただし，$\cos\varphi = \dfrac{\omega CR}{\sqrt{1+(\omega CR)^2}}$，　$\tan\varphi = \dfrac{1}{\omega CR}$　　(13)

が得られる．

電流 i_2 は $i_2(P+Q) = V_0 \sin\omega t$ より $i_2 = \dfrac{V_0\sin\omega t}{P+Q}$ となる．ca 間の電圧 V_{ca} は(13)式を用いて

$$V_{\mathrm{ca}} = i_1R = \frac{\omega CRV_0}{\sqrt{1+(\omega CR)^2}}\sin(\omega t+\varphi) = V_0\cos\varphi\sin(\omega t + \varphi)$$

da 間の電圧 V_{da} は

$$V_{\rm da} = i_2 Q = \frac{QV_0}{P+Q}\sin\omega t$$
$$= \frac{V_0}{2}\sin\omega t \qquad (\because \quad P = Q)$$

よって，cd 間の電圧 $V_{\rm cd}$ は

$$V_{\rm cd} = V_{\rm ca} - V_{\rm da} = V_0\left\{\cos\varphi\sin(\omega t+\varphi) - \frac{1}{2}\sin\omega t\right\}$$
$$= V_0\left\{\left(\cos^2\varphi - \frac{1}{2}\right)\sin\omega t + \cos\varphi\sin\varphi\cos\omega t\right\}$$

三角関数の 2 倍角の公式

$$\cos 2\alpha = 2\cos^2\alpha - 1, \qquad \sin 2\alpha = 2\sin\alpha\cos\alpha$$

を用いて整理すると，結局

$$V_{\rm cd} = \frac{V_0}{2}\sin(\omega t + 2\varphi) \qquad \text{ただし，} \varphi = \tan^{-1}\frac{1}{\omega CR}$$

となる．よって，cd 間の電圧 $V_{\rm cd}$ は ba 間の電圧 $V_{\rm ba}$ に対して，位相差

$$\theta = 2\varphi = 2\tan^{-1}\frac{1}{\omega CR} \tag{14}$$

をもち，本文(6)式が導出された(水平偏向板への印加電圧は図 22 の b 点からではなく，可変抵抗 P からとっているが，その電圧と db 間の電圧との位相差は 0 であるから，結局，上記の θ が水平軸と垂直軸の間の位相差となる)．

(13)式および(14)式であらわされる結果は，交流のベクトル表示(複素数表示)の考えをもちいると簡単に導出することができる．参考までに，図 22 の回路図に対する交流電圧のベクトル表示図を図 23 に示した．

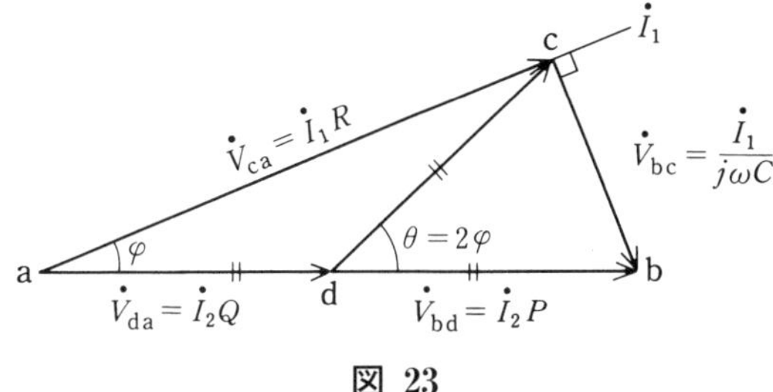

図 23

図において，$\dot{V}_{\rm bc}$ は $\dot{V}_{\rm ca}$ に直交しているので△acb は直角三角形である．$P = Q$ の場合には，$|\dot{V}_{\rm da}| = |\dot{V}_{\rm bd}|$ となり，△adc は二等辺三角形となる．よって，$\theta = 2\varphi$，すなわち $\dot{V}_{\rm cd}$ と $\dot{V}_{\rm bd}$ の間の位相差は 2φ である．

§ 11　分　光　計

1.　目　的

分光計を用い，プリズムの頂角と最小のふれ角（最小偏角）を測定し，ナトリウムの D 線の波長（0.5893 μm）に対するプリズムの屈折率を求める．

2.　解　説

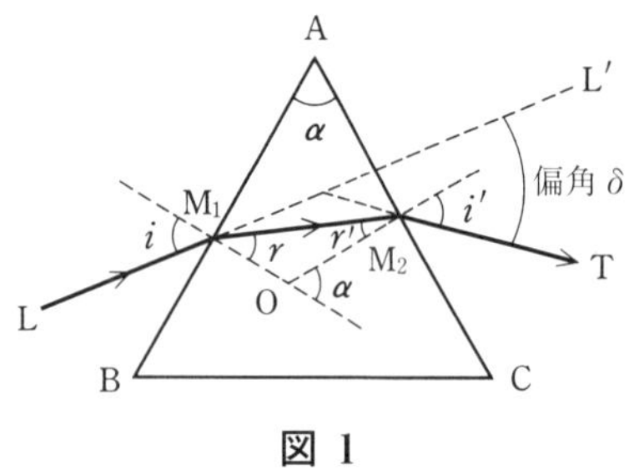

図 1

プリズム ABC を透過する単色光が，図 1 に示すように LM_1M_2T のように進むものとする．光線 LM_1M_2 が AB 面の法線となす角度をそれぞれ i, r とし，光線 M_1M_2T が AC 面の法線となす角をそれぞれ i', r' とする．入射光 LM_1 と透過光 M_2T がなす角度 δ を偏角といい，偏角 δ は，以下のように表されることがわかる．

$$\delta = (i-r)+(i'-r') = (i+i')-(r+r') \qquad (1)$$

プリズムの頂角を α とし AB 面，AC 面の法線が交わる点を O とすれば，$\angle M_1OM_2 = 180-\alpha$ となるため，

$$r+r' = \alpha \qquad (2)$$

となり，(1) 式より

$$\delta = i+i'-\alpha \qquad (3)$$

となる．プリズムの屈折率を n とすれば，

$$n = \frac{\sin i}{\sin r} = \frac{\sin i'}{\sin r'} \qquad (4)$$

であるため，以下の式が成り立つ．

$$i = \sin^{-1}(n \sin r),$$

$$i' = \sin^{-1}(n \sin r') = \sin^{-1}(n \sin(\alpha - r)) \qquad (5)$$

(5) 式を (3) 式に代入すると，

$$\delta = \sin^{-1}(n \sin r)+\sin^{-1}(n \sin(\alpha - r))-\alpha \qquad (6)$$

となる．δ の最小値 δ_0（最小偏角）は $d\delta/dr = 0$ で求められるので，

$$\frac{\mathrm{d}\delta}{\mathrm{d}r} = \frac{n\cos r}{\sqrt{1-n^2\sin^2 r}} - \frac{n\cos(\alpha - r)}{\sqrt{1-n^2\sin^2(\alpha - r)}} = 0 \tag{7}$$

を満足する r を求めればよい．解は $r = \alpha - r$ となればよい．このときの入射角および屈折角に添字 0 をつけて表すと，$r_0 = \alpha/2$ となる．この式と (2) 式より

$$r_0 = r_0' = \frac{\alpha}{2} \tag{8}$$

となる．r_0 と r_0' が等しいため (4) 式より $i_0 = i_0'$ が成り立ち，(3) 式を用いると

$$i_0 = i_0' = \frac{1}{2}(\alpha + \delta_0) \tag{9}$$

となる．すなわち，単色光がプリズムを対称的に通過するとき，つまり図 1 において，$r = r'$ となるとき，その単色光に対する偏角 δ は最小の値 δ_0 を示し (最小偏角)，プリズムの屈折率 n はプリズムの頂角 α と最小偏角 δ_0 を用いて，

$$n = \frac{\sin\frac{1}{2}(\alpha + \delta_0)}{\sin\frac{1}{2}\alpha} \tag{10}$$

と求められる．

3. 実験装置

① **分光計**：分光計はコリメーター C，プリズム台 P，望遠鏡 T からなる (図 2 参照)．コリメーター前部には幅およ

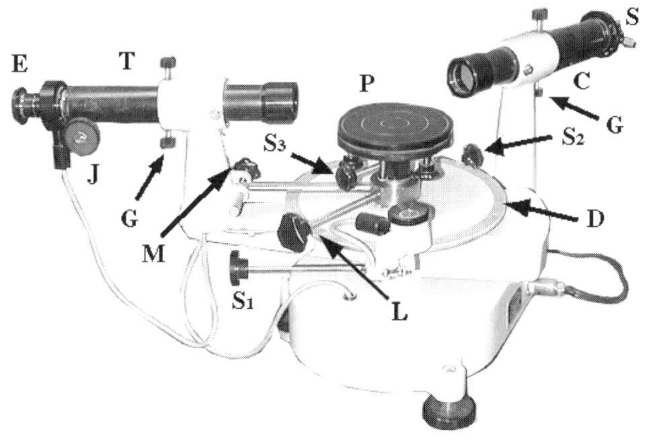

図 2

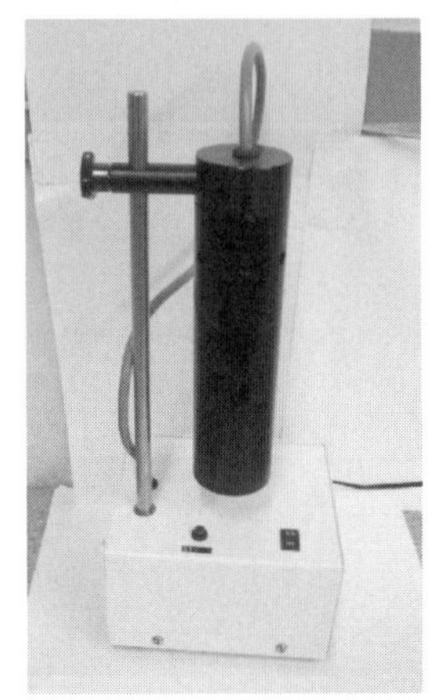

図 3

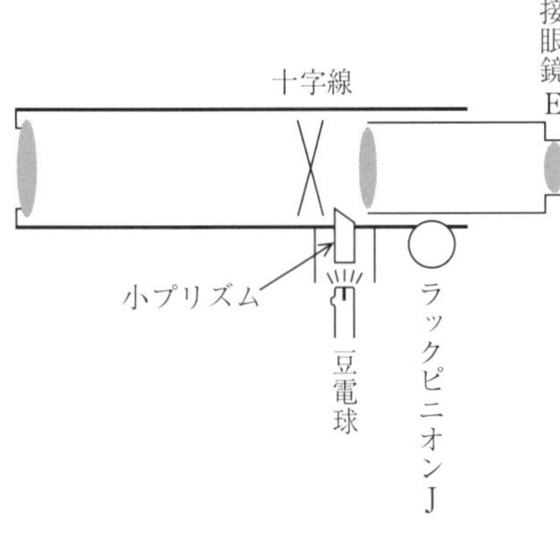

図 4

び長さを変えることができるスリットSがあり，ここから入った単色光は，コリメーターレンズで平行光線となり，プリズム台上にのせたプリズムで屈折した後，望遠鏡内にある十字線上にスリット像を結ぶ．そのスリット像を接眼鏡Eを通して見る．Dは360度に分割された目盛円板であり，角度は望遠鏡に固定された副尺により，1′(1分：1/60°)まで読みとることができる．プリズム台，目盛円板，望遠鏡はそれぞれ独立に，共通な中心軸の周りに回転させることができる．

② **Naランプ**：Naガスを封入したガラス製放電管で，高電圧をかけるとNa原子の励起により線スペクトルの光を発する．実験ではNaの原子スペクトルで一番強い光(D線)を使用し，その波長は0.5893 μm(だいだい色)である．図3に実験で使用するNaランプの写真を示す．

③ **プリズム**：正三角柱をしたガラス製のもので，光を屈折させる．実験で使うプリズムは軽フリントガラスまたは軽クラウンガラス製のものであり，図1のBC面に対応する面が半透明になっている．

④ **豆電球**：望遠鏡に付いている小プリズムから光を入れ，十字線を見やすくして，光軸合わせに用いる(図4参照)．

4．実験方法

4.1　分光計の調整

プリズムの屈折率を正確に測定するためには，次の3つの条件を満足するように分光計を調整しなければならない．

(i) スリットを通過し，コリメーターから出た平行光線が，望遠鏡の十字線上にスリット像を結ぶように調整されていること．

(ii) コリメーター，望遠鏡，プリズム台の回転軸が光軸に対して垂直になるように調整されていること．

(iii) コリメーターから出た平行光線に入射するプリズムの2つの透明な面(AB面およびAC面)が，望遠鏡の回転軸に平行になるように調整されていること．

つまり，コリメーター(C)，プリズム台(P)，望遠鏡(T)が図5(a)のように調整されていればよい．調整前の分光計は図5(b)のようになっている場合が多い．分光計の調整は，最初にコリメーターと望遠鏡を調整し，図5(c)のような配置にするところから始まる．

以下にその簡単な調整法を述べる．ねじS_1，S_2，Lをゆるめ，コリメーターと望遠鏡がほぼ一直線上に向かい合う位置になるように，望遠鏡を回転させる．次に，目盛円板Dを回転させ，コリメーターの位置に目盛の0°が来るようにし，S_1をしめる（これからの調整で望遠鏡を回転させるためS_2はゆるめたままにする）．さらに，コリメーターと望遠鏡の光軸がほぼ直線になるようにねじGを調節する．このとき，コリメーターと望遠鏡の光軸は，できるだけ机に対して平行になるようにする．

注意：望遠鏡を回転させるとき，望遠鏡の台を持って回転させ，直接望遠鏡に触れることがないようにする．また，プリズム台の回転に対しても同様で，プリズム台を水平にするための3本のネジが付いている台を持って回転させるようにする．

以上の操作で，コリメーターと望遠鏡はおおよそ直線上におくことができる．さらに調整を進める．

① 図4に示される小プリズムから，豆電球で光を入れ，十字線を見やすくし，接眼鏡Eを前後させ，十字線に焦点を合わせる．

② コリメーターのスリットにNaランプを近づけ，スリット全体に光が当たるように，Naランプの高さを調節する．

③ 望遠鏡の位置を微調整し（ねじLをしめた状態で，微動ねじMにより調整する），スリットを通り，コリメーターから出た平行光線を望遠鏡でとらえられるようにし，望遠鏡のラックピニオンJを用いて望遠鏡の焦点をスリット像が鮮明に見えるように調整する．さらに，望遠鏡に付いているねじGの微調整を行い，スリット像が十字線上に来るようにする（図6参照）．スリット像はできるだけ細い方が望ましいので，像が鮮明に見える範囲でスリット幅を狭くすること．

④ プリズムをプリズム台の上にのせる．プリズムの置き方は，プリズム台に取り付けられている高さ調整用の3本のねじに対して図7に示されるような幾何学的配置にし，プリズムの中心とプリズム台の回転中心の位置を少しずらしておくと以後の調整がやりやすくなる．さらに，プリズム台の高さを，プリズムの側面の中心付近に光が照射されるように3本のねじ（図7のねじ1,2,3）を使って調整し，かつ，台をおおよそ水平にする．

(a)

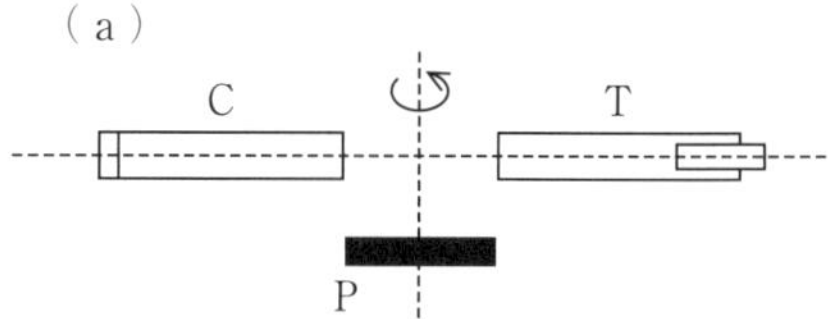

(b)

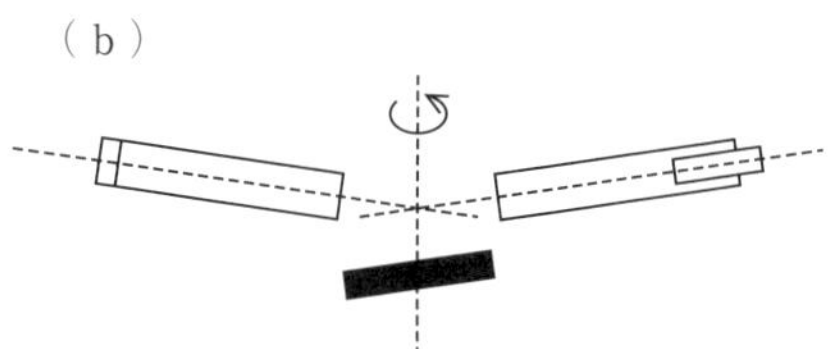

(c)

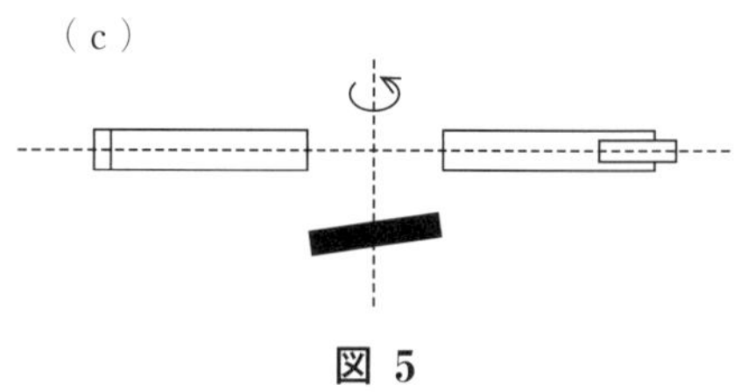

図 5

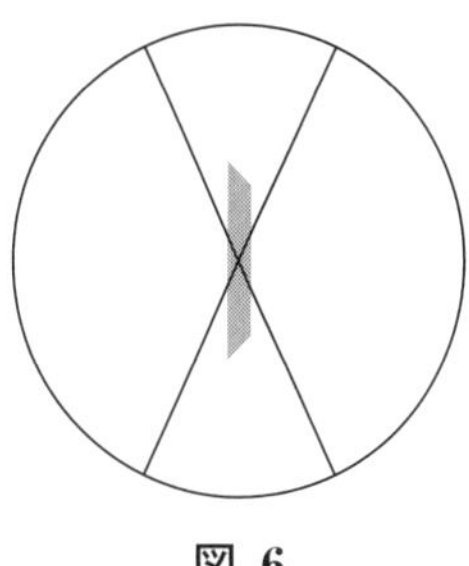

図 6

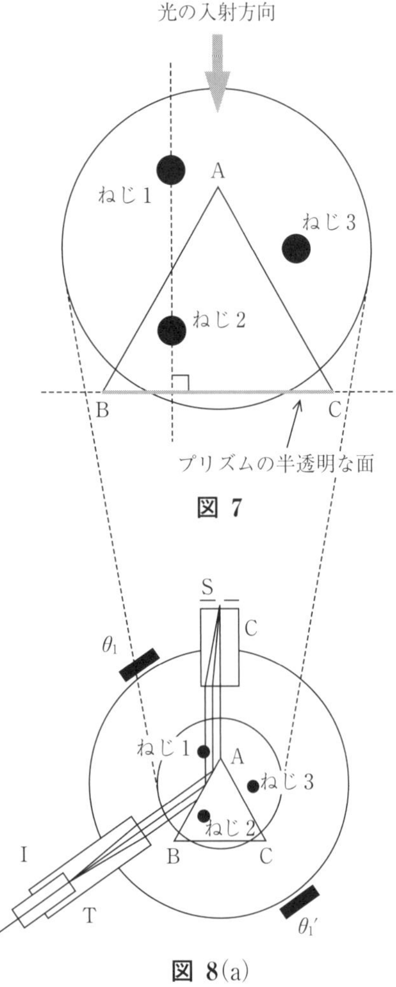

図 7

図 8(a)

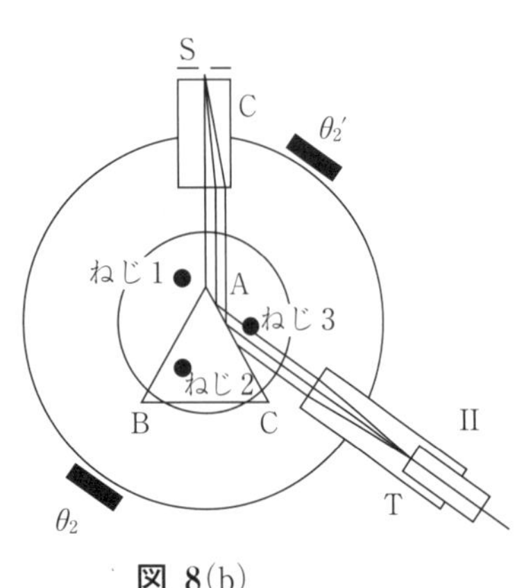

図 8(b)

⑤　ねじLをゆるめて，コリメーター，プリズム，望遠鏡を図8(a)のようにおき，スリット像を望遠鏡で確認し，プリズム台を固定するためS_3をしめる．ここで，望遠鏡をのぞきながらスリット像を確認することは難しいため，あらかじめ肉眼でプリズム面をのぞき，スリット像を探す．その後，望遠鏡を目的の位置まで回転させた後，望遠鏡を利用してスリット像を確認する．確認したスリット像が，十字線の交点にくるようにプリズム台を上下させるねじ1のみによって調整する（望遠鏡とプリズムが図8(a)のような配置にあるときにはねじ2，ねじ3には触れないこと）．

次に，望遠鏡を図8(b)の位置に回転させ，前述と同様にしてスリット像を望遠鏡で確認し，スリット像が十字線の交点にくるように，今度はねじ2のみを使って調整する．

以上の操作を繰り返し，望遠鏡を図8(a),(b)のどちらの位置に回転させても，スリット像が十字線の位置にくるように調整する．

⑥　S_3をゆるめ，プリズム台を回転させ，プリズムの透明な一つの面に望遠鏡がほぼ垂直になるようにおく．望遠鏡の光軸とプリズム面が上から見ても横から見てもほぼ垂直になっていることを確認する．明らかに垂直でないようならば，ねじGで望遠鏡をプリズム面に対して垂直に調整する．

⑦　次に，プリズム台を図8(a)の位置にもどし，望遠鏡でスリット像をのぞきながら，コリメーターのラックピニオンを調整してスリット像が一番はっきり見えるようにし，スリット像と十字線が一致するようにコリメーターの傾きをコリメーターについているねじGを用いて合わせる．この⑦の操作は，すべてコリメーター側を調整することにより行う．

最後に，分光計の最終調整を行うためのオートコリメーション（autocollimation）という操作について記述する．以下の操作はかなり熟練が必要であるので，うまくできなければ省略してもよい．

⑧　⑥で行ったように望遠鏡をプリズムの透明な面（AB面またはAC面）に垂直になるように回転させる．望遠鏡の接眼部近くのプリズムを豆電球で照らすと，望遠鏡から出た豆電球の光がプリズム面で反射され，ふたたび望遠鏡に入射する．この弱い光を，望遠鏡の焦点をラックピニオンJで少しだけ変化させ，観察できるようにする．望遠鏡の視野には図9で示されるようなもの（小プリズムの反射像）が見える

はずである．ここで，図 9 中に点線で示された十字線は望遠鏡に取り付けられている十字線が，豆電球で照られ，望遠鏡から出た光がプリズム面で反射して，再び望遠鏡に入り，結像された十字線である．

⑨　ねじ L がしめられていることを確認し，左右は望遠鏡の微動ねじ M を使い，上下はねじ G を用いて，望遠鏡を左右，上下に微調整し，十字線と反射像中の十字線がたがいに重なるように合わせる．さらに目を左右に動かし重なり合った十字線の像が相対運動をしないように，ラックピニオン J で望遠鏡の焦点を細かく合わせる．

⑩　ねじ L をゆるめて，⑦,⑧,⑨ を繰り返す．この操作を繰り返すことにより，分光計が図 5(a) のように完全に調整される．

注意：コリメーター，プリズム，望遠鏡を図 10 のようにおき，プリズムで屈折した光を望遠鏡でとらえる．望遠鏡を左右に回転させたとき，スリット像が上下にずれたり，ぼけたりする場合は調整に失敗しており，はじめから分光計の調整をやり直す．

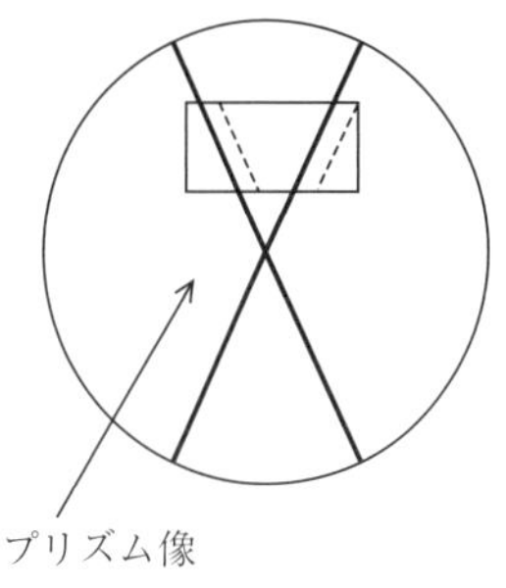

図 9

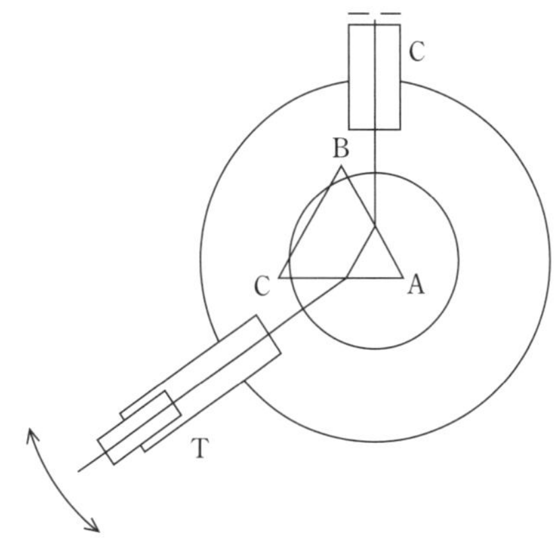

図 10

4.2　プリズム頂角の測定

図 11 を示すように，コリメーターを通った，だいだい色の NaD 線がプリズムの頂角 α のほぼ真上を照射するようにプリズム台を回転させる．次に望遠鏡を回転させ，プリズムの AB 面で反射した NaD 線をとらえ，スリット像と望遠鏡内の十字線の交点が一致するように望遠鏡の位置を調整する (図 11 の I の位置に対応)．このときの円板の目盛を副尺を利用して正確に読み，それぞれ θ_1, θ_1' とする．次にプリズムの位置を動かさないように注意し，同様の操作を行い，プリズムの AC 面で反射した光を望遠鏡でとらえ (図 11 の II の位置に対応)，そのときの目盛の読みをそれぞれ θ_2, θ_2' とする．測定は 2 回行う．

$\theta_1-\theta_2$，$\theta_1'-\theta_2'$ の値を求め，その平均を β とする．プリズムの頂角 α は

$$\alpha=\frac{\beta}{2} \tag{11}$$

で求められる (理由は各自考えよ)．なお，$\theta_1-\theta_2$ はほぼ $120°$ であるので，大きくずれた場合 ($30'=0.5°$ もずれることはない) は，測定しなおすこと*).

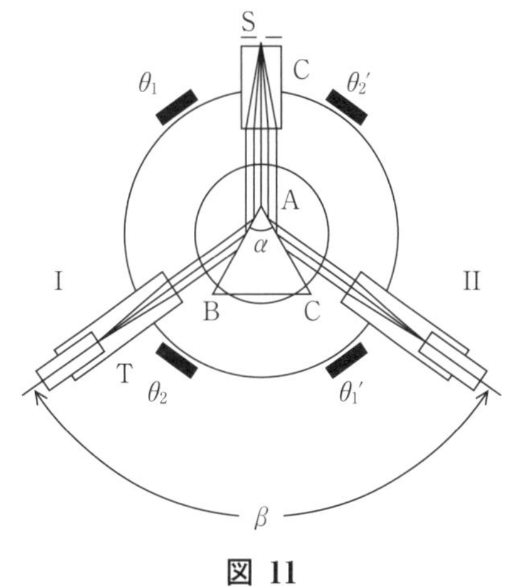

図 11

*)　髪が触れるなどしてプリズムが動くことがあるので注意すること．

4.3 最小偏角の測定

まず，図12(a)に示すように，コリメーターを通過した光がプリズムのAB面に入射するようにプリズムの位置を調整する．さらに，プリズムで屈折されてAC面より出てきた光を望遠鏡を回転させとらえる(プリズムの頂角の測定のときにとらえたスリット像が見える)．次に，望遠鏡を動かさないようにのぞきながら，プリズム台を左右に回転させ，スリット像が十字線に対してどのように移動するかを観察する．もし，コリメーターを通過した光がプリズムの頂角に対して対称的にプリズムを通過するとき，つまり，プリズムの中を通過する光がプリズムのBC面に平行ならば，プリズム台を左右いずれの方向に回転させてもふれの角δは必ず増加し，スリット像はプリズムの回転に対して常に左方向に動くようになる．このようにならなければ，ふれの角δは最小偏角δ_0付近にないことになるため，プリズム台を左右どちらかの方向に少しだけ回転させた位置で止め，再度望遠鏡を回転させスリット像をとらえ，望遠鏡でスリット像の動きを観察しながら，プリズム台を左右に回転させて，スリット像がプリズムの回転に対して左方向のみに動く位置を探す．そのような位置が見つかったらプリズム台の回転を止め，十字線をスリット像に一致させるように望遠鏡を回転させる．この位置が最小偏角δ_0の位置となるため，副尺を使いθ_1, θ_1'を読む．

次に，プリズム台を図12(b)に示すように回転させ，もしくはプリズムのみを回転させ(プリズム頂角の測定と違いプリズムの位置を動かさないように注意する必要はない)，コリメーターを通過した光がプリズムのAC面に入射するようにプリズムの位置を調整する．その後，同様な操作により

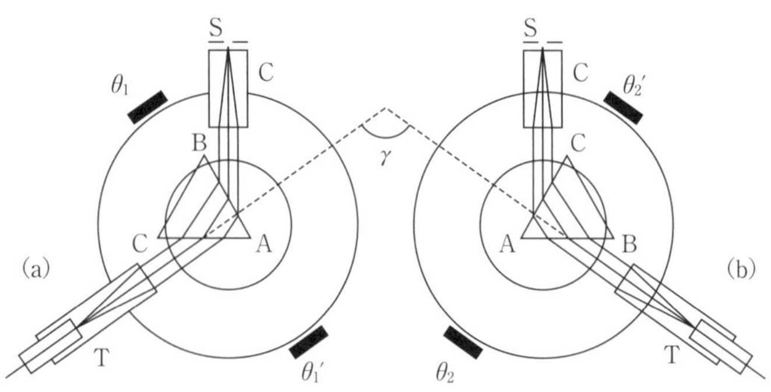

図 12

最小偏角の位置を読みとり，θ_2, θ_2' とする．ただし，前回と違いプリズム台の左右の回転に対してスリット像の動く方向は右方向のみとなる．測定は 2 回行う．

4.2 で行ったように $\theta_1-\theta_2$，$\theta_1'-\theta_2'$ の値を求め，その平均 γ をとれば，その値は最小偏角 δ_0 の 2 倍の角度になっているため，

$$\delta_0 = \frac{\gamma}{2} \tag{12}$$

によって最小偏角が求まる．なお，4 つの $\theta_1-\theta_2$ の値の間に大きなずれ（30′ もずれることはない）があった場合は，測定しなおすこと．

4.4　プリズムの屈折率の測定

前節 **4.2** および **4.3** で求めたプリズムの頂角 α と最小偏角 δ を用いて，プリズムの屈折率 n を算出する．プリズムの屈折率 n は（10）式により与えられている．

プリズムの頂角 α および最小偏角 δ の測定のとき，分光計の目盛円板の値を副尺を利用して読みとるが，目盛円板は全円周を 0.5° まで目盛ってあり，副尺は主尺の最小目盛 0.5°（30′：30 分(ふん)）の 29 目盛分を副尺上で 30 等分してあることに注意しなければならない．このことに注意して，図 13 の目盛円板の値を副尺を利用して読むと，0.5° が 30′ であることから，(132° + 30′) + 14′ = 132° 44′ と読むことができ，度に換算すれば，132° + (44/60)° = 132.73° となる*)．

*）1° = 60′（60 分(ふん)），1′ = 60″（60 秒）に注意して計算を行うこと．

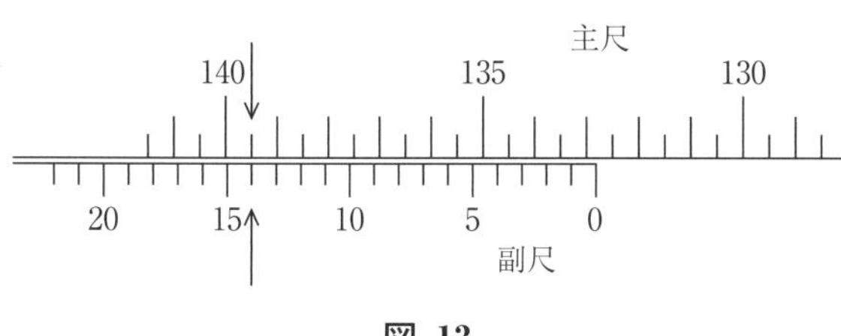

図 13

5.　測定値の整理と計算

① プリズムに貼ってあるシールに書かれた材質を記録する．

② 測定例にならって，プリズムの頂角 α の測定値を表にまとめ，頂角 α を計算する．

③ NaD 線（波長 = 0.5893 μm）に対するプリズムの最小

偏角 δ_0 の測定値を表にまとめ，最小偏角 δ_0 を計算する．

④　測定した α, δ_0 を (10) 式に代入し，波長 0.5893 µm の光に対するプリズムの屈折率 n_D を求める．
考察では付録の値と比較・検討する．

6．測 定 例

①　プリズムの材質：××××

②　プリズムの頂角 α の測定

	I の位置	II の位置	差 (β)
1 回目	$\theta_1 = 318°\,20'$ $\theta_1' = 138°\,20'$	$\theta_2 = 198°\,26'$ $\theta_2' = 18°\,18'$	$\theta_1 - \theta_2 = 119°\,54'$ $\theta_1' - \theta_2' = 120°\,2'$
2 回目	$\theta_1 = 318°\,22'$ $\theta_1' = 138°\,23'$	$\theta_2 = 198°\,29'$ $\theta_2' = 18°\,22'$	$\theta_1 - \theta_2 = 119°\,53'$ $\theta_1' - \theta_2' = 120°\,1'$

$$\beta = \frac{1}{4}(119°\,54' + 120°\,2' + 119°\,53' + 120°\,1')$$
$$= 119°\,57'30''$$
$$= \frac{1}{4}(119.90° + 120.03° + 119.88° + 120.02°)$$
$$= 119.96°$$

頂角 α

$$\alpha = \beta/2 = \frac{1}{2} \times 119°\,57'\,30'' = 59°\,59'$$
$$= \frac{1}{2} \times 119.96° = 59.98°$$

③　最小偏角 δ_0 の測定

	I の位置	II の位置	差 (γ)
1 回目	$\theta_1 = 312°\,22'$ $\theta_1' = 132°\,24'$	$\theta_2 = 216°\,2'$ $\theta_2' = 35°\,59'$	$\theta_1 - \theta_2 = 96°\,20'$ $\theta_1' - \theta_2' = 96°\,25'$
2 回目	$\theta_1 = 312°\,24'$ $\theta_1' = 132°\,25'$	$\theta_2 = 216°\,1'$ $\theta_2' = 35°\,58'$	$\theta_1 - \theta_2 = 96°\,23'$ $\theta_1' - \theta_2' = 96°\,27'$

$$\gamma = \frac{1}{4}(96°\,20' + 96°\,25' + 96°\,23' + 96°\,27')$$
$$= 96°\,23'\,45''$$
$$= \frac{1}{4}(96.33° + 96.42° + 96.38° + 96.45°)$$
$$= 96.40°$$

最小偏角 δ_0

$$\delta_0 = \frac{\gamma}{2} = \frac{1}{2} \times 96^\circ 23' 45'' = 48^\circ 12'$$

$$= \frac{1}{2} \times 96.40^\circ = 48.20^\circ$$

④　NaD 線（波長 0.5893 μm）に対するプリズムの屈折率 n_D

$$n_D = \frac{\sin \frac{1}{2}(\alpha + \delta_0)}{\sin \frac{1}{2}\alpha} = \frac{\sin \frac{1}{2}(59^\circ 59' + 48^\circ 12')}{\sin\left(\frac{1}{2} \times 59^\circ 59'\right)}$$

$$= \frac{\sin \frac{1}{2}(59.98^\circ + 48.20^\circ)}{\sin\left(\frac{1}{2} \times 59.98^\circ\right)}$$

$$= 1.620$$

§ 12　コンピュータシミュレーションII 振動の合成

1.　目　　的

水平方向と垂直方向の単振動を合成してできる運動の軌跡である「**リサジュー図形**」の性質を理解する．また，垂直方向に任意の振動をとり，これと，水平方向の「**のこぎり波**」(鋸歯状波（きょしじょう）)とを合成すると，垂直方向の振動の波形が描かれる．この**掃引**の原理を理解する．

2.　原理の解説

2.1　楕円振動とリサジュー図形

x, y 座標がそれぞれ

$$y(t) = A\sin(\omega_1 t + \alpha) \quad (1)$$

$$x(t) = B\sin(\omega_2 t + \beta) \quad (2)$$

のような単振動で与えられる点の運動の軌跡の描く曲線をリサジュー図形という．ここで A, B は振幅，ω_1, ω_2 は角振動数，t は時刻，α, β は初期位相である．

（i）　$\omega_1 = \omega_2 = \omega$ の場合

(1), (2) で与えられる2つの単振動を合成した結果，運動する点が描くグラフの方程式は，この2式から t を消去して以下のように与えられる．

$$\left(\frac{x}{B}\right)^2 + \left(\frac{y}{A}\right)^2 - \frac{2xy\cos(\alpha-\beta)}{AB} = \sin^2(\alpha-\beta) \quad (3)$$

この式は，$\alpha-\beta = n\pi$ (n は整数) の場合は点 (B, A) と点 $(-B, -A)$ を結ぶ直線（線分）または $(-B, A)$ と点 $(B, -A)$ を結ぶ直線（線分）となり，その他の場合は点 $(-B, A)$, $(-B, -A)$, $(B, -A)$, (B, A) を頂点とする長方形に内接する楕円となる．

（ii）　$\omega_1 \neq \omega_2$ の場合

(1) および (2) の振動を合成した振動は，この場合には一般的に複雑な運動となるが，振動数が整数比となるときには軌跡は閉じた曲線を描き周期運動となる*).

例　$\omega_1 = 2\omega,\ \omega_2 = \omega,\ \beta = 0$ の場合

$$y = A\sin(\omega_1 t + \alpha) = 2A\sin\omega t\cos\omega t\cos\alpha - A(\sin^2\omega t - \cos^2\omega t)\sin\alpha \tag{4}$$

この式と $x/B = \sin\omega t$ から t を消去すると次のリサジュー図形の方程式が得られる.

$$\left(y - A\left(1 - \frac{2x^2}{B^2}\right)\sin\alpha\right)^2 = 4A^2\frac{x^2}{B^2}\left(1 - \frac{x^2}{B^2}\right)\cos^2\alpha \tag{5}$$

これは複雑な曲線であるが，$\alpha = \pi/2,\ 3\pi/2$ のときは放物線(の一部)となる.

*) § 10　オシロスコープ付録 2 および物理学の教科書のリサジュー図形の作図法も参照せよ.
また，§ 10 の **2.1** の図 2, 図 3, § 10 の **4.2** の図 13 および本文(v)も参照せよ.

2.2　掃　　引

垂直方向の振動が時間の関数として

$$y = f(t) \tag{6}$$

で与えられるとき，合成する水平方向の振動として，振幅 B，角振動数 ω_2，初期位相 ϕ の次の条件を満たす“のこぎり波”(鋸歯状波)をとる．のこぎり波の周期 T_2 は $T_2 = 2\pi/\omega_2$ で与えられる.

このとき，のこぎり波の波形は整数 n を用いて，t の 1 次関数で

$$x = \frac{B}{\pi}\{(\omega_2 t + \phi) - 2n\pi\} \tag{7}$$

ただし

$$(2n-1)\pi < (\omega_2 t + \phi) < (2n+1)\pi \tag{8}$$

と表すことができる．(8) 式は時間 t について書き直すと

$$\left(n - \frac{1}{2} - \frac{\phi}{2\pi}\right)T_2 < t < \left(n + \frac{1}{2} - \frac{\phi}{2\pi}\right)T_2 \tag{9}$$

となる．$0 \leqq \phi \leqq \pi,\ \pi \leqq \phi \leqq 2\pi$ のときののこぎり波のグラフはそれぞれ図 1，図 2 のようになる.

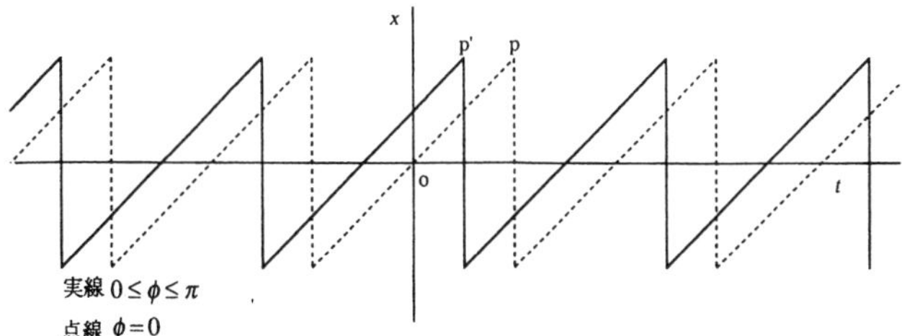

図 1

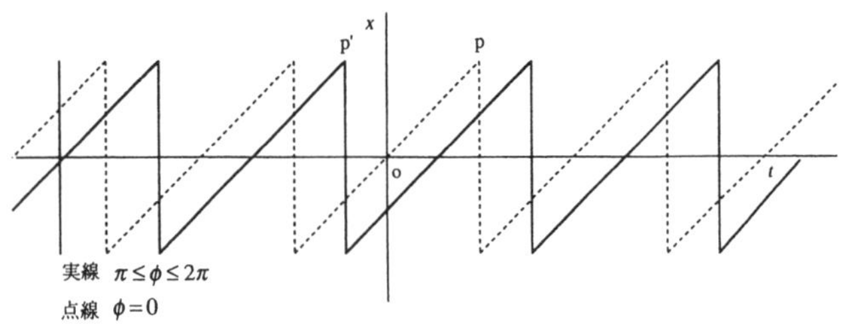

図 2

上記の2つの波を合成すると，水平方向の区間$[-B, B]$に繰り返しxの関数としてyが表示される．つまり，$y = f(t)$の関数形（波形）が鋸歯状波の周期$T_2 = 2\pi/\omega_2$の単位に区切って同じ区間内に次々と描かれることになる．

たとえば，$y = f(t)$が鋸歯状波と同じ振動数の周期関数のときには，垂直方向の振動の1波形が同じ場所に重ね書きされる．また，鋸歯状波の振動数を，垂直振動の振動数の1/2, 1/3, 1/4, …にすると，垂直振動の2波形，3波形，4波形，…が描かれる．

これがオシロスコープなどで，未知の振動の波形や振動数を測定する際に使われる掃引（sweep）の原理である．

3. 実験装置

① PC
　OSはWindowsである．
② シミュレーションソフトウエア
　SimPhysics 2を用いる．

4. 実験方法

このシミュレーションでは，垂直方向と水平方向の振動を合成したときに生じる振動のグラフを時間の経過を追って描くオシロスコープを模倣した実験を行う．オシロスコープとは，2つの入力電圧の大きさと符号を，垂直および水平方向の座標に対応させて表示する装置であり，振動は電圧の変動として与えられる．

実験条件として設定できる事項は「入力振動の種類」，パラメタは入力振動の「振動数」，「振幅」，「初期位相」である．

4.1 シミュレーションの実行手順の練習

a. コンピュータの起動からオシロスコープの初期画面まで

SimPhysics 2 の起動は第IV章§5の **4.1a** と同じである.

左上の「メニュー」から「オシロスコープ」を選ぶと，図4の実行画面になる．シミュレーションはすべてこの状態で行うことができる．

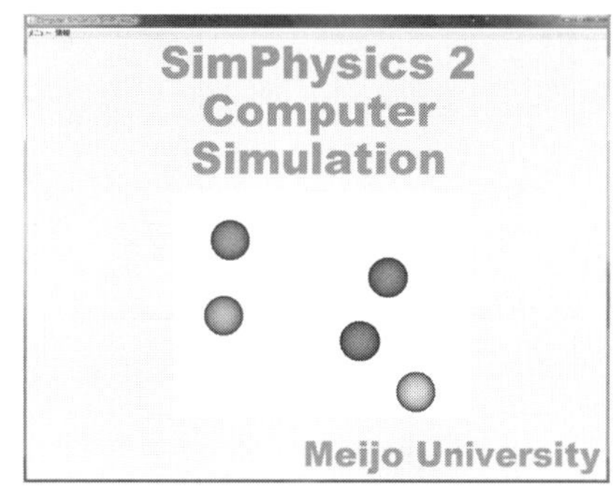

図 3 初期画面

b. 実験条件，パラメタの設定

入力できる振動には「正弦振動」,「鋸歯振動」，垂直入力にはさらに「未知振動」があり，それぞれのボタンを押して選択する．「未知振動」では未知の振動数の正弦波が入力される (図5).「正弦振動」と「鋸歯振動」は実験の途中でも自由に切り替えることができるが,「未知振動」を選択すると「リセット」を押す以外には変更できない.

図 4 実行画面

実験のパラメタは中央のグラフの左右にある入力欄 (図5) にそれぞれ入力する．入力できる数値は 4，5.5 のような形式である．π のように無限につづく小数は，少なくとも6桁は入力すること (表示は6桁に丸められるが，数値は正しく入力されている).

この欄で設定できるパラメタは，振動数〔Hz〕，振幅〔V〕，初期位相〔rad〕である．図5では，それぞれ振動数 60.0 Hz，振幅 0.8 V，初期位相 0.0 rad となっている．

日本語で数値を入力した場合などは警告が出るので，入力しなおす.

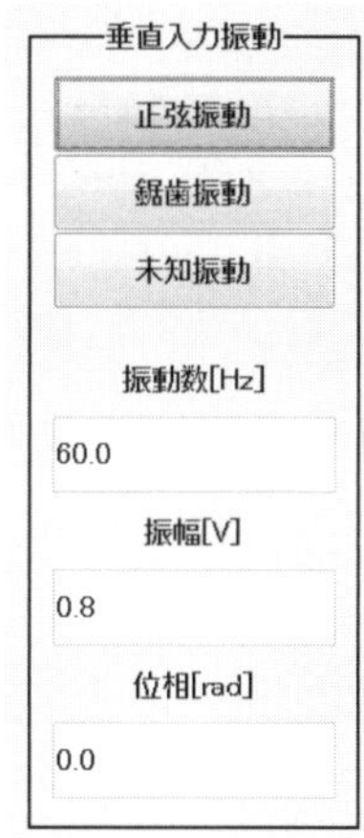

図 5 データ入力欄

c. シミュレーションのスタート・ストップ

「開始」ボタンを押すと，中央のスクリーンに，設定された条件での振動のグラフが描かれ始める (図6). シミュレーション実行中は「開始」ボタンが「停止」に変わっているので,「停止」ボタンを押せば停止できる．シミュレーションは「停止」ボタンを押すまではずっと実行され続ける．軌跡が完全に重なって描かれている場合はグラフからは動いているかどうか判断できないが，ボタンの表示が「停止」になっているときは動作中である．

グラフの大きさは縦横とも 1 V であり，特に必要がなければ振幅の値は変える必要はない.

d. 実験番号の選択

実験は5回 (5種類のパラメタ値) まで行うことができる．起動した直後は1回目の実験が選択されている．1回目の実験が終了したら,「2」のボタンを押す．1回目で使われていたパラメタの値が保存され，次の実験に移行する．同様に

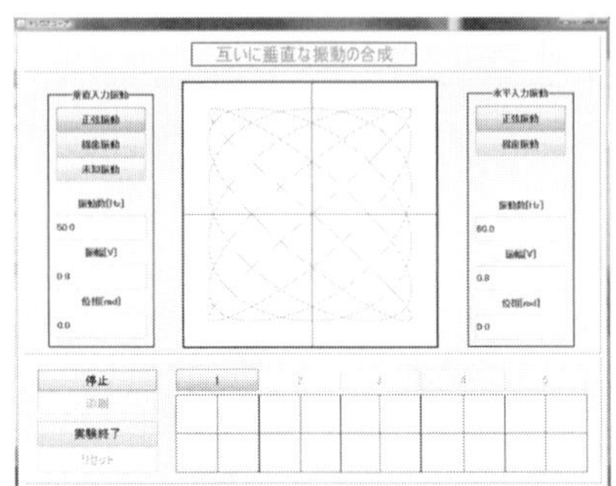

図 6　実　行

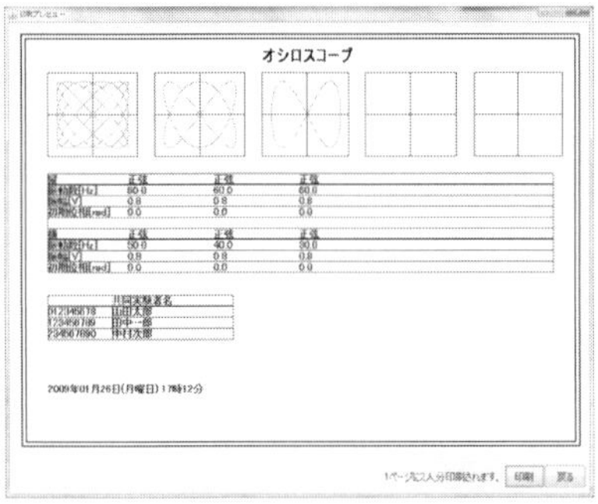

図 7　印刷プレビュー画面

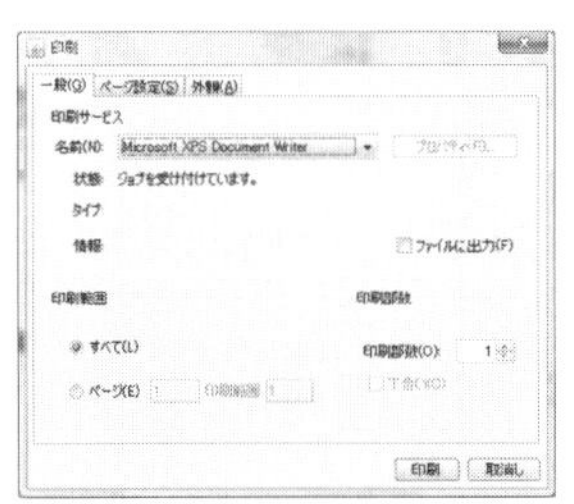

図 8　印刷設定画面

「3」「4」「5」のボタンを押せば，5回までの実験のパラメタを記録することができる．「1」から「5」のボタンは自由に選択できるので，一旦最後までやっても特定の番号のボタンを再度押しなおせば，その回だけやり直すことができる．行った実験のパラメタは「e.　結果のプリンタ出力」に書かれている手順で表示できる．実験の途中でも時々確認するとよい．

実験が終了した場合，あるいは間違っていた場合は，「リセット」ボタンを押すことで実験を最初からやり直すことができる．

e.　結果のプリンタ出力

「印刷」ボタンを押すと，図7の印刷プレビュー画面が表示される．もしグラフの線が表示されていないなどの問題があれば，「戻る」を押して，再度シミュレーションを表示させてみる．問題がなければ，「印刷」ボタンを押すと，図8の窓が開いて印刷の設定ができる．最初に入力したメンバーの人数分のグラフが印刷されるように自動的に設定されているので，設定は変えない．さらに「印刷」ボタンを押せば印刷される．

4.2　オシロスコープのシミュレーション

課題1（楕円振動）：この課題では，水平入力と垂直入力に同じ振動数の正弦波をとり，初期位相を変化させたときに合成された振動がどのように変化するかを観察する．

a.　実験条件の設定

(ⅰ)「1」のボタンが選択されていることを確認する．
(ⅱ) 水平と垂直の入力の種類を正弦波に設定する．
(ⅲ) 水平と垂直の振動数を同じ値に設定する．
(ⅳ) 振幅は0.8 Vのままでよい．
(ⅴ) 初期位相は最初は両方とも0.0に設定する．

b.　実　行

「開始」ボタンを押して，グラフが一通り描き終わったら「停止」ボタンを押して停止させる．しばらく実行させていると，グラフの線が太くなってくることがあるが，それは計算誤差のためであるので，適当なところで打ち切る．

2回目以降は，「2」から「5」のボタンを選択した後，水平入力の初期位相ϕだけを，それぞれ$0.0 < \phi < \pi/2$，$\phi = \pi/2$，$\pi/2 < \phi < \pi$，$\phi = \pi$に設定して，同様に実行する（図9）．数値の桁数は必要に応じて増やすこと．実験結果は「印

刷」ボタンで見られるので，時々確認すること．初期位相の値とグラフの描き始めの位置がどういう関係になっているかを見ておくとよい．

c．　実験結果のプリンタ出力

5回目までの描画が終わったら，4.1eの手順にしたがってプリンタに出力する．

出力結果に問題がなければ，「リセット」ボタンを押して，次の課題に進む．

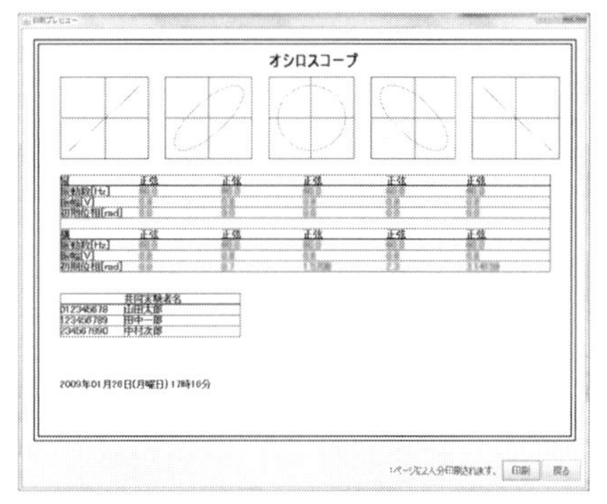

図 9　課題1の実験結果の例

課題2（楕円振動以外のリサジュー図形1）：この課題では，水平方向と垂直方向に振動数が1：1以外の整数比となる正弦波を入力して合成した場合に，どのような振動になるかを観察する．

a．　実験条件の設定

（i）「1」のボタンが選択されていることを確認する．

（ii）　水平と垂直の入力の種類を正弦波に設定する．

（iii）　水平と垂直の振動数を簡単な整数比となる値に設定する．

（iv）　振幅は0.8Vのままでよい．

（v）　初期位相は両方とも0.0に設定する．

b．　実　行

「開始」ボタンを押してグラフが一通り描き終わったら「停止」ボタンを押して停止させる．

2回目以降は，「2」から「5」のボタンを選択した後，水平入力と垂直入力の振動数比が1：3，2：3，5：2など簡単な整数比になる場合を選び，合計5種類（異なったグラフ）を観察する（図10）．

c．　実験結果のプリンタ出力

5回目までのグラフの描画が終わったら，課題1と同じ手順で実行結果をプリンタに出力する．

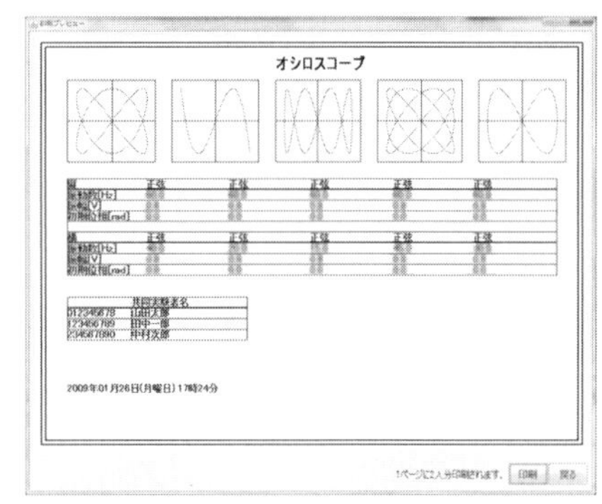

図 10　課題2の実験結果の例

課題3（楕円振動以外のリサジュー図形2）：この課題では，水平方向と垂直方向に振動数が1：2の整数比となる正弦波を入力して，垂直入力の初期位相ϕだけを変化させた場合に，どのような振動になるかを観察する．

a．　実験条件の設定

（i）「1」のボタンが選択されていることを確認する．

（ii）　水平と垂直の入力の種類を正弦波に設定する．

（iii）　水平と垂直の振動数比が1：2となる値に設定する．

（iv）　振幅は 0.8 V のままでよい．
（v）　初期位相は両方とも 0.0 に設定する．

b．　実　行

「開始」ボタンを押して，グラフが一通り描き終わったら「停止」ボタンを押して停止させる．

2 回目以降は，「2」から「5」のボタンを選択した後，垂直入力の初期位相 ϕ を，課題 1 と同様に設定して実行する（図 11）．水平入力の初期位相を変えた場合は，これとは異なった変化になる．余裕があれば確かめてみるとよい．

c．　実験結果のプリンタ出力

5 回目までのグラフの描画が終わったら，課題 1 と同じ手順で実行結果をプリンタに出力する．

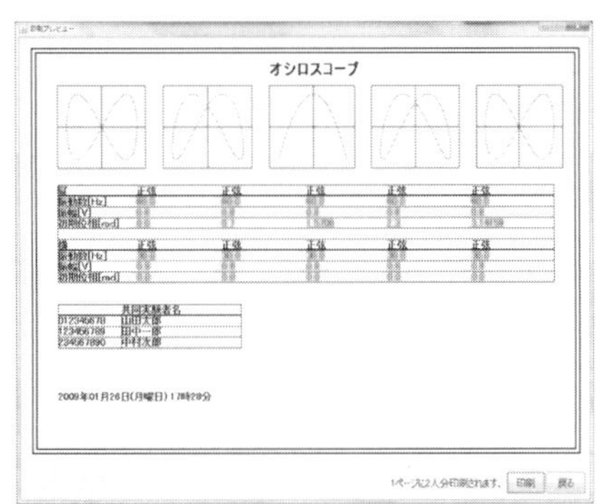

図 11　課題 3 の実験結果の例

課題 4（掃引 1）：この課題では，垂直方向にある振動数の正弦波を入力し，水平方向にのこぎり波（鋸歯状波）を入力して掃引を行い，描かれるグラフを観察する．

a．　実験条件の設定

（i）「1」のボタンが選択されていることを確認する．
（ii）　垂直の入力の種類を正弦波に，水平の入力の種類を鋸歯状波に設定する．
（iii）　水平入力の振動数を垂直入力の振動数の 2 倍となるように設定する．
（iv）　振幅は 0.8 V のままでよい．
（v）　初期位相は両方とも 0.0 に設定する．

b．　実　行

「開始」ボタンを押して，グラフが一通り描き終わったら「停止」ボタンを押して停止させる．

2 回目以降は，「2」から「5」のボタンを選択した後，水平入力の振動数を垂直入力の振動数と同じにした場合と，1/2，1/3，1/4 のそれぞれにした場合について実行する（図 12）．

c．　実験結果のプリンタ出力

5 回目までのグラフの描画が終わったら，課題 1 と同じ手順で実行結果をプリンタに出力する．

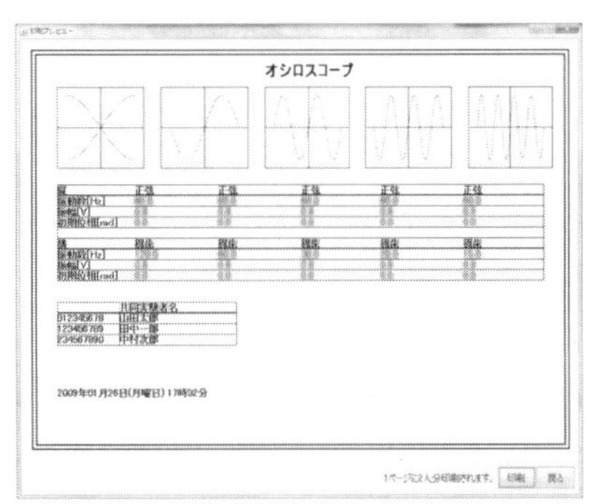

図 12　課題 4 の実験結果の例

課題 5（掃引 2）：この課題では，垂直方向に入力される正弦波の振動数を測定する．振動数が未知の正弦波を垂直方向に入力し，水平方向に入力するのこぎり波（鋸歯状波）の振動数を変化させて掃引を行う．ちょうど 1 つ分の波形が描かれる振動数を見つけることができれば，それが垂直方向に入力した正弦波の振動数に等しい．

a．実験条件の設定

(i)「1」のボタンが選択されていることを確認する．

(ii) 垂直の入力の種類を未知に，水平の入力の種類を鋸歯状波に設定する．

(iii) 水平入力の振動数は最初適当に設定する．

(iv) 振幅は 0.8 V のままでよい．

(v) 初期位相は両方とも 0.0 に設定する．

b．実　行

「開始」ボタンを押すと，最初はグラフが数多く重なって描かれるので，適当に「停止」ボタンを押して停止させる (図 13)．次に，短い時間の間だけ実行し，左端から右端まで 1 回波形を表示する間に，正弦波がいくつ描かれるかを観察する．1 つ以上描かれるときは掃引の振動数を大きくし，1 つより少なくしか描かれないときは掃引の振動数を小さくする．だいたい 1 つ描かれるようになったグラフを 1 回目とする (図 14)．

2 回目は，1 つの波形だけが重なって描かれるように振動数を 0.1 Hz 単位で微調整する．掃引の振動数と未知の振動数が完全に一致すると，未知だった振動数の値が表示される．

3 回目は，さらに振動数を ±0.1 Hz ずらし，2 回目で判明した振動数が確かに正しいことを確認する (波形が少しづつずれていくことを確認する)．図 15 がその実行例である．

c．実験結果のプリンタ出力

3 回目までのグラフの描画が終わったら，課題 1 と同じ手順で実行結果をプリンタに出力する．

時間に余裕があるときは，以下の追加課題を行うこと．

追加課題 1 (いろいろなリサジュー図形)：この課題では，水平方向と垂直方向の振動数比と初期位相 ϕ を変化させ，課題として挙げられているリサジュー図形を作成する．

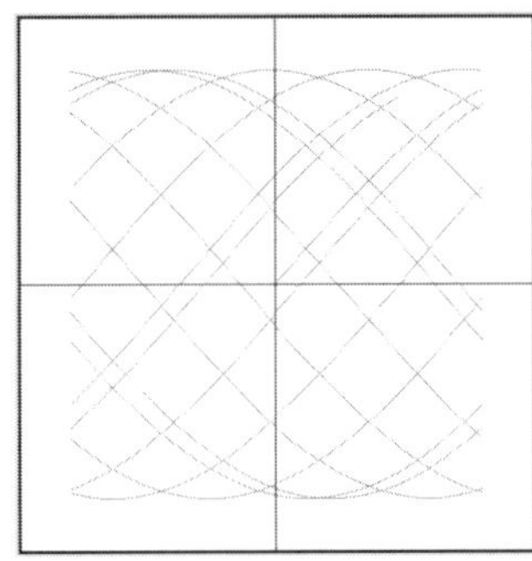

図 13　課題 5 の実行例 1

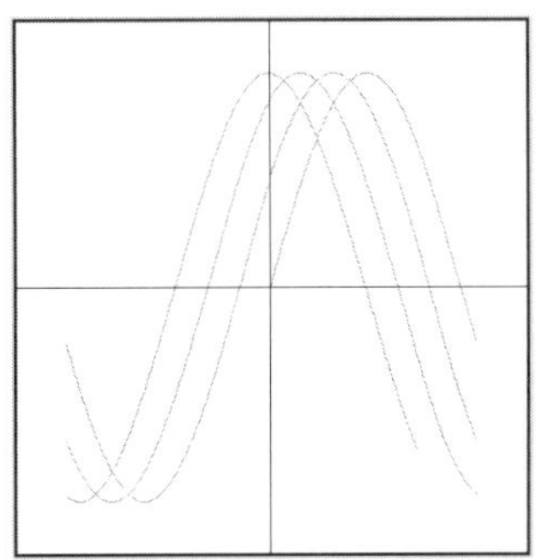

図 14　課題 5 の実行例 2

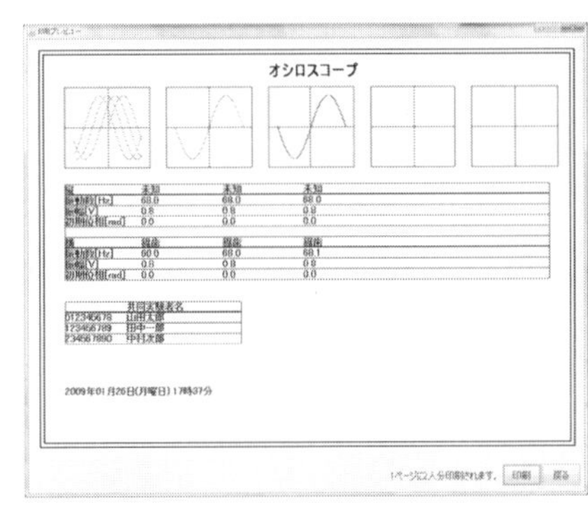

図 15　課題 5 の実験結果の例

【課題図形】

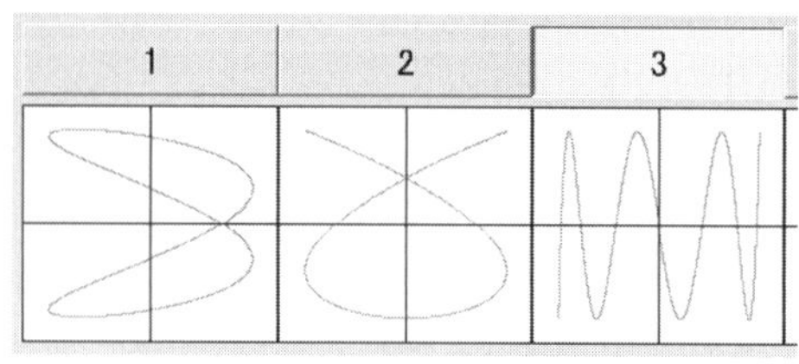

図 16

a．実験条件の設定

（i）「1」のボタンが選択されていることを確認する．

（ii）水平と垂直の入力の種類を正弦波に設定する．

（iii）振幅は0.8 Vのままでよい．

b．実　行

課題図形を見ながら，水平と垂直の振動数比，初期位相を設定し，グラフを描かせる．同じ図形にならなかった場合は，振動数比，初期位相ϕを種々変化させて同じ作業を繰り返す．同じ図形が見つけられないときは，課題2の図形を表示して，位相を変えたときにどのように変化するかを観察するとよい．

c．実験結果のプリンタ出力

3回目までのグラフの描画が終わったら，課題1と同じ手順で実行結果をプリンタに出力する．

追加課題2（いろいろな掃引）：この課題では，水平方向と垂直方向に正弦波やのこぎり波を入力し，課題として挙げられている図形を作成する．

【課題図形】

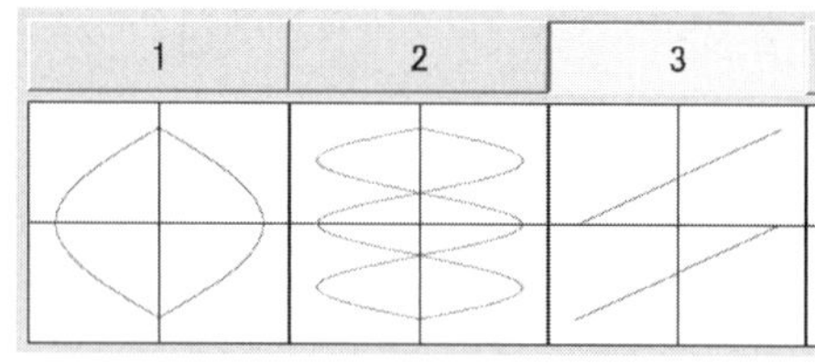

図 17

a．実験条件の設定

（i）「1」のボタンが選択されていることを確認する．

（ii）水平，垂直入力の振動数，初期位相は最初適当に設定する．

（iii）　振幅は 0.8 V のままでよい．

b．実　行

課題図形を見ながら，水平，垂直入力の種類は正弦波かのこぎり波かを判断し，それぞれ振動数を設定する．描かれた図形を見ながら，振動数や初期位相を設定しなおし，課題図形と同じになるように調整する．

c．実験結果のプリンタ出力

3 回目までのグラフの描画が終わったら，課題 1 と同じ手順で実行結果をプリンタに出力する．

4.3　そ　の　他

課題に実施に際しては，指示された条件以外にも，自分が知りたい条件でシミュレーションを行い，リサジュー図形や掃引の性質を理解するようにするとよい．

4.4　SimPhysics 2 とシステムの終了

第 IV 章§5 と同じ手順で SimPhysics 2 を終了し，電源を切る（p. 81 参照）．

5．実験結果の整理

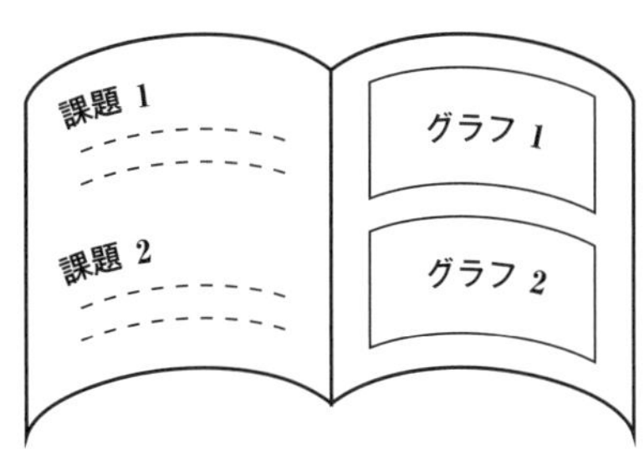

実験結果は課題 1，課題 2，…の順に整理する．プリンタ出力したグラフは右ページに 1 ページ当たり 2 つ貼り付ける．その結果から何がわかったかを左ページに記述する．

また，考察の項目に何を書くかは，担当者の指示に従うこと．その他にこのシミュレーションをどのように改良したらよいか，提案があったら書いておく．

付　　録

物理学実験における安全環境対策マニュアル

1. 目　　的

本マニュアルは，名城大学理工学部で開講されている「物理学実験Ⅰ・Ⅱ」を安全に実施し，廃棄物などの処理を適正に行うための手引書である．

2. 安全の推進

全ての実験において，一人一人に与えられた最も大切，かつ重要な義務は，自らの安全の確保である．常に教員から受けた注意事項をよく頭に入れるとともに，自らが自らの安全を確保して実験することが必要である．

不幸にして事故が発生した場合は，本人またはグループの仲間で担当教員に至急連絡する．以下に緊急時の対応を記す．

（1） 人身事故の場合

① 被災者を安全な場所に移動させる．

② 出血していたら止血をする．

③ 怪我をした場合の連絡順：学生⟹担当教員⟹医務室（内線：2361）⟹名古屋第二赤十字病院（052-832-1121）または名古屋記念病院（052-804-1111）

（2） 火災の場合

① 初期消火をする．

② 電源を切る．

③ 安全に避難し，煙，ガスなどが発生した場合には風上へ移動する．

④ 火災が発生した場合の連絡順：学生⟹担当教員⟹理工学部事務室（内線：5012 または 5013）一般教養事務室（内線：5880）防災センター（内線：2185）のいずれかに連絡する．

（3） 地震の場合

① 機材の落下や転倒に注意し，安全な空間に身を寄せる．

② 実験台，戸棚などからの薬品瓶などの落下に注意する．

③ 電源を切り，火災の発生を防ぐ．

④ すみやかに安全な場所へ移動する．

3. 学生実験の心構え

（1） 受講前の注意事項

実験は初回のガイダンス時に配布する「物理学実験予定表」に従って実施する．実験実施の前に，用意する事柄，注意事項などは，初回のガイダンス時に説明する．実験にのぞむに当たって最も大切なことは，事前に予習をしておくことである．予習がされていない場合には，実験に入ることはできない．それは実験の教育効果が期待できないためばかりではなく，人身事故の原因となるような大きな失敗が出現しやすいからである．

（2） 服装

物理実験を行う場合は，服装についての指定は特にない．ただ，乱れた服装は事故につながる危険性が高いので，こざっぱりした服装を心がけること．

（3） 実験実施中の注意事項

実験は3,4人がグループを組んで行うので，お互いの迷惑にならないよう安全を心がけて実施しなければならない．以下に，実験中の注意事項を列挙する．

ア．測定器具などの取り扱いは十分に注意し，安全を確認してから実験を開始する．特に，電気機器を取り扱う実験では感電の恐れが常にある．機器を配線する場合には，金属のターミナル部分に直接素手を触れないよう，その取り扱いには十二分に注意を払うこと．

イ．器具が故障していると，火災や，感電の原因となることがある．使用器具に異常がある場合は，直ちに，担当教員に申し出ること．

ウ．実験中に，器具を破損した場合は，直ちに担当教員に連絡すること．また，実験室での飲食・喫煙は器具の故障や火災につながる恐れがあるので，これらの行為は厳禁する．破損の原因〔故意，重大な不注意〕によっては弁済を科す場合もある．

エ．特に注意する必要のある実験題目と注意事項を以下に列挙する．

① 物理学実験Ⅰの「§1 金属電気抵抗」：ビーカーに入れた水の温度を100℃まで上げるので，火傷をしないよう注意すること．

② 物理学実験Ⅰの「§2 磁場中の荷電粒子の運動」：直流電源の最高時の測定電圧は300 Vであり，感電の危険があるので配線の際には十二分に注意すること．

③ 物理学実験Ⅱの「§9 熱電対の熱起電力」：電気炉は300～400℃の高温になるため，磁製管内の溶融金属が突沸する危険がある．顔や手を電気炉の真上に置いたり，電気炉に直接手を触れないようにすること．

（4） 実験終了後の注意事項

使用した実験器具の整理整頓をし，机上の清掃をする．その際，ちり紙などの一般廃棄物は，廊下に備え付けのゴミ箱に分別して入れる．また，実験実習によって生じた産業廃棄物などは担当教員の指示に従い，所定の場所に保管する．

付録 I　間接測定の比例誤差の計算

測定すべき1つの量 W が直接測定される量 $x, y, z, \cdots$ などの関数として,

$$W = f(x, y, z, \cdots) \tag{1}$$

と表される場合を考えよう. $x, y, z, \cdots$ の真値を $X, Y, Z, \cdots$ として, その測定誤差を $\Delta x, \Delta y, \Delta z, \cdots$ とするとき, 間接測定値 W として,

$$W = f(X+\Delta x, Y+\Delta y, Z+\Delta z, \cdots) \tag{2}$$

が得られる. 真値 W_0 は,

$$W_0 = f(X, Y, Z, \cdots) \tag{3}$$

であるから, W_0 に対する誤差 ΔW は,

$$\Delta W = W - W_0 = f(X+\Delta x, Y+\Delta y, Z+\Delta z, \cdots) - f(X, Y, Z, \cdots) \tag{4}$$

となる. 一方, 誤差 $\Delta x, \Delta y, \Delta z, \cdots$ は真値 $X, Y, Z, \cdots$ に対して微小量と考えられるので, 関数 W を Taylor 展開してその一次の項までをとると,

$$W = f(X, Y, Z, \cdots) + \frac{\partial f}{\partial x}\Delta x + \frac{\partial f}{\partial y}\Delta y + \frac{\partial f}{\partial z}\Delta z + \cdots \tag{5}$$

となる. (5) 式を (4) 式に代入すると,

$$\Delta W = \frac{\partial f}{\partial x}\Delta x + \frac{\partial f}{\partial y}\Delta y + \frac{\partial f}{\partial z}\Delta z + \cdots \tag{6}$$

となる. したがって, 間接測定の比例誤差は,

$$\frac{\Delta W}{W} = \frac{1}{f}\frac{\partial f}{\partial x}\Delta x + \frac{1}{f}\frac{\partial f}{\partial y}\Delta y + \frac{1}{f}\frac{\partial f}{\partial z}\Delta z + \cdots \tag{7}$$

という関係式で与えられる.

いま簡単な場合として, $W = f(x, y, z, \cdots) = x^a y^b z^c$ という関数で与えられるときには, たとえば,

$$\frac{\partial f}{\partial x} = ax^{a-1}y^b z^c$$

であるから,

$$\frac{1}{f}\frac{\partial f}{\partial x} = \frac{ax^{a-1}y^b z^c}{x^a y^b z^c} = \frac{a}{x}$$

である. したがって (7) 式は,

$$\frac{\Delta W}{W} = a\frac{\Delta x}{x} + b\frac{\Delta y}{y} + c\frac{\Delta z}{z} \tag{8}$$

となる.

付録 II　Gauss の誤差分布則

(A)　Gauss の誤差分布則

測定値に含まれている誤差のうち系統的なものは何とかして除かれたとしても, まだ偶発的誤差が残っている. 同一対象を何回も測定するとき, 実験中にはいり込む雑多な小原因でたとえ尺度は信用できるときでもその結果に浮動が生ずるのが普通である. したがって1回限りの測定では信頼度が少ない. それで同様の実験を多数回繰返したり,

従来の実験値を集めたりして適当な平均値をとるのが普通である．偶発的誤差に対するこれらのやり方を一般的に根拠づけ，直接測定に限らず一般間接測定からの結果の正しい導き方や，その結果の信頼度を研究した理論が**Gaussの最小自乗法**である．しかし，その一般的方法は相当面倒であるから省略して，別の機会に譲り簡単な場合について，結果を主にして略述する．

問題は2つに分れる．(i) それら多くの測定値から，求めている量の真値としてどんな値を採用すべきか，(ii) その採用した値がどの程度の信頼度をもっているか，ということである．そこでまず直接測定について，誤差が正負大小に応じてどんな頻度で生起するか，誤差分布の様相について考えよう．測定値 x の真の値 X からの誤差 $\xi = x - X$ が連続的な値をとりうるもの[1]として，それが ξ と $\xi + \mathrm{d}\xi$ の間の値をとる確率，すなわち，この間での誤差の生起回数の全回数に対する比が $\phi(\xi)\,\mathrm{d}\xi$ で表されるとき，$\phi(\xi)$ を値 ξ での誤差の確率密度と呼んでいる．確率の定義から明らかに，

$$\int_{-\infty}^{+\infty} \phi(\xi)\,\mathrm{d}\xi = 1 \tag{1}$$

である．何故ならば $-\infty$，$+\infty$ の間で誤差は必ずどこかで起こるから，何らかの誤差の生起確率は1であるからである．ここで偶発的誤差の性質について，

（ｉ）小さい誤差は大きい誤差より頻繁に起こる．

（ii）正の誤差とそれと同じ大きさの負の誤差とは同じ確からしさで起こる．

（iii）非常に大きい誤差は実際には起こらない．

このような3つの性質を偶発的誤差に与えるのはわれわれの考え方の自然である．したがって非常に多数回測定してその平均値をとれば，それは回数に限りなく多くしていくほど真の値に近くなる可能性が大きくなると考えられるであろう．このような考え方から出発してGaussは確率論を使って，偶発誤差の確率密度を与える関数として，

$$\phi(\xi) = \frac{h}{\sqrt{\pi}}\mathrm{e}^{-h^2\xi^2} \qquad h = \text{定数} \tag{2}$$

を導いた．それでこの関係で示される分布則を**Gaussの分布則**という．これをグラフで示すと図のような左右対称の曲線になるが，これをGaussの誤差曲線という．

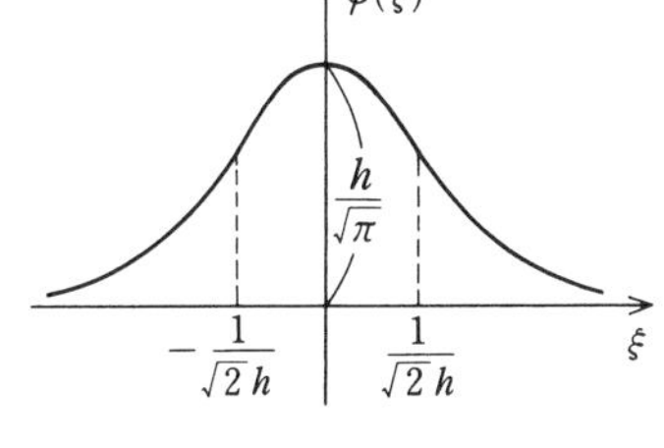

明らかに $\phi(0) = \dfrac{h}{\sqrt{\pi}}$ は $\phi(\xi)$ の最大値を与え，また $\phi'(\xi)$ をとればわかるように曲線は $\xi = \dfrac{1}{\sqrt{2}\,h}$ のところに変曲点をもっている．それで定数が大きいほど山は高く細くなっている．これは h が大きいときは，小さい誤差の起こる確率が大きいことを示し，測定値の真値への密集度が大きく，その実験の信頼度が高いことを表している．また h が小さいことは得られた結果の浮動，ばらつきが大きいことを表している．よって h の大小は信頼度の大小を表すものと考え，h を精確度または精度係数という．

1）第III章　測定論のところでは誤差を Δx と表した．ここでは，その誤差が連続的な値をとりうる変数という意味を含めて，変数 ξ で表すことにする．

(B) 特性誤差

誤差がGaussの分布則に従う実験で，個々の測定値の信頼度すなわち測定値の密集度を表示するものとして，なお次のような量をも考える．

(a) **平均誤差**　これは各誤差ξの絶対値の平均をGaussの分布則から求めたもので，

$$\sigma = \frac{2\int_0^{\infty} \xi\phi(\xi)\,\mathrm{d}\xi}{\int_{-\infty}^{+\infty}\phi(\xi)\,\mathrm{d}\xi} = 2\int_0^{\infty}\frac{h\xi}{\sqrt{\pi}}\mathrm{e}^{-h^2\xi^2}\mathrm{d}\xi = \frac{1}{\sqrt{\pi}h} \fallingdotseq \frac{0.56419}{h} \tag{1}$$

によって与えられるものである．これは積分によったものであるが，1回1回測定を行なうと考えた場合には$\dfrac{|\xi_1|+|\xi_2|+\cdots\cdots+|\xi_n|}{n} = \dfrac{\sum|\xi|}{n}$なる値の$n\to\infty$のときの極限値と考えてよい．すなわち，

$$\sigma = \lim_{n\to\infty}\frac{\sum|\xi|}{n} = \frac{1}{\sqrt{\pi}h} \fallingdotseq \frac{0.56419}{h} \tag{2}$$

(b) **標準誤差**　これは各誤差の2乗の平均の平方根をとったもので，上と同様に積分で表せば，

$$\mu^2 = \frac{\int_{-\infty}^{+\infty}\xi^2\phi(\xi)\,\mathrm{d}\xi}{\int_{-\infty}^{+\infty}\phi(\xi)\,\mathrm{d}\xi} = 2\int_0^{\infty}\frac{h}{\sqrt{\pi}}\xi^2\mathrm{e}^{-h^2\xi^2}\mathrm{d}\xi = \frac{1}{2h^2}$$

$$\therefore\quad \mu = \frac{1}{\sqrt{2}h} \fallingdotseq \frac{0.70711}{h}$$

で与えられるものである．したがって$\sum$で表せば，

$$\mu = \lim_{n\to\infty}\sqrt{\frac{\sum\xi^2}{n}} \fallingdotseq \frac{0.70711}{h} \tag{3}$$

である．

(c) **確率誤差**　ρをある正数として，

$$1 = \int_{-\infty}^{+\infty}\phi(\xi)\,\mathrm{d}\xi = \int_{-\infty}^{-\rho}\phi(\xi)\,\mathrm{d}\xi + \int_{+\rho}^{+\infty}\phi(\xi)\,\mathrm{d}\xi + \int_{-\rho}^{+\rho}\phi(\xi)\,\mathrm{d}\xi$$

と分解して書くと，右辺の前の2項の和は誤差の絶対値がρより大きなことの確率，後の1項はρより小さいことの確率を表している．この両者が等しいとき，すなわち，

$$\int_{-\infty}^{-\rho}\phi(\xi)\,\mathrm{d}\xi + \int_{+\rho}^{+\infty}\phi(\xi)\,\mathrm{d}\xi = \int_{-\rho}^{+\rho}\phi(\xi)\,\mathrm{d}\xi = 2\int_0^{\rho}\frac{h}{\sqrt{\pi}}\mathrm{e}^{-h^2\xi^2}\mathrm{d}\xi = \frac{1}{2}$$

なる関係を満足するρを**確率誤差**という．換言すると，ある1回の測定で誤差が$+\rho$と$-\rho$の間に起きる確率が1/2というようなρのことである．あるいはx'を1回の測定値として誤差$\xi = x'-X$と$-\rho < \xi < \rho$から$X-\rho < x' < X+\rho$．ゆえに$x'-\rho < X < x'+\rho$であるから，真値Xが$x'\pm\rho$の間にある確率が1/2であるようなρのことであるといってよい．上式からρを求めると積分数値表を使って，

$$\rho \fallingdotseq \frac{0.47694}{h} \tag{4}$$

が得られる．(a)，(b)，(c)における以上の3種の量を総称して**特性誤差**という．

真値Xが$x'\pm\rho$の間にある確率が1/2であるとして，$\pm\rho$の幅を2倍，3倍にすると，その中の真値に入る確率は急速に大きくなる．たとえば$x'\pm4\rho$の間に真値のある確率は0.9930となることが示される．すなわち9分9厘まで間違いなく真値Xはこの間に

あることになることを注意しておく．

(A)の h やこれらの特性誤差はみな1回の誤差を取り上げ，その分布状態から得られたものである．基本要素になっているものは1回の測定についての誤差である．よって各1回ごとの測定値に対する信頼度を表すと見なしてよいであろう．σ, μ, ρ が小さいほど，その信頼度は大きいわけである．そしてこれらの間に，

$$\left.\begin{array}{l} h = \dfrac{0.56419}{\sigma} = \dfrac{0.70711}{\mu} = \dfrac{0.47694}{\rho} \\ \rho = 0.67449\mu \end{array}\right\} \tag{5}$$

の関係がある．

ところで，(A)(2)の式の確率密度は起こりうる誤差生起の可能性に対する確率を単に理論上から考えた結果であって，それから導かれた σ，μ，ρ も同様の性質のものである．誤差曲線を実現するにも真値 X を知らねばならず，また測定を無限回行わねばならない．結局，精度係数や特性誤差の値は実際に確定される性質のものではないのである．与えられた装置，測定者，その環境一切を考えたとき，その内に包蔵される理想値である．

付録 III　グラフ表示からの実験式の決め方

(A)　等間隔目盛グラフ

一般に最も広く利用されているグラフであるが，特に実験式を導くに際しては両座標軸の単位長さがいかなる物理量に相当するかを明確にしておかないと大きな誤りをもたらすことがある．図1の例は電圧 E と電流 I の同じ関係を縦軸，横軸の単位のとり方を変えて表現したものである．

E-I の関係は直線的であるから1次式 $I = aE+b$ で表されることは明らかであり，特に $E = 0\,\mathrm{V}$ のとき $I = 20\,\mathrm{mA}$ であるから $b = 20\,\mathrm{mA}$ である．次に直線の勾配 a はみかけ上は図によって異なるが，図中に点線で示したようにそれぞれの軸の相当長さを考慮に入れると，

$$a = \underset{\substack{\uparrow \\ \text{(A)図}}}{\dfrac{20\,\mathrm{mA}}{1\,\mathrm{V}}} = \underset{\substack{\uparrow \\ \text{(B)図}}}{\dfrac{40\,\mathrm{mA}}{2\,\mathrm{V}}} = \underset{\substack{\uparrow \\ \text{(C)図}}}{\dfrac{40\,\mathrm{mA}}{2\,\mathrm{V}}} = 20\,\mathrm{mA/V}$$

となり一致している．したがって求める実験式は $I = 20E+20$ となる．ただし E の単位は V，I の単位は mA である．

このように等間隔目盛グラフの勾配を求めるときには必らず両軸の単位を考慮しなければならないから，両軸に物理量の名称(電圧，電流など)，記号(E, I など)および単位(V, mA など)の記入を忘れてはならない．等間隔目盛グラフで曲線になった場合の実験式は，横座標 x，縦座標 y の間に適当な式(たとえば $y = a^2+bx+c$，$y = a\sqrt{x}+b$ など)を想定して係数 a, b, c などを定めねばならない．

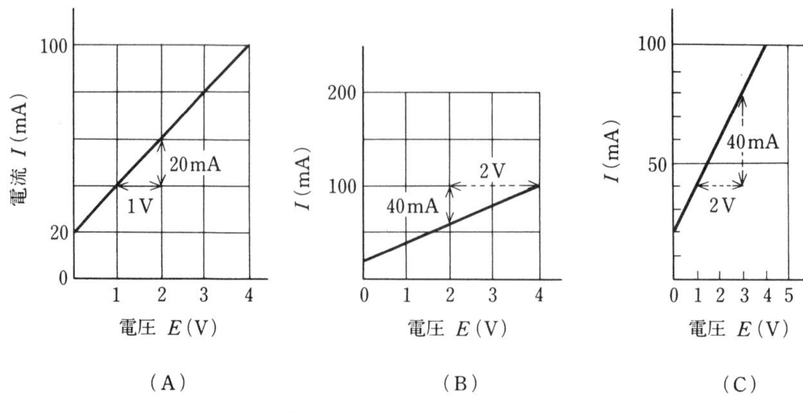

図 1　等間隔目盛グラフ

（B）　全対数目盛（log-log）グラフ

$y = ax^b$（ただし a, b は定数）の形の関数関係を表現するには全対数目盛グラフを利用すれば便利である．両辺の常用対数をとって，

$$\log y = \log a + b \log x$$

となる．もし $\log x = X$，$\log y = Y$，$\log a = A$ とおけば，

$$Y = A + bX$$

となって X，Y の間に直線的な関係が成立し，a, b の値は容易に決定される．具体的な例で示すと電圧 E と電流 I の間に図 2 の太い実線の示す関係があるものとする．図において，横軸上の目盛 1 および 10 の点の間隔を U_e とすれば，この長さは対数目盛の性質から $\log 10 - \log 1 = 1$ すなわち横軸の単位長さに相当し，同様に縦軸上の目盛 0.1 および 1.0 の点の間隔を $U_i U_t$ とすれば，これが縦軸の単位長さに相当する．すなわち物理量の大きさの絶対値に関係なく，値が相対的に 10 倍になるごとに 1 単位づつ座標がふえていることが対数目盛の特色である．

いま $I = aE^b$ の関係を想定すれば，

$$\log I = \log a + b \log E$$

となり，特に $E = 1$ に対して $I = a$ となり，図中の点 P の位置より $a = 0.2$ なることがわかる．次に b を求めるために太い実線上の適当な 2 点 $Q_1(E_1, I_1)$，$Q_2(E_2, I_2)$ の位置を利用する．

$$\log I_1 = \log a + b \log E_1$$

$$\log I_2 = \log a + b \log E_2$$

なる関係があるから，

$$\log I_2 - \log I_1 = b(\log E_2 - \log E_1)$$

である．

したがって，

$$b = \frac{\log I_2 - \log I_1}{\log E_2 - \log E_1}$$

しかるに，縦軸の単位長さ 1 で $U_i = 5.0\,\mathrm{cm}$ であるから，$\overline{Q_2H}$ の長さをものさしで測って 0.9 cm であったとすれば，

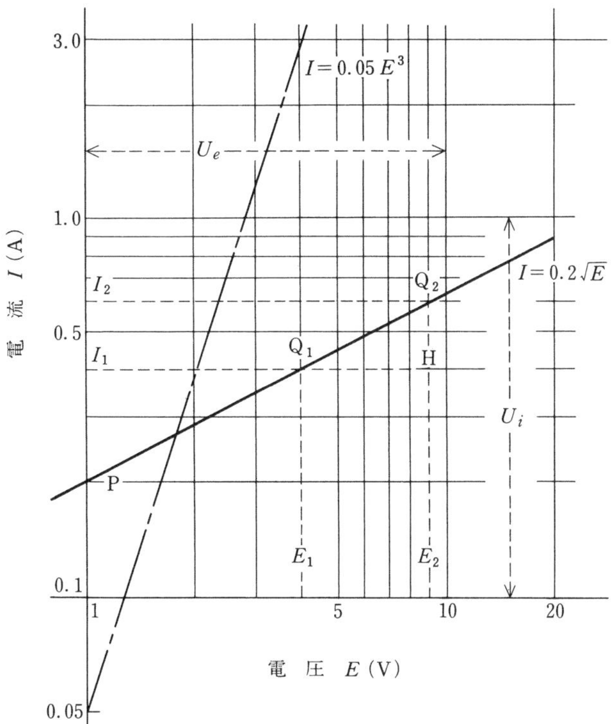

図 2　全対数目盛グラフ

$$\overline{Q_2H} = \log I_2 - \log I_1 = \frac{0.9\ \mathrm{cm}}{U_i}$$

同様にして $\overline{Q_1H}$ の長さをものさしで測って 1.8 cm あったとすれば，

$$\overline{Q_1H} = \log E_2 - \log E_1 = \frac{1.8\ \mathrm{cm}}{U_e}$$

ゆえに，

$$b = \left(\frac{0.9\ \mathrm{cm}}{U_i}\right) \Big/ \left(\frac{1.8\ \mathrm{cm}}{U_e}\right)$$

このグラフの目盛では $U_i = U_e = 5.0\ \mathrm{cm}$ であるから

$$b = \frac{0.9\ \mathrm{cm}}{1.8\ \mathrm{cm}} = \frac{1}{2}$$

を得る．したがって求める実験式は

$$I = 0.2\sqrt{E}$$

となる．

ただし，E の単位は V，I の単位は A である．結局この場合には横座標の 1 に対応する縦座標の読みから a が求められ，直線の幾何学的な勾配（直接にものさしで測って求めた勾配であって，対応する軸の物理量の大きさに左右されない）から b が求められる．

なお縦軸と横軸の単位長さ U_e，U_i が異なるグラフでは，$b = (\text{勾配}) \times \dfrac{U_e}{U_i}$ なることに注意せねばならない．また，目盛は対数目盛にとってあるが，点 Q_1 は $E = 4\,\mathrm{V}$，$I = 0.4\,\mathrm{A}$ を表し，$E = \log 4$，$I = \log 0.4$ を表すのではないから，軸の説明は E, I でよく，$\log E$，$\log I$ と記してはならない．

［問］　図中の鎖線は $I = 0.05E^3$ を表していることを確かめよ．

（C）　半対数目盛（semi-log）グラフ

$y = ak^{bx}$（ただし k は既知定数，a, b は未知定数）の型の関数関係を表現するには半対数目盛のグラフを利用すると便利である．両辺の対数をとって，

$$\log y = \log a + (b \log k)x$$

とする．もし $\log y = Y$，$\log a = A$，$\log k = K$ とおけば，

$$Y = A + bKx$$

となって，x, Y の間に直線的な関係が成立し a, b の値は容易に決定される．

具体的例で示すと放射性物質の質量 m と時間 t の間に図 3 の太い実線の示す関係があるものとする．時間軸は等間隔目盛で単位長さ $U_t = 0.7\,\mathrm{cm}$ が 10 時間に相当し，質量軸は対数目盛で単位長さ $U_m = 4.3\,\mathrm{cm}$ が $\log 10 - \log 1 = 1$ に相当している．このとき，

$$m = a\mathrm{e}^{bt} \quad （ただし\ e\ は自然対数の底）$$

の関係を想定すれば，

$$\log m = \log a + (b \log \mathrm{e})t \quad （ただし\ \log \mathrm{e} = 0.43429\cdots）$$

となり，特に $t = 0$ に対応して $m = a$ となり図中の点 P の位置より $a = 8.0\,(\mathrm{g})$ となることがわかる．次に b を求めるために太い実線上の 2 点 $Q_1(t_1, m_1)$，$Q_2(t_2, m_2)$ の位置を利用する．

$$\log m_1 = \log a + (b \log \mathrm{e})t_1, \qquad \log m_2 = \log a + (b \log \mathrm{e})t_2$$

の関係があるから，

$$\log m_1 - \log m_2 = (b \log \mathrm{e})(t_1 - t_2)$$

したがって

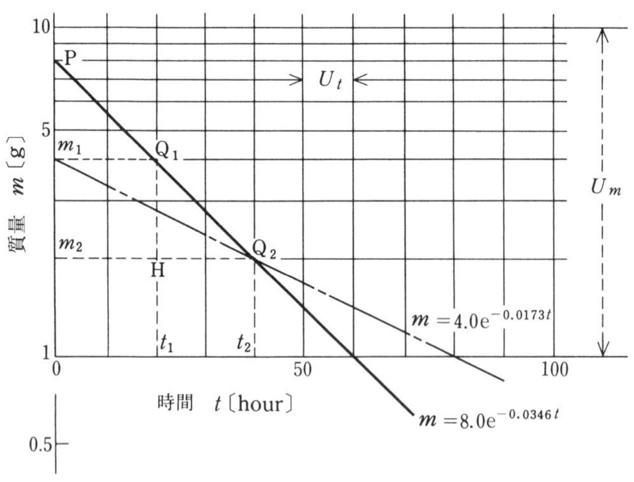

図 3　半対数目盛グラフ

$$b = (\log m_1 - \log m_2)/(\log \mathrm{e})(t_1 - t_2)$$
$$= -2.303(\log m_1 - \log m_2)/(t_2 - t_1)$$

ここで m 軸の単位長さ $U_m = 4.3\ \mathrm{cm}$ が 1 に相当するから（$\overline{\mathrm{Q_1H}}$ の長さをものさしで測って 1.3 cm あったとすれば，

$$\overline{\mathrm{Q_1H}} = \log m_1 - \log m_2 = \frac{1.3\ \mathrm{cm}}{4.3\ \mathrm{cm}} = 0.30$$

であり，$\overline{\mathrm{Q_2H}}$ の長さをものさしで測って 1.4 cm あったとすれば，t 軸の単位長さは $U_t = 0.7\ \mathrm{cm}$ が 10 時間に相当するから，$\overline{\mathrm{Q_2H}} = t_2 - t_1 = 20$ 時間である（実際には等間隔目盛を利用して逆に $t_2 - t_1 = 20$ 時間になるように $\mathrm{Q_1}, \mathrm{Q_2}$ をえらべばよい）．したがって

$$b = -(2.303 \times 0.30)/20(\text{時間}) = -0.0346/(\text{時間})$$

ゆえに求める実験式は

$$m = 8.0\mathrm{e}^{-0.0346t}$$

ただし，t の単位は時間，m の単位はグラムである．

結局，この場合には横座標ゼロに対応する縦座標の読みから a が求められ，単位を考慮した直線の勾配（縦軸，横軸の各 1 単位の長さがそれぞれ何 cm にあたるかを考慮して求める）から b が求められる．特に自然科学の問題では k として自然対数の底 e が現れることが多い．

付録 IV　諸　　表

金属の密度（常温）〔g/cm³〕

物　質	密　度	物　質	密　度	物　質	密　度
亜　鉛	7.14	コバルト	8.8	鉛	11.34
アルミニウム	2.69	水　銀	13.6	ニッケル	8.9
アンチモン	6.69	スズ（白色）	7.3	白　金	21.4
イリジウム	22.4	ビスマス	9.8	マグネシウム	1.74
金	19.3	鉄	7.86	マンガン	7.2
銀	10.5	銅	8.93	ロジウム	12.3
		ナトリウム	0.97		

金属の抵抗率〔Ω·m〕

金　属	0℃	100℃	金　属	0℃	100℃
	$\times 10^{-8}$	$\times 10^{-8}$		$\times 10^{-8}$	$\times 10^{-8}$
亜　鉛	5.5	7.8	鉄（純）	8.9	14.7
アルミニウム	2.50	3.55	銅	1.55	2.23
金	2.05	2.88	鉛	19.2	27
銀	1.47	2.08	ニッケル	6.2	10.3
水　銀	94.1	103.5	白　金	9.81	13.6
ス　ズ	11.5	15.8	ニクロム	107.3	108.3

種々の物質の密度（常温）〔g/cm³〕

固　体	密　度	固　体	密　度	液　体	密　度
アスファルト	1.04～1.40	石綿	2.0 ～3.0	エチルアルコール	0.789
エボナイト	1.1 ～1.4	セメント	3.0 ～3.15	メチルアルコール	0.791
花崗岩	2.6 ～2.7	セルロイド	1.35～1.60	海水	1.01～1.05
紙（洋紙）	0.7 ～1.1	繊維	1.28～1.69	ガソリン	0.66～0.75
ガラス（クラウンソーダ）	2.4 ～2.6	ぞうげ	1.8 ～1.9	牛乳	1.03～1.04
〃（フリント）	2.9 ～4.5	大理石	2.52～2.86	グリセリン	1.261
〃（パイレックス石英）	2.2 ～2.3	パラフィン	0.87～0.94	二硫化炭素	1.263
ゴム（弾性）	0.91～0.96	ファイバー	1.2 ～1.5	硫酸	1.831
氷（0℃）	0.917	ベークライト	0.20～1.20	**気体0℃，1気圧**	**密　度**
コルク	0.22～0.26	方解石	2.71		×10⁻³
コンクリート	2.4	れんが	1.2 ～2.2	塩素	3.220
金剛石	3.51	キリ	0.31	空気	1.293
砂糖	1.59	クリ	0.60	酸素	1.429
磁器	2.0 ～2.6	ケヤキ	0.70	水素	0.08987
食塩	2.17	スギ	0.40	窒素	1.250
水晶	2.65	竹	0.31～0.40	炭酸ガス	1.976
スレート	2.7 ～2.9	ヒノキ	0.46	アンモニア	0.7717
石炭	1.2 ～1.7	松	0.52		

乾燥空気の密度〔g/cm³〕

mmHg	720	740	760	780
℃	$\times 10^{-3}$	$\times 10^{-3}$	$\times 10^{-3}$	$\times 10^{-3}$
0	1.225	1.259	1.293	1.327
5	1.203	1.236	1.270	1.303
10	1.182	1.214	1.247	1.280
15	1.161	1.193	1.226	1.258
20	1.141	1.173	1.205	1.236
25	1.122	1.153	1.184	1.215
30	1.103	1.134	1.165	1.195

弾　性　定　数(理科年表第88冊による)

物　　質	ヤング率 E〔N/m²〕	剛性率 G〔N/m²〕	ポアソン比 σ	体積弾性率 κ〔N/m²〕
	$\times 10^{10}$	$\times 10^{10}$		$\times 10^{10}$
亜鉛	10.84	4.34	0.249	7.20
アルミニウム	7.03	2.61	0.345	7.55
しんちゅう(黄銅)	10.06	3.73	0.350	11.18
スズ	4.99	1.84	0.357	5.82
鉄(鋳)	15.23	6.00	0.27	10.95
〃(鋼)	20.1～21.6	7.8～8.4	0.28～0.30	16.5～17.0
銅	12.98	4.83	0.343	13.78
ニッケル(硬)	21.92	8.39	0.306	18.76
白金	16.80	6.10	0.377	22.80
金	7.80	2.70	0.44	21.70
銀	8.27	3.03	0.367	10.36
ゴム(弾性)	0.00015～0.0005	0.00005～0.00015	0.46～0.49	—

ガラスの屈折率(SCHOTT データシートによる)

波長〔μm〕	0.8521	0.7065	0.6563	0.6328	0.5893	0.5461	0.4861	0.4358	0.4047
軽クラウン	1.50980	1.51289	1.51432	1.51509	1.51673	1.51872	1.52238	1.52668	1.53024
重クラウン	1.58094	1.58451	1.58619	1.58710	1.58904	1.59142	1.59581	1.60100	1.60530
軽フリント	1.60667	1.61229	1.61506	1.61658	1.61990	1.62408	1.63208	1.64209	1.65087
重フリント	1.74022	1.74907	1.75356	1.75606	1.76157	1.76859	1.78228	1.79986	1.81570

N-BK7(軽クラウン), N-SK5(重クラウン), N-F2(軽フリント), N-SF14(重フリント)

銅-コンスタンタンの熱起電力（mV）

（JIS C 1602-2015 による）

温度（℃）	−100	0	温度（℃）	0	100	200	300
−100	−5.603	−3.379	0	0.000	4.279	9.288	14.862
−90	−5.439	−3.089	10	0.391	4.750	9.822	15.445
−80	−5.261	−2.788	20	0.790	5.228	10.362	16.032
−70	−5.070	−2.476	30	1.196	5.714	10.907	16.624
−60	−4.865	−2.153	40	1.612	6.206	11.458	17.219
−50	−4.648	−1.819	50	2.036	6.704	12.013	17.819
−40	−4.419	−1.475	60	2.468	7.209	12.574	18.422
−30	−4.177	−1.121	70	2.909	7.720	13.139	19.030
−20	−3.923	−0.757	80	3.358	8.237	13.709	19.641
−10	−3.657	−0.383	90	3.814	8.759	14.283	20.255
0	−3.379	0.000	100	4.279	9.288	14.862	20.872

（注）たとえば 180℃での起電力は 100（縦）と 80（横）の交差する欄の値 8.237 である．

SI 基本単位と固有の名称をもつ SI 組立単位

（1） SI（Système International d'unités）基本単位

量	名　称	記　号
長さ	メートル	m
質量	キログラム	kg
時間	秒	s
電流	アンペア	A
熱力学温度	ケルビン	K
光度	カンデラ	cd
物質の量	モル	mol

（2） SI 補助単位

量	名　　称	記　　号
平面角	ラジアン	rad
立体角	ステラジアン	sr

（3） 固有の名称をもつ SI 組立単位

量	名　　称	記号	他の SI 単位による表し方	SI 基本単位による表し方
周波数	ヘルツ	Hz		s^{-1}
力	ニュートン	N		$m\cdot kg\cdot s^{-2}$
圧力，応力	パスカル	Pa	N/m^2	$m^{-1}\cdot kg\cdot s^{-2}$
エネルギー，仕事，熱量	ジュール	J	$N\cdot m$	$m^2\cdot kg\cdot s^{-2}$
仕事率，放射束	ワット	W	J/s	$m^2\cdot kg\cdot s^{-3}$
電気量，電荷	クーロン	C	$A\cdot s$	$s\cdot A$
電圧，電位	ボルト	V	W/A	$m^2\cdot kg\cdot s^{-3}\cdot A^{-1}$
静電容量	ファラド	F	C/V	$m^{-2}\cdot kg^{-1}\cdot s^4\cdot A^2$
電気抵抗	オーム	Ω	V/A	$m^2\cdot kg\cdot s^{-3}\cdot A^{-2}$
コンダクタンス	ジーメンス	S	A/V	$m^{-2}\cdot kg^{-1}\cdot s^3\cdot A^2$
磁束	ウェーバー	Wb	$V\cdot s$	$m^2\cdot kg\cdot s^{-2}\cdot A^{-1}$
磁束密度	テスラ	T	Wb/m^2	$kg\cdot s^{-2}\cdot A^{-1}$
インダクタンス	ヘンリー	H	Wb/A	$m^2\cdot kg\cdot s^{-2}\cdot A^{-2}$
光束	ルーメン	lm		cd·sr†
照度	ルクス	lx	lm/m^2	$m^{-2}\cdot cd\cdot sr$

† sr：立体角の単位，steradian.

単位の接頭記号

名　　称	大きさ	記号	名　　称	大きさ	記号
デシ (deci)	$\times 10^{-1}$	d	デカ (deca)	$\times 10^{1}$	da
センチ (centi)	$\times 10^{-2}$	c	ヘクト (hecto)	$\times 10^{2}$	h
ミリ (milli)	$\times 10^{-3}$	m	キロ (kilo)	$\times 10^{3}$	k
マイクロ (micro)	$\times 10^{-6}$	μ	メガ (mega)	$\times 10^{6}$	M
ナノ (nano)	$\times 10^{-9}$	n	ゲ（ギ）ガ (giga)	$\times 10^{9}$	G
ピコ (pico)	$\times 10^{-12}$	p	テラ (tera)	$\times 10^{12}$	T
フェムト (femto)	$\times 10^{-15}$	f	ペタ (peta)	$\times 10^{15}$	P
アト (atto)	$\times 10^{-18}$	a	エクサ (exa)	$\times 10^{18}$	E

物　理　定　数（2018 CODATA による）

真空中の光速（定義値）	c	$2.99792458\times10^{8}\ \mathrm{m\ s^{-1}}$
電気素量（定義値）	e	$1.602176634\times10^{-19}\ \mathrm{C}$
ボルツマン定数（定義値）	k	$1.380649\times10^{-23}\ \mathrm{J\ K^{-1}}$
プランク定数（定義値）	h	$6.62607015\times10^{-34}\ \mathrm{J\ s}$
アボガドロ定数（定義値）	N_{A}	$6.02214076\times10^{23}\ \mathrm{mol^{-1}}$
電子の静止質量	m_{e}	$9.1093837015\times10^{-31}\ \mathrm{kg}$
陽子の静止質量	m_{p}	$1.67262192369\times10^{-27}\ \mathrm{kg}$
電子の比電荷	e/m_{e}	$1.75882001076\times10^{11}\ \mathrm{C\ kg^{-1}}$
万有引力定数	G	$6.67430\times10^{-11}\ \mathrm{N\ m^{2}\ kg^{-2}}$
モル気体定数	R	$8.314462618\ \mathrm{J\ K^{-1}\ mol^{-1}}$

ギリシャ文字

大文字	小文字	読み方	
A	α	alpha	アルファ
B	β, β	beta	ベータ（ビータ）
Γ	γ	gamma	ガンマ
Δ	δ, ∂	delta	デルタ
E	ε, ϵ	epsilon	エプシロン（イプシロン）
Z	ζ	zeta	ツェータ
H	η	eta	エータ（イータ）
Θ	θ, ϑ	theta	テータ（シータ）
I	ι	iota	イオタ
K	κ	kappa	カッパ
Λ	λ	lambda	ラムダ
M	μ	mu	ミュー
N	ν	nu	ニュー
Ξ	ξ	xi	グザイ（クシイ）
O	o	omicron	オミクロン
Π	π, ϖ	pi	パイ
P	ρ	rho	ロー
Σ	σ, ς	sigma	シグマ
T	τ	tau	タウ
Υ	υ	upsilon	ウプシロン（ユプシロン）
Φ	φ, ϕ	phi	ファイ（フィー）
X	χ	chi	カイ
Ψ	ψ	psi	プサイ（プシー）
Ω	ω	omega	オメガ

飽和水蒸気圧表（JIS Z 8806-1995 による）

（1）水の飽和蒸気圧　　単位：hPa

温度〔℃〕	0.0	0.1	0.2	0.3	0.4	0.5	0.6	0.7	0.8	0.9
0	6.112 1	6.156 7	6.201 5	6.246 7	6.292 1	6.337 8	6.383 8	6.430 1	6.476 7	6.523 6
1	6.570 8	6.618 3	6.666 1	6.714 2	6.762 6	6.811 4	6.860 4	6.909 8	6.959 4	7.009 4
2	7.059 7	7.110 3	7.161 3	7.212 6	7.264 1	7.316 1	7.368 3	7.420 9	7.473 8	7.527 0
3	7.580 6	7.634 5	7.688 8	7.743 4	7.798 3	7.853 6	7.909 2	7.965 2	8.021 5	8.078 2
4	8.135 2	8.192 6	8.250 3	8.308 4	8.366 9	8.425 7	8.484 9	8.544 5	8.604 4	8.664 7
5	8.725 4	8.786 4	8.847 9	8.909 7	8.971 9	9.034 4	9.097 4	9.160 7	9.224 5	9.288 6
6	9.353 1	9.418 0	9.483 4	9.549 1	9.615 2	9.681 7	9.748 6	9.816 0	9.883 7	9.951 9
7	10.020	10.089	10.159	10.229	10.299	10.370	10.441	10.512	10.584	10.657
8	10.729	10.803	10.876	10.951	11.025	11.100	11.176	11.252	11.328	11.405
9	11.482	11.560	11.638	11.717	11.796	11.876	11.956	12.037	12.118	12.199
10	12.281	12.364	12.447	12.530	12.614	12.699	12.784	12.869	12.955	13.042
11	13.129	13.217	13.305	13.393	13.482	13.572	13.662	13.753	13.844	13.935
12	14.028	14.121	14.214	14.308	14.402	14.497	14.593	14.689	14.785	14.882
13	14.980	15.078	15.177	15.277	15.377	15.477	15.579	15.680	15.783	15.886
14	15.989	16.093	16.198	16.303	16.409	16.516	16.623	16.730	16.839	16.948
15	17.057	17.167	17.278	17.390	17.502	17.614	17.728	17.842	17.956	18.071
16	18.187	18.304	18.421	18.539	18.658	18.777	18.897	19.017	19.138	19.260
17	19.383	19.506	19.630	19.755	19.880	20.006	20.133	20.260	20.388	20.517
18	20.647	20.777	20.908	21.040	21.172	21.305	21.439	21.574	21.709	21.845
19	21.982	22.120	22.258	22.397	22.537	22.678	22.819	22.961	23.104	23.248
20	23.392	23.538	23.684	23.831	23.978	24.127	24.276	24.426	24.577	24.729
21	24.882	25.035	25.189	25.344	25.500	25.657	25.814	25.973	26.132	26.292
22	26.453	26.615	26.777	26.941	27.105	27.271	27.437	27.604	27.772	27.941
23	28.110	28.281	28.452	28.625	28.798	28.972	29.148	29.324	29.501	29.679
24	29.858	30.037	30.218	30.400	30.538	30.766	30.951	31.136	31.323	31.511
25	31.699	31.889	32.079	32.270	32.463	32.656	32.851	33.046	33.243	33.440
26	33.639	33.838	34.039	34.240	34.443	34.647	34.852	35.057	35.264	35.472
27	35.681	35.891	36.102	36.315	36.528	36.742	36.958	37.174	37.392	37.611
28	37.831	38.052	38.274	38.497	38.722	38.947	39.174	39.402	39.631	39.861
29	40.092	40.325	40.558	40.793	41.029	41.266	41.505	41.744	41.985	42.227
30	42.470	42.715	42.960	43.207	43.455	43.705	43.955	44.207	44.460	44.715
31	44.970	45.227	45.485	45.745	46.005	46.267	46.531	46.795	47.061	47.328
32	47.597	47.867	48.138	48.410	48.684	48.959	49.236	49.514	49.793	50.074
33	50.356	50.639	50.924	51.210	51.497	51.786	52.077	52.368	52.662	52.956
34	53.252	53.550	53.848	54.149	54.451	54.754	55.059	55.365	55.672	55.981
35	56.292	56.604	56.918	57.233	57.549	57.868	58.187	58.508	58.831	59.155
36	59.481	59.808	60.137	60.468	60.800	61.133	61.469	61.805	62.144	62.484
37	62.825	63.169	63.513	63.860	64.208	64.558	64.909	65.262	65.617	65.973
38	66.331	66.691	67.052	67.415	67.780	68.147	68.515	68.885	69.256	69.630
39	70.005	70.382	70.760	71.141	71.523	71.907	72.292	72.680	73.069	73.460
40	73.853	74.248	74.644	75.042	75.443	75.845	76.248	76.654	77.062	77.471

水 の 密 度

1 atm = 101325 Pa のもとにおける水の密度は 3.98 ℃において最大である.
単位は 10^3 kg·m^{-3} = g·cm^{-3}.

t/℃	0	1	2	3	4	5	6	7	8	9
	0.	0.	0.	0.	0.	0.	0.	0.	0.	0.
0	99984	99990	99994	99996	99997	99996	99994	99990	99985	99978
10	99970	99961	99949	99938	99924	99910	99894	99877	99860	99841
20	99820	99799	99777	99754	99730	99704	99678	99651	99623	99594
30	99565	99534	99503	99470	99437	99403	99368	99333	99297	99259
40	99222	99183	99144	99104	99063	99021	98979	98936	98893	98849
50	98804	98758	98712	98665	98618	98570	98521	98471	98422	98371
60	98320	98268	98216	98163	98110	98055	98001	97946	97890	97834
70	97777	97720	97662	97603	97544	97485	97425	97364	97303	97242
80	97180	97117	97054	96991	96927	96862	96797	96731	96665	96600
90	96532	96465	96397	96328	96259	96190	96120	96050	95979	95906

物理学実験指導書　第 7 版

1986 年 4 月	第 1 版	第 1 刷	発行
1987 年 4 月	第 2 版	第 1 刷	発行
1993 年 4 月	第 2 版	第 4 刷	発行
1994 年 4 月	第 3 版	第 1 刷	発行
2000 年 4 月	第 3 版	第 6 刷	発行
2002 年 3 月	第 4 版	第 1 刷	発行
2008 年 3 月	第 4 版	第 8 刷	発行
2009 年 3 月	第 5 版	第 1 刷	印刷
2009 年 3 月	第 5 版	第 1 刷	発行
2010 年 3 月	第 6 版	第 1 刷	発行
2014 年 3 月	第 6 版	第 5 刷	発行
2015 年 3 月	**第 7 版**	**第 1 刷**	**発行**
2024 年 3 月	**第 7 版**	**第10刷**	**発行**

編　　者　名城大学 理工学部
物理学教室

発 行 者　発 田 和 子

発 行 所　株式会社 学 術 図 書 出 版 社

〒113-0033　東 京 都 文 京 区 本 郷 5-4-6

電話 03-3811-0889　振替 東京 00110-1-28454

中央印刷（株）印刷